稀疏自适应滤波理论与应用

郭莹　刘淑宇　著

图书在版编目(CIP)数据

稀疏自适应滤波理论与应用/郭莹,刘淑宇著.—武汉:武汉大学出版社,2022.10(2023.11 重印)
ISBN 978-7-307-23264-8

Ⅰ.稀…　Ⅱ.①郭…　②刘…　Ⅲ.信号处理—适应性滤波—滤波理论—研究　Ⅳ.TN911.7

中国版本图书馆 CIP 数据核字(2022)第 149050 号

责任编辑:林　莉　　　责任校对:汪欣怡　　　版式设计:马　佳

出版发行:**武汉大学出版社**　(430072　武昌　珞珈山)
(电子邮箱:cbs22@whu.edu.cn 网址:www.wdp.com.cn)
印刷:武汉邮科印务有限公司
开本:787×1092　1/16　印张:12.75　字数:284 千字　插页:1
版次:2022 年 10 月第 1 版　　2023 年 11 月第 2 次印刷
ISBN 978-7-307-23264-8　　定价:49.00 元

目　录

第1章　绪　　论

自适应信号处理可称为自适应滤波。滤波器可分为经典滤波器和现代滤波器两种。输入信号中的有用成分和希望去除的成分各自占有不同的频带，用经典的滤波器滤除噪声，其又可分为低通、高通、带通和带阻四种。而现代滤波器用于从含有噪声的数据记录中估计出信号的某些特征或信号本身，其特点是把信号和噪声都视为随机信号，利用它们的统计特征(自相关函数、功率谱等)推导出最佳估值算法，用硬件或软件予以实现。自适应滤波器是现代滤波器的一种。

1.1　自适应滤波器原理

在过去的几十年中，信号处理技术取得了巨大发展。数字信号处理系统因其低成本、可靠性好、精度高、体积小和灵活性强而更具有吸引力。数字电路设计的进步是促使人们对数字信号处理领域越来越感兴趣的关键原因。数字信号处理系统中的滤波器是一种信号处理操作，其目的是为了处理某个信号，以便利用信号中所包含的信息。换句话说，滤波器是一种器件，它将输入信号映射为输出信号，以便提取输入信号中包含的期望信息。数字滤波器是处理以数字形式表示离散时间信号的滤波器。对于时不变滤波器而言，内部参数和滤波器结构是固定的，如果滤波器是线性的，则其输出信号是输入信号的线性函数。一旦预先给定了滤波器的设计规范，时不变线性滤波器的设计需要三个基本步骤，即：通过合理的传递函数对规范做近似，选择适当的算法结构，选择算法的实现形式。

固定系数数字滤波器的设计需要很好地定义规定的规格。但是，在某些情况下，这些规格是不可用的，或者是随时间变化的。这种情况下的解决方案是使用一个自适应系数的数字滤波器，称为自适应滤波器。本书中考虑的大多数自适应滤波器都是线性的，因为它们的输出信号是它们输入信号的线性函数。

自适应滤波是时变的，为满足性能要求，其参数是不断变化的。从这个意义上说，可以将自适应滤波器解释成实时执行近似步骤的滤波器。通常性能标准的定义需要一个参考信号，这个信号通常隐藏在固定滤波器设计的近似步骤中。在设计固定(非自适应)滤波器时，为了设计出满足规定性能的最合适的滤波器，需要知道输入信号和参考信号的完全特征。然而，这在实践中是不常见的情况，实践中的环境是很不明确的。构成环境的信号包括输入信号和参考信号，对于两者都不太明确的情况，设计过程是对信号进行建模，并随后设计滤波器。这个过程费用高并难以实时执行，解决这个问题的方法是使用一个自适应滤波器。该滤波器只利用环境中可用的信息，通过一个相当简单的算法对其参数进行实时更新。由于没有可用的规格，决定滤波器系数更新的自适应算法需要额外的信息，这些信息通常以信号的形式给出。这个信号通常称为期望信号或参考信号，它的选择通常是一个复杂的任务，这取决于具体的应用场合。一般的自适应滤波系统结构如图 1.1 所示。

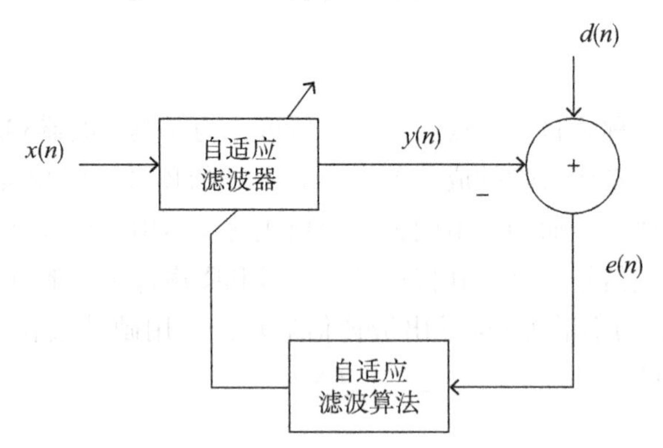

图 1.1 一般的自适应滤波系统结构

其中，n 为迭代次数，$x(n)$ 为输入信号，$y(n)$ 为自适应滤波器输出信号，$d(n)$ 定义为期望信号。误差信号 $e(n)$ 计算为 $d(n) - y(n)$。用误差信号构成自适应算法所要求的性能(或目标)函数，以确定滤波器系数的适当更新。目标函数的最小化意味着，自适应滤波器的输出信号在某种意义上与期望信号相等。如图 1.1 所示，自适应系统由以下三部分组成。

1.1.1 应用场合

应用场合的类型是由从环境中获取的输入信号和期望输出信号的选择来确定的，自适应技术的应用领域包括回声消除、信道均衡、系统识别、信号增强、自适应波束形成、噪声消除和控制等。

1.1.2 自适应滤波器结构

自适应滤波器可以在许多不同的结构或实现中应用。结构的选择可以影响程序的计算复杂度(每个迭代运算的运算量)，以及实现预期的性能标准必要的迭代次数。基本上有两大类自适应数字滤波器实现，其区别在于脉冲响应的形式，即有限长冲激响应(FIR)滤波器和无限长冲激响应(IIR)滤波器。FIR 滤波器通常用非递归结构来实现，而 IIR 滤波器则利用递归实现。应用最广泛的自适应 FIR 滤波器结构是横截式滤波器，也叫抽头延迟线，它利用正规直接形式实现全零点传输函数，而不采用反馈环节。对于这种实现，输出信号 $y(n)$ 是滤波器系数的线性组合，会产生一个具有唯一最优解的二次均方误差($\mathrm{MSE}=\mathrm{E}[|e(n)|^2]$)函数。本书的后面部分使用的就是 FIR 滤波器结构。另一方面，由于自适

应 IIR 滤波器简单的实现和分析，其最广泛使用的实现是正规直接形式。然而，递归自适应滤波器存在一些固有的依赖于结构的问题，如极点稳定监测要求和收敛速度慢。为了解决这些问题，提出了级联、并行等不同的实现，试图克服直接形式结构的局限性。

1.1.3　算法

算法是用来调质整自适应滤波器系数以使给定条件最小化的过程。算法通过定义搜索方法(或最小化算法)、目标函数和错误信号性来确定。算法的选择决定了整个自适应过程的几个关键方面，如次优解的存在、有偏最优解和计算复杂度。

同时，我们假设从真实世界获取的连续时间信号是适当采样的，即它们由采样率高于最高频率两倍的离散时间信号表示。通常，假定通过对连续时间信号采样产生离散时间信号时，满足奈奎斯特或采样定理。因此，本书中只考虑自适应滤波器的离散时间实现。

1.2　维纳和基本自适应滤波器

维纳滤波器是 20 世纪 30 年代早期由诺伯特维纳发明的一个非常有用的工具，并且在回声消除等应用中得到了广泛应用。本章的目的是介绍维纳理论最基本的结果，重点是维纳-霍夫方程，它可以求出系统脉冲响应的最优估计，但这些方程在实践中不方便求解，解决方法是利用自适应滤波器，即依赖于每次迭代的新数据来估计最优解。为此，本章描述了最经典的自适应滤波算法，这些算法能够在合理的情况下收敛并得到最优的维纳滤波器。

1.2.1　维纳滤波器

识别脉冲响应 $\boldsymbol{h}$，给定 $x(n)$ 和 $y(n)$。定义误差信号为

$$\begin{aligned} e(n) &= d(n) - \hat{y}(n) \\ &= d(n) - \hat{\boldsymbol{h}}^{\mathrm{T}}\boldsymbol{x}(n) \end{aligned} \tag{1.1}$$

其中，$\hat{\boldsymbol{h}}$ 是 $\boldsymbol{h}$ 的估计值(两个向量的长度都为 L)。

为了找到最优滤波器，需要最小化一个依据误差信号建立的代价函数(式(1.1))，这个代价函数通常选择为

$$J(\hat{\boldsymbol{h}}) = E[e^2(n)] \tag{1.2}$$

最优维纳滤波器是 $J(\hat{\boldsymbol{h}})$ 关于 $\hat{\boldsymbol{h}}$ 求导等于 0，即

$$\frac{\partial J(\hat{\boldsymbol{h}})}{\partial \hat{\boldsymbol{h}}} = 0 \tag{1.3}$$

我们有

$$\frac{\partial J(\hat{\boldsymbol{h}})}{\partial \hat{\boldsymbol{h}}} = 2E\left[e(n)\frac{\partial e(n)}{\partial \hat{\boldsymbol{h}}}\right] = -2E[e(n)\boldsymbol{x}(n)] \tag{1.4}$$

最好的情况是

$$[e_w(n)\boldsymbol{x}(n)] = \boldsymbol{0} \tag{1.5}$$

其中,

$$e_w(n) = d(n) - \boldsymbol{h}_w^{\mathrm{T}}\boldsymbol{x}(n) \tag{1.6}$$

是误差信号的最小值(即最优滤波器),式(1.5)被称为正交原理。

$y(n)$的最优解是

$$y(n) = \boldsymbol{h}_w^{\mathrm{T}}\boldsymbol{x}(n) \tag{1.7}$$

借助正交原理,可以很容易地检验

$$E[e_w(n)\ \hat{y}_w(n)] = 0 \tag{1.8}$$

将式(1.6)代入式(14.5),可以得到维纳霍夫等式

$$\boldsymbol{R}_x\boldsymbol{h}_w = \boldsymbol{P}_{xd} \tag{1.9}$$

其中,$\boldsymbol{R}_x$ 是 $\boldsymbol{x}(n)$ 的相关矩阵,且

$$\boldsymbol{p}_{xd} = E[\boldsymbol{x}(n)d(n)] \tag{1.10}$$

是 $\boldsymbol{x}(n)$ 与 $d(n)$ 的互相关向量。

相关矩阵是对称的、半正定的。它也是 Toeplitz 矩阵,即一个沿着对角线上的值为常值:

$$\boldsymbol{R}_x = \begin{bmatrix} r_x(0) & r_x(1) & \cdots & r_x(L-1) \\ r_x(1) & r_x(0) & \cdots & r_x(L-2) \\ \vdots & \vdots & & \vdots \\ r_x(L-1) & r_x(L-2) & \cdots & r_x(0) \end{bmatrix}$$

其中,$\boldsymbol{r}_x(l)=E[x(n)x(n-l)]$,$l=0, 1, \cdots, L-1$。对于单通道声学和网络系统,即使对于语音信号,该矩阵通常也是正定的。

假设 $\boldsymbol{R}_x$ 是非奇异的,最优维纳滤波器是

$$\hat{\boldsymbol{h}}_W = \boldsymbol{R}_x^{-1}\boldsymbol{p}_{xd} = \boldsymbol{h} \tag{1.11}$$

式(1.11)给出了系统的脉冲响应。

MSE 可以重写为

$$J(\hat{\boldsymbol{h}}) = \sigma_d^2 - 2\boldsymbol{p}_{xd}^{\mathrm{T}}\hat{\boldsymbol{h}} + \hat{\boldsymbol{h}}^{\mathrm{T}}\boldsymbol{R}_x\hat{\boldsymbol{h}} \tag{1.12}$$

其中,

$$\sigma_d^2 = E[d^2(n)] \tag{1.13}$$

是所需信号 $d(n)$的方差。准则 $J(\hat{\boldsymbol{h}})$ 是滤波器系数向量 $\hat{\boldsymbol{h}}$ 的二次函数,并且具有单个最小值。这个最小值是最优的维纳滤波器和最小 MSE(MMSE)的结合,可以通过将式

(1.11)代入式(1.12)来获得，即：

$$\begin{aligned} J_{\min} &= J(\hat{\boldsymbol{h}}_w) \\ &= \sigma_d^2 - \boldsymbol{p}_{xd}^{\mathrm{T}} \boldsymbol{R}_x^{-1} \boldsymbol{p}_{xd} \\ &= \sigma_d^2 - \sigma_{\hat{y}w}^2 \end{aligned} \tag{1.14}$$

其中，

$$\sigma_{\hat{y}w}^2 = E[\hat{y}_w^2(n)] \tag{1.15}$$

是最佳滤波器输出信号 $\hat{y}_w^2(n)$ 的方差。该 MMSE 可以重写为

$$J_{\min} = \sigma_w^2 \tag{1.16}$$

其中，σ_w^2 是噪声的方差。

将归一化 MMSE(NMMSE)定义为

$$\widetilde{J}_{\min} = \frac{J_{\min}}{\sigma_d^2} = \frac{1}{1 + \mathrm{ENR}} \leqslant 1 \tag{1.17}$$

该式描述了 NMMSE 与 ENR 的关系。

通常首选自适应算法来找到最优维纳滤波器。

1.2.2 确定的算法

确定性算法或最速下降算法实际上是非常重要的迭代算法，因为它是自适应滤波器的起点。通过简单的递归来总结

$$\begin{aligned} \hat{\boldsymbol{h}}(n) &= \hat{\boldsymbol{h}}(n-1) - \frac{\mu}{2} \cdot \frac{\partial J[\hat{\boldsymbol{h}}(n-1)]}{\partial \hat{\boldsymbol{h}}(n-1)} \\ &= \hat{\boldsymbol{h}}(n-1) + \mu[\boldsymbol{p}_{xd} - \boldsymbol{R}_x \hat{\boldsymbol{h}}(n-1)],\ n \geqslant 1,\ \hat{\boldsymbol{h}}(0) = 0 \end{aligned} \tag{1.18}$$

其中，μ 为正常数，称为步长参数。在该算法中，假定 $\boldsymbol{p}_{xd}$ 和 $\boldsymbol{R}_x$ 是已知的，并且很明显，不需要矩阵 $\boldsymbol{R}_x$ 的运算，因为求逆运算代价是很高的。确定性算法可用误差信号重新表示：

$$e(n) = d(n) - \hat{\boldsymbol{h}}(n-1)\boldsymbol{x}(n) \tag{1.19}$$

$$\hat{\boldsymbol{h}}(n) = \hat{\boldsymbol{h}}(n-1) + \mu E[\boldsymbol{x}(n)e(n)] \tag{1.20}$$

现在，重要的问题是：μ 的条件如何使算法收敛到真实的脉冲响应 $\boldsymbol{h}$? 将偏差向量定义为

$$\boldsymbol{m}(n) = \boldsymbol{h} - \hat{\boldsymbol{h}}(n) \tag{1.21}$$

这是系统脉冲响应与迭代时刻 n 时估计得到的脉冲响应之间的差。在互相关向量中代入 $d(n) = \boldsymbol{h}^{\mathrm{T}}\boldsymbol{x}(n) + \omega(n)$，得到

$$\boldsymbol{p}_{xd} = E[\boldsymbol{x}(n)d(n)] = \boldsymbol{R}_x \boldsymbol{h} \tag{1.22}$$

将式(1.22)代入式(1.18)，等式两边都减去 $\boldsymbol{h}$，得到

$$\boldsymbol{m}(n)=(\boldsymbol{I}-\mu\boldsymbol{R}_x)\boldsymbol{m}(n-1) \tag{1.23}$$

进行特征分解，有

$$\boldsymbol{R}_x=\boldsymbol{Q}\boldsymbol{\Lambda}\boldsymbol{Q}^{\mathrm{T}} \tag{1.24}$$

在式(1.23)中

$$\boldsymbol{Q}^{\mathrm{T}}\boldsymbol{Q}=\boldsymbol{Q}\,\boldsymbol{Q}^{\mathrm{T}}=\boldsymbol{I} \tag{1.25}$$

$$\boldsymbol{\Lambda}=\mathrm{diag}(\lambda_0,\ \lambda_1,\ \cdots,\ \lambda_{L-1}) \tag{1.26}$$

并且$0<\lambda_0\leqslant\lambda_1\leqslant\cdots\leqslant\lambda_{L-1}$，可以得到等价形式

$$\boldsymbol{v}(n)=(\boldsymbol{I}-\mu\boldsymbol{\Lambda})\boldsymbol{v}(n-1) \tag{1.27}$$

其中，

$$\boldsymbol{v}(n)=\boldsymbol{Q}^{\mathrm{T}}\boldsymbol{m}(n)=\boldsymbol{Q}^{\mathrm{T}}[\boldsymbol{h}-\hat{\boldsymbol{h}}(n)] \tag{1.28}$$

因此，根据最速下降算法，有

$$v_l(n)=(1-\mu\lambda_l)v_l(n-1),\ l=0,\ 1,\ \cdots,\ L-1 \tag{1.29}$$

或者，等效地，有

$$v_l(n)=(1-\mu\lambda_l)^n v_l(0),\ l=0,\ 1,\ \cdots,\ L-1 \tag{1.30}$$

该算法收敛，如果

$$\lim_{n\to\infty}v_l(n)=0,\ \ \forall l \tag{1.31}$$

在这种情况下

$$\lim_{n\to\infty}\hat{\boldsymbol{h}}(n)=\boldsymbol{h} \tag{1.32}$$

从式(1.30)可以很容易地看出，确定性算法稳定性的必要和充分条件是

$$-1<1-\mu\lambda_l<1,\ \ \forall l \tag{1.33}$$

这意味着

$$0<\mu<\frac{2}{\lambda_l},\ \ \forall l \tag{1.34}$$

或者

$$0<\mu<\frac{2}{\lambda_{\max}} \tag{1.35}$$

其中，$\lambda_{\max}$是相关矩阵$\boldsymbol{R}_x$的最大特征值。

同时，由式(1.30)可以得到

$$\ln\frac{|v_l(n)|}{|v_l(0)|}=n\ln|1-\mu\lambda_l| \tag{1.36}$$

因此

$$n=\frac{1}{\ln|1-\mu\lambda_l|}\ln\frac{|v_l(n)|}{|v_l(0)|} \tag{1.37}$$

在式(1.37)中取$\dfrac{|v_l(n)|}{|v_l(0)|}=\dfrac{1}{\mathrm{e}}$(其中e是自然对数的底)来定义第$l$个自然模式的时间常数

τ_l。因此

$$\tau_l = \frac{-1}{\ln|1-\mu\lambda_l|} \tag{1.38}$$

将时间常数与相关矩阵 $\boldsymbol{R}_x$ 的条件数联系起来。首先，让

$$\mu = \frac{\alpha}{\lambda_{\max}}, \tag{1.39}$$

其中，

$$0 < \alpha < 2, \tag{1.40}$$

为了确保算法的收敛性，α 被称为归一化步长参数。最小特征值是 $\lambda_{\min} = \lambda_0$；在这种情况下，

$$\begin{aligned}\tau_0 &= \frac{-1}{\ln|1-\alpha\lambda_{\min}/\lambda_{\max}|} \\ &= \frac{-1}{\ln|1-\alpha/x_2[\boldsymbol{R}_x]|}\end{aligned} \tag{1.41}$$

其中，$\chi_2[\boldsymbol{R}_x] = \lambda_{\max}/\lambda_{\min}$ 是矩阵 $\boldsymbol{R}_x$ 的条件数。可以看到，最慢自然模式的收敛时间取决于 $\boldsymbol{R}_x$ 的条件。从式(1.27)可以推论得到

$$\begin{aligned}\boldsymbol{m}^{\mathrm{T}}(n)\boldsymbol{m}(n) &= \boldsymbol{v}^{\mathrm{T}}(n)\boldsymbol{v}(n) \\ &= \|\boldsymbol{h} - \hat{\boldsymbol{h}}(n)\|_2^2 \\ &= \sum_{l=0}^{L-1}\lambda_l(1-\mu\lambda_l)^n v_l(0)\end{aligned} \tag{1.42}$$

该值给出了滤波器对实际脉冲响应的全局收敛性的思路。显然，该收敛受 $\boldsymbol{R}_x$ 的最小特征值影响。再看 MSE 的瞬态性。使用 $d(n) = \boldsymbol{h}^{\mathrm{T}}\boldsymbol{x}(n) + \omega(n)$，可以将误差信号式(1.19)重写为

$$\begin{aligned}e(n) &= d(n) - \hat{\boldsymbol{h}}(n-1)\boldsymbol{x}(n) \\ &= \omega(n) + \boldsymbol{m}^{\mathrm{T}}(n-1)\boldsymbol{x}(n)\end{aligned} \tag{1.43}$$

所以 MSE 是

$$\begin{aligned}J(n) &= E[e^2(n)] \\ &= \sigma_\omega^2 - \boldsymbol{m}^{\mathrm{T}}(n-1)\boldsymbol{R}_x\boldsymbol{m}(n-1) \\ &= \sigma_\omega^2 + \boldsymbol{v}^{\mathrm{T}}(n)\boldsymbol{v}(n-1) \\ &= \sigma_\omega^2 + \sum_{l=0}^{L-1}\lambda_l(1-\mu\lambda_l)^{2n-2}v_l^2(0)\end{aligned} \tag{1.44}$$

$J(n)$ 与 n 的对应曲线被称为学习曲线。MSE 呈指数衰减，当算法收敛时，有

$$\lim_{n\to\infty} J(n) = \sigma_w^2 \tag{1.45}$$

该值对应于使用最佳维纳滤波器获得的 MMSE：$J_{\min}$。

最后，值得一提的是，确定性算法的一般化是牛顿算法

$$\begin{aligned}\hat{\boldsymbol{h}}(n) &= \hat{\boldsymbol{h}}(n-1) - \left\{\frac{\partial J[\hat{\boldsymbol{h}}(n-1)]}{\partial \hat{\boldsymbol{h}}^2(n-1)}\right\}^{-1} \frac{\partial J[\hat{\boldsymbol{h}}(n-1)]}{\partial \hat{\boldsymbol{h}}(n-1)} \\ &= \boldsymbol{R}_x^{-1}\boldsymbol{p}_{xd}\end{aligned} \tag{1.46}$$

可以一次收敛到最佳 Wiener 滤波器。

1.3　性能指标

根据不同的应用场景选择不同的滤波器结构和自适应滤波算法，滤波器可以表现不同的性能，一般来说，衡量所构造滤波器的性能的好坏主要从以下几个方面进行：

(1)收敛性，是当迭代更新次数无限大时，权系数 $\boldsymbol{w}(n)$ 达到最优值或附近的小邻域内。收敛性是保证自适应功能实现的基本条件。

(2)收敛速度，是衡量自适应滤波算法的重要指标，指滤波器权系数 $w(n)$ 达到最优值或附近小邻域内的快慢程度。若收敛速度越快，表明滤波器的权系数越快地收敛到待估计系统，同时，也要兼顾鲁棒性，即考虑算法是否能快速调节权系数，使滤波器收敛。

(3)稳态误差，是滤波器达到收敛时，权系数 $w(n)$ 与最优值的偏离程度。该性能指标越小，滤波器性能越好。一般情况，采用均方误差和均方偏差采衡量。

(4)计算复杂度，是迭代一次的计算量。计算复杂度越高，实现难度越大。

(5)鲁棒性，是指自适应滤波器抗外界干扰能力。遇到强脉冲干扰时，鲁棒性强的滤波器具有良好的稳健性。

(6)跟踪性，是指自适应滤波器随着环境突然变化而及时调整自身参数重新达到最佳滤波效果。跟踪性越强，自适应滤波器对外界环境变化越敏感。

1.4　自适应滤波器的典型应用

自适应滤波器广泛应用于实际场景中，根据期望信号选取方式的不同，主要分为：系统辨识、信号预测、干扰消除和逆模型四类。

1.4.1　系统辨识

系统辨识模型如图 1.2 所示，其中，待估计系统的输入信号和自适应滤波器相同，待估计系统的输出信号是期望信号，通过输入信号与输出信号确定待估计系统的特性。随着迭代次数的增加，最终 $\hat{y}(n)$ 不断地逼近 $d(n)$，实现了对待估计系统的辨识，最终待估计系统和自适应滤波器的输出响应是拟合或匹配的关系。

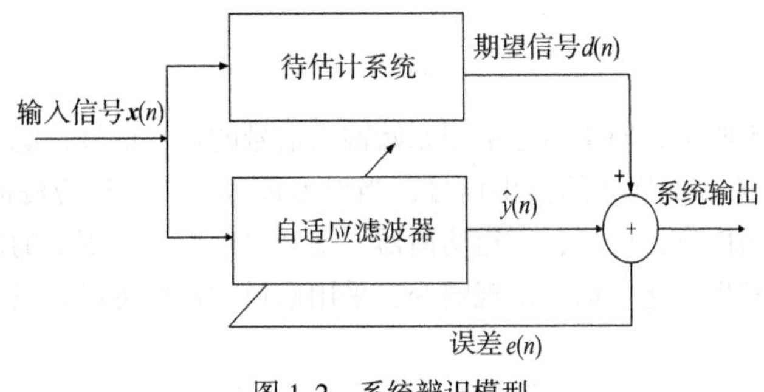

图 1.2　系统辨识模型

1.4.2　信号预测

信号预测模型如图 1.3 所示，该模型实现了当前时刻信号的预测，期望信号就是当前时刻的输入信号，自适应滤波器的输入信号是过去时刻的输入信号。

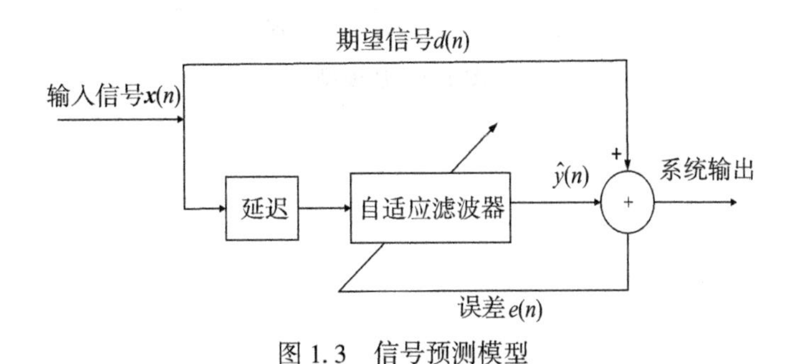

图 1.3　信号预测模型

1.4.3　干扰消除

干扰消除模型如图 1.4 所示，期望信号是受到噪声 $z(n)$ 干扰的输入信号，滤波器的输入信号是噪声 $u(n)$。当滤波器收敛后，该模型就可以消除噪声 $z(n)$。例如，胎心监测就采用的是该模型，母子之间的心音产生混叠，在进行检测时，获取母亲胸部的信号加在 $u(n)$ 处，系统输出就是胎儿的心音。

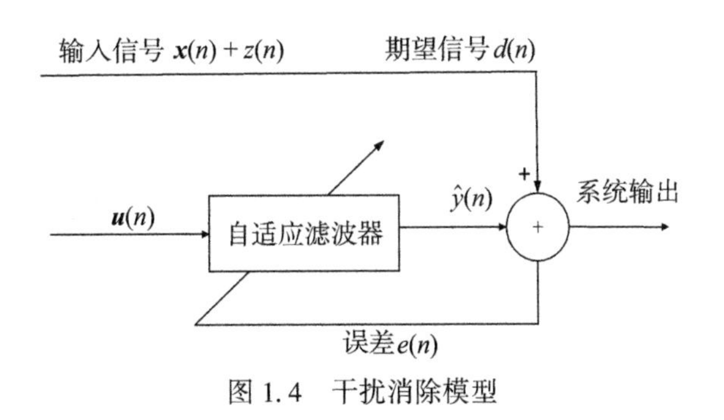

图 1.4　干扰消除模型

1.4.4 逆模型

逆模型如图1.5所示，期望信号采用原始输入信号的延迟信号，滤波器输入信号是待估计系统经过噪声 $z(n)$ 干扰后的输出信号，当误差最小时，自适应滤波器就是该系统的逆模型。该模型应用广泛，例如，信道均衡器，受到温度和气候因素的影响，有线传输系统的幅度与相频会发生变化，信道出现畸变，采用信道均衡器可以有效减少码间干扰。

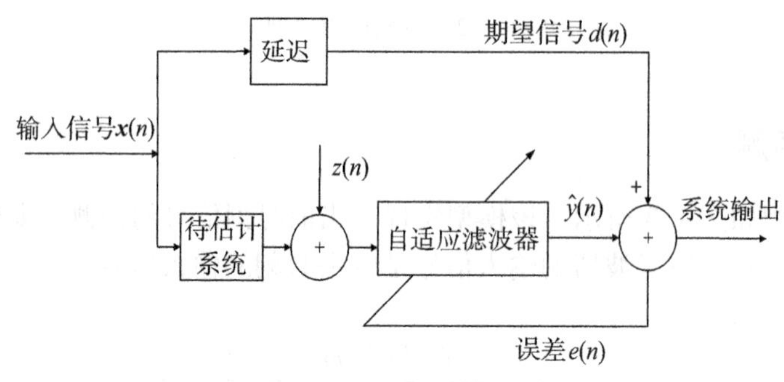

图1.5 逆模型

第 2 章　稀疏自适应滤波

在实际应用中，很多系统都具有稀疏特性，即系统的脉冲响应只有少量非零系数值，而其他系数都是零。因此需要充分地运用脉冲响应稀疏的特性，提高算法的收敛速度，减少计算量。另一方面，目前已有的稀疏自适应滤波算法都会涉及步长参数和正则化参数的问题。但是，很多稀疏自适应滤波算法都将这两个重要参数设为固定值。本章主要介绍的稀疏自适应滤波算法包括：成比例自适应滤波算法、基于范数约束的自适应滤波算法和变参数的稀疏自适应滤波算法。

2.1　引言

在稀疏系统中大部分信号或系统具有稀疏特征，相较于非稀疏系统，稀疏系统有两大特征：一是系统的脉冲响应具有稀疏性，即仅个别权系数非零，其余权系数均为零。另一个是稀疏自适应滤波器阶数比传统滤波器长。这种稀疏特性为自适应滤波、信号恢复重建以及二者的结合带来了新的思路和方向。概括地说，已有的稀疏自适应滤波算法可以分为包分簇类算法、成比例自适应滤波算法和基于范数约束的自适应滤波算法。

2.1.1　分簇类算法

分簇稀疏系统是脉冲响应中的非零系数聚集成一个或多个簇。这类系统分为两种类型：一类是一般的分簇类系统，该系统的特点是较大的权系数呈现非均匀的分散排布，例如声学回声路径；另一类是组稀疏系统，其特点是大的权系数成簇状集中排布，例如卫星链路的回声信道。

分簇类系统中各个簇的长度定义为每个簇的首尾之间非零权系数的总数，该算法的最大特点是在每次迭代时，对非零系数跟踪定位，寻找每个簇的位置和长度，通过动态调节的方法进行自适应滤波。由此可知，待估计系统的相邻的两个簇之间存在的间隔对算法有影响。研究发现，当某一个簇的簇尾与其相邻的簇的簇首之间的间隔较小时，该算法可以快速定位和跟踪，从而加快算法收敛速度；当某一个簇的簇尾与其相邻的簇的簇首之间的间隔较大时，该算法不能表现良好的性能，因此分簇类算法不常用。

2.1.2　成比例自适应滤波算法

传统自适应滤波算法仅考虑到全局步长参数，对所有的权系数赋予相同的步长参数。

例如 LMS 算法、归一化 LMS(Normalized Least Mean Squar, NLMS)算法、递归最小二乘(Recursive Least-Squares, RLS)算法等。这些算法都未考虑到系统的稀疏特性，因此算法整体的收敛速度变慢。

此后，出现了能有效减少收敛时间的成比例自适应滤波算法。该算法的核心思想是：在权系数收敛到最优值的过程中，通过对不同的权系数分配不同比例的步长的方式进行滤波。具体的，成比例归一化最小均方算法(Proportional Normalized Least Mean Square, PNLMS)算法。该算法是在 NLMS 算法(Normalized Least Mean Square)中的基础上，在迭代公式中引入了"比例更新"思想，该算法的主要思想：采用一种新的步长参数，命名为比例系数。这种比例系数与滤波器的每个系数相匹配，并且保证它们是成正比例关系。因此，大系数对应大的步长，算法收敛速度加快。小系数对应小的步长，算法稳态误差小。在稀疏系统的脉冲响应中，非零权系数占比小，若只提高非零权系数的收敛速度，算法整体的收敛速度会提高。但是由于更新方程中增加了系数矩阵这一项，计算复杂度自然有所增加，实现难度大。另一方面，当系统的稀疏度降低时，该算法表现的性能也会变差。因此，提出了改进的 PNLMS(Improved PNLMS)算法，该算法的比例步长值采用的是当前时刻估计的权系数的均值，采用这种办法能很好地处理权系数的估计误差给比例步长造成的负面影响，但是当待估计的系统不够稀疏时，IPNLMS 算法的收敛速度大幅降低。为了获得整体上最快的收敛速度，提出了 MPNLMS 算法(μ-PNLMS algorithm)，该算法的比例步长选取了脉冲响应的对数函数形式，有效地解决了算法的收敛速度问题。随着通信领域不断发展，上述两种算法在处理时变信号时，表现效果不佳，究其原因是 IPNLMS 算法和 MPNLMS 算法需要预先设置参数，该参数是一个固定值，为了使算法也能够适用于复杂的时变脉冲响应，提出了改进的 MPNLMS 算法(Improve MPNLMS algorithm, IMPNLMS)，该算法将固定参数值修改为能根据稀疏度实时变化的变参数，因此，IMPNLMS 算法能很好的适用于稀疏度时变的环境中，但是该算法也存在缺点，算法的更新方程中含有对数函数，计算复杂度高，对设备要求高。

2.1.3 基于范数约束的自适应滤波算法

在众多的稀疏自适应滤波算法中，零吸引算法是一类十分重要的算法。该类算法受到 LASSO 算法和压缩感知等稀疏理论技术的影响，在代价函数中增加了约束项，即以权系数的范数作为惩罚项，这样由梯度下降法导出的权系数更新方程中即包含了零吸引项，从而使得实时更新的权系数估计不断靠近零向量，加速了算法更新的速度从而改善了算法性能。

作为该类算法的基础，采用权系数的 l_1 范数作为惩罚项，提出了零吸引最小均方算法(Zero Attraction Least Mean Square algorithm, ZA-LMS)。该算法是在代价函数中增加了约束项，即以权系数的范数作为惩罚项，这样由梯度下降法导出的权系数更新方程中即包含了零吸引项，从而使得实时更新的权系数估计不断靠近零系数，加速了算法更新的速度，改善了算法性能。从计算复杂度考虑，该算法的迭代公式仅仅增加了符号函数项，并未增加太多计算量。但是，在迭代的过程中，ZA-LMS 算法对所有权系数施加相同程度的吸引力，无法分辨零值权系数和非零值权系数，导致算法收敛速度慢，稳态误差增大。为此，又进一步改进了 ZA-LMS 算法的代价函数的惩罚项，提出了加权 ZA-LMS(Reweight ZA-LMS algorithm，RZA-LMS)算法，该算法的惩罚项采用的是权系数绝对值的 log-sum 函数，并且该函数中的阈值需要预先设定，采用这种方法将权系数的非零值和零值区分开，针对不同的权系数施加不同的“吸引力”，从而使整个算法性能得到了改善。但是，RZA-LMS 算法只对在阈值范围内的权系数有效，因此，该算法存在一定的局限性。从压缩感知理论可知，l_0 范数非常适合表示系统的稀疏性，但是与 l_1 范数相比，l_0 范数的最小化问题无法求解。为了解决这一问题，将 l_0 范数引入 LMS 算法的代价函数中，该算法主要针对的对象是离零近的权系数，加大对它们的吸引力。因此，该算法在稀疏系统下有更好的性能表现。此后，又提出将 $l_p(0<p<1)$ 范数与 LMS 算法结合，通过调节 p 的值来控制吸引力的大小。例如，通过寻找 p 的最优值使算法性能达到最佳。但是基于 l_p 范数的算法在实际应用中具有一定的局限性，因为参数 p 的最小化是一个非凸优化问题，且计算复杂度高。

2.2 稀疏系统定义

实际应用中广泛存在着具有稀疏性的系统，例如：免提通话系统中的声学回声，数字电视传输信道的脉冲响应，大部分时间处于静默状态。如图 2.1 所示的稀疏系统的脉冲响应，这类系统的脉冲响应大部分的权系数值为零，仅有一少部分的非零值，且这种系统的脉冲响应都比较长。

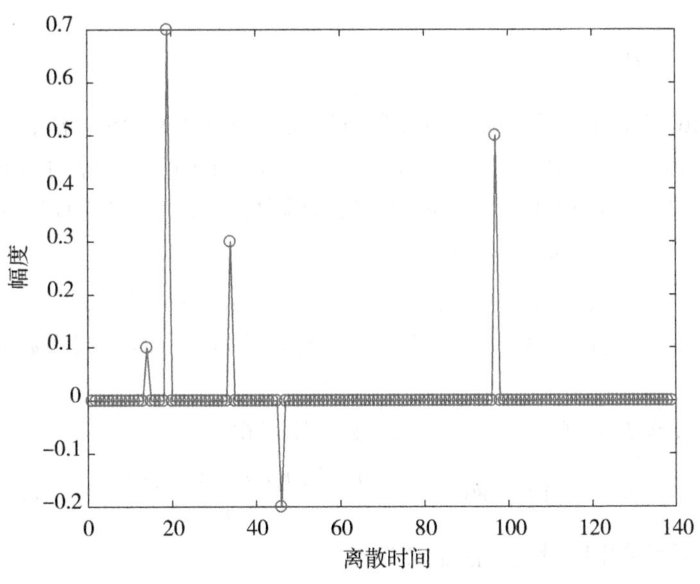

图 2.1　稀疏系统的脉冲响应

根据压缩感知和 LASSO 理论知识，l_0 范数用来度量系统的稀疏性，其表达式为：

$$\| w \|_0 = \sum_{i=1}^{L} M,\ w_i \neq 0 \tag{2.1}$$

其中，$M(w_i \neq 0)$为函数，其表达式满足：

$$M = \begin{cases} 1,\ w_i \neq 0 \\ 0,\ w_i = 0 \end{cases} \tag{2.2}$$

稀疏模型的解采用式(2.3)求得：

$$\min \| \boldsymbol{w} \|_0 \tag{2.3}$$

但是，式(2.3)无法求解，通常采用式(2.4)的稀疏度量指标：

$$\zeta_w = \frac{L}{L - \sqrt{L}}\left(1 - \frac{\| \boldsymbol{w} \|_1}{\sqrt{L}\, \| \boldsymbol{w} \|_2}\right) \tag{2.4}$$

其中，L 为滤波器权系数的长度，$\| \boldsymbol{w} \|_1$ 是权系数的 l_1 范数，$\| \boldsymbol{w} \|_2$ 是权系数的 l_2 范数。ξ_w 的值越大表示系统越稀疏，反之，系统有效值越多，越不稀疏。

2.3　成比例自适应滤波算法

在信号处理领域中有很多信号或系统具备稀疏特性，传统的算法没有考虑到这种稀疏特性，出现了收敛性能和稳定性下降的现象。由此可见，面对复杂多变的环境，需要充分利用这种稀疏特性设计滤波器。根据系统的稀疏特性，发展出成比例自适应滤波算法，其充分考虑和利用了脉冲响应的稀疏结构特性，主要思想是给滤波器每一个系数分配一个成正比关系的步长，使滤波器权系数和步长成正比关系，即大系数获得大步长，从而解决了收敛速度的问题。

2.3.1　PNLMS 算法

2000 年 Duttweiler 首次提出成比例类自适应滤波算法 PNLMS 算法，该算法的目的是为了更好地解决稀疏脉冲响应的问题，并且在一定程度上确实也改善了稀疏脉冲响应情况下的收敛速度，其推导过程如下。首先构造代价函数，定义 PNLMS 算法的代价函数为：

$$\begin{aligned} J(n) &= D[\boldsymbol{w}(n+1),\ \boldsymbol{w}(n)] + \varepsilon^2(n) \\ &= D[\boldsymbol{w}(n+1),\ \boldsymbol{w}(n)] + [d(n) - \boldsymbol{w}^{\mathrm{T}}(n)\boldsymbol{x}(n)]^2 \end{aligned} \tag{2.5}$$

其中，$D[\boldsymbol{w}(n+1),\ \boldsymbol{w}(n)]$ 表示前一时刻权系数向量和后一时刻权系数向量之间距离的度量。

对式(2.5)求解 $J(n)$关于 $\boldsymbol{w}(n)$ 的偏导数，则可得：

$$\boldsymbol{x}(n)\boldsymbol{x}^{\mathrm{T}}(n)[\boldsymbol{w}(n+1) - \boldsymbol{w}(n)] + \frac{1}{2}\frac{\partial D[\boldsymbol{w}(n+1),\ \boldsymbol{w}(n)]}{\partial \boldsymbol{w}(n)} = \boldsymbol{x}(n)e(n) \tag{2.6}$$

式(2.6)的距离采用度量的方法定义为：

$$D[\boldsymbol{w}(n+1),\ \boldsymbol{w}(n)] = \delta\,[\boldsymbol{w}(n+1),\ \boldsymbol{w}(n)]^{\mathrm{T}}\boldsymbol{Q}^{-1}(n)[\boldsymbol{w}(n+1),\ \boldsymbol{w}(n)] \tag{2.7}$$

式中，$\boldsymbol{Q}(n)$是正定对称矩阵，δ是常数且$\delta>0$。将式(2.7)代入式(2.6)中，得到：

$$[\delta\boldsymbol{Q}^{-1}(n)+\boldsymbol{x}(n)\boldsymbol{x}^{\mathrm{T}}(n)][\boldsymbol{w}(n+1)-\boldsymbol{w}(n)]=\boldsymbol{x}(n)e(n) \tag{2.8}$$

即

$$\boldsymbol{Q}^{-\frac{1}{2}}(n)[\boldsymbol{w}(n+1)-\boldsymbol{w}(n)]=[\delta\boldsymbol{I}+\boldsymbol{Q}^{\frac{1}{2}}(n)\boldsymbol{x}(n)\boldsymbol{x}^{\mathrm{T}}(n)\boldsymbol{Q}^{\frac{1}{2}}(n)]^{-1}\boldsymbol{Q}^{\frac{1}{2}}(n)\boldsymbol{x}(n)e(n) \tag{2.9}$$

另外，

$$[\delta\boldsymbol{I}+\boldsymbol{Q}^{\frac{1}{2}}(n)\boldsymbol{x}(n)\boldsymbol{x}^{\mathrm{T}}(n)\boldsymbol{Q}^{\frac{1}{2}}(n)]^{-1}\boldsymbol{Q}^{\frac{1}{2}}(n)\boldsymbol{x}(n)=\frac{\boldsymbol{Q}^{\frac{1}{2}}(n)\boldsymbol{x}(n)e(n)}{\boldsymbol{x}^{\mathrm{T}}(n)\boldsymbol{Q}(n)\boldsymbol{x}(n)+\delta} \tag{2.10}$$

可以得到更新表达式：

$$\boldsymbol{w}(n+1)=\boldsymbol{w}(n)+\frac{\boldsymbol{Q}(n)\boldsymbol{x}(n)e(n)}{\boldsymbol{x}^{\mathrm{T}}(n)\boldsymbol{Q}(n)\boldsymbol{x}(n)+\delta} \tag{2.11}$$

PNLMS算法采用更新方程中增加了归一化步长的方式，保证了算法的收敛速度和稳态误差，其更新方程的一般形式：

$$\boldsymbol{w}(n+1)=\boldsymbol{w}(n)+\mu\frac{\boldsymbol{Q}(n)\boldsymbol{x}(n)e(n)}{\boldsymbol{x}^{\mathrm{T}}(n)\boldsymbol{Q}(n)\boldsymbol{x}(n)+\delta} \tag{2.12}$$

其中，μ是全局步长，若$\boldsymbol{Q}(n)=\boldsymbol{I}$，则转变为NLMS算法。在成比例算法中，$\boldsymbol{Q}(n)=\boldsymbol{G}(n)$，其中，$\boldsymbol{G}(n)=\mathrm{diag}[g_0(n),\ g_1(n),\ \cdots,\ g_{L-1}(n)]$是$L\times L$的对角矩阵，对于任意$n$，$k$，$g_k(n)>0$，$\boldsymbol{G}(n)$中元素$g_k(n)$选择不同的值，可以得到不同类型的成比例算法。通过归一化处理$\boldsymbol{G}(n)$对角线上的元素，可以得到：

$$g_k(n)=\frac{\theta_k(n)}{\frac{1}{L}\sum_{i=0}^{L-1}\theta_i(n)}\quad k=0,\ 1,\ \cdots,\ L-1 \tag{2.13}$$

$$\theta_k(n)=\max\{f(n),\ |w_k(n)|\} \tag{2.14}$$

$$f(n)=\rho\max\{\delta_p,\ \|w(n)\|_\infty\} \tag{2.15}$$

其中，$\|\cdot\|_\infty$表示无穷范数，即权系数的最大值。参数ρ和δ_p的作用是防止系数过小或者为零时能引起的算法停滞，通过选择n时刻$w_i(n)$和固定正数δ_p中较大的那个值来确定的$f(n)$的值，这种选择不够严谨，若n时刻$w_i(n)$估计得不太准确时，式(2.15)会严重影响收敛速度。另外，如果$\rho\geqslant 1$，$\boldsymbol{G}(n)$变为单位矩阵，PNLMS算法表现性能与NLMS一样。虽然PNLMS算法确实对稀疏脉冲响应情况有所改善，但是当待估计系统稀疏度不足时，PNLMS算法也不能起到良好的作用。

2.3.2 IPNLMS算法

为了保证系数合理分配比例步长参数值，提出了改进的PNLMS算法(Improved PNLMS algorithm，IPNLMS)。该算法采用将每个系数的比例步长参数加上权系数估计值的均值的方法。该算法不仅适用于非稀疏的环境，而且改进的算法减小了对比例步长造成的影响。IPNLMS 算法的比例系数步长参数 $g_i(n)$ 为：

$$g_i(n) = \frac{1-\alpha}{2N} + \frac{(1+\alpha)|w_i(n)|}{2\|\boldsymbol{w}(n)\|_1 + \varepsilon} \tag{2.16}$$

其中，参数 α 的取值范围为$[-1, 1)$，是可调节的参数。在实际中，对 α 取值比较好的选择为 0 或者 0.5。

2.3.3 MPNLMS 算法

在 IPNLMS 算法的基础上，基于 μ 规则的 PNLMS(μ-law PNLMS，MPNLMS)算法改进了比例步长，该比例步长采用的是脉冲响应幅度的对数函数。这种改进使得算法在稀疏系统中收敛性得到提高。另外，与 PNLMS 算法相比，MPNLMS 算法的每个权系数能同时收敛到最优权系数，保证了权系数之间的平衡，从而克服了系统稀疏度不足导致收敛速度变慢的问题。MPNLMS 算法的比例步长 $\boldsymbol{G}(n)$ 由式(2.17)~式(2.20)表示：

$$F(w_i(n)) = \ln(1 + \varphi|w_i(n)|) \tag{2.17}$$

$$f(n) = \max\{\delta_p, F(w_0(n)), F(w_1(n)), \cdots, F(w_{L-1}(n))\} \tag{2.18}$$

$$\gamma_i(n) = \max\{\rho f(n), F(w_i(n))\} \tag{2.19}$$

$$\boldsymbol{G}_i(n) = \frac{\gamma_i(n)}{\frac{1}{L}\sum_{k=0}^{L-1}\gamma_k(n)} \quad i = 0, 1, \cdots, L-1 \tag{2.20}$$

式(2.17)中的 φ 通常取值为 1000。从式(2.17)~式(2.20)可以看出，该算法每次算法迭代需要 L 次对数运算，计算复杂度高，对设备要求高。

2.3.4 IMPNLMS 算法

类似 IPNLMS 算法，MPNLMS 算法也涉及选择参数 ρ 和 δ_p 的问题。此外，MPNLMS 算法的性能与脉冲响应的稀疏度密切相关，当稀疏度下降时，MPNLMS 算法的性能也会下降。改进的 IMPNLMS 算法(Improved MPNLMS algorithm，IMPNLMS)使算法能够适用于稀疏度时变的环境。该算法的比例步长参数为：

$$g_i(n) = \frac{1-\alpha(n)}{2N} + \frac{(1+\alpha(n))F(|w_i(n)|)}{2\|F(|w_i(n)|)\|_1 + \varepsilon} \tag{2.21}$$

其中，变量 $\alpha(n)$ 与稀疏度 ζ 存在如下关系：

$$\alpha(n) = 2\zeta - 1 \tag{2.22}$$

$$\zeta(n) = (1-\lambda)\zeta(n-1) + \lambda\zeta_w(n),\ 0 \leqslant \lambda \leqslant 1 \tag{2.23}$$

从式(2.22)可以看出，IMPNLMS 算法中的变量 $\alpha(n)$ 与稀疏度相关。当脉冲响应的稀疏产生变化时，自适应的调整 $\alpha(n)$，因此该算法也适用于稀疏度时变的环境。但是 IMPNLMS 算法含有对数函数，计算复杂度高。

2.4 基于范数约束的最小均方算法

成比例自适应滤波算法适用于稀疏的系统，但是该类算法的计算复杂度偏高，对实际应用中的硬件要求高。而基于范数约束的自适应滤波算法具有低计算量、易于实现、高收敛精度和较好稳态性能等优点。基于范数约束的自适应滤波算法的设计思想是在 LMS 算法的代价函数中加入权系数的范数作为惩罚项，充分有效地利用了系统的稀疏性。本节重点讨论几种典型的基于范数约束的自适应滤波算法，包括：ZA-LMS、RZA-LMS、l_0-LMS、l_p-LMS 和加权 l_p-LMS 算法。

2.4.1 零吸引最小均方算法

前文讨论的 LMS 算法是通过最小化均方误差来估计未知系统的权系数，其代价函数表达式为：

$$J_{ZA}(\boldsymbol{w}(n)) = \frac{1}{2}E\{[e(n)]^2\} \tag{2.24}$$

其中，$e(n) = d(n) - y(n) = d(n) - \boldsymbol{x}^{T}(n)\boldsymbol{w}(n)$。

在一些特定环境下，如回声消除，为了改善算法的性能，往往需要在代价函数上添加适当的惩罚项。例如，ZA-LMS 算法代价函数为：

$$J_{ZA}(\boldsymbol{w}(n)) = \frac{1}{2}E\{[e(n)]^2\} + \gamma_{ZA}\|\boldsymbol{w}(n)\|_1 \tag{2.25}$$

其中，系数 $\frac{1}{2}$ 是为了简便运算，$\gamma_{ZA} \geqslant 0$ 是控制代价函数惩罚项的正则化参数，$\gamma_{ZA}\|w(n)\|_1$ 为 ZA-LMS 算法的惩罚项，$\|\cdot\|_1$ 代表 l_1 范数。

利用梯度下降法推导出 ZA-LMS 算法的更新方程如下：

$$\boldsymbol{w}(n+1) = \boldsymbol{w}(n) + \mu_{ZA}\boldsymbol{x}(n)e(n) + \rho_{ZA}\boldsymbol{G}_{ZA}[\boldsymbol{w}(n)] \tag{2.26}$$

其中，$\mu_{ZA} > 0$ 是步长，ρ_{ZA} 是正则化参数，且 $\rho_{ZA} = \mu_{ZA}\gamma_{ZA}$，$\boldsymbol{G}_{ZA}[\boldsymbol{w}(n)] = -\operatorname{sgn}[w(n)]$ 是 ZA-LMS 算法的零吸引项，sgn [·]表示符号函数，假设 a 是符号函数中的变量，则：

$$\operatorname{sgn}[a] = \begin{cases} 1 & , a > 0 \\ 0 & , a = 0 \\ -1 & , a < 0 \end{cases} \tag{2.27}$$

式(2.26)中，当 $\rho_{ZA} = 0$ 时为标准 LMS 算法。与 LMS 算法更新方程相比，式(2.26)的更新方程中增加了 $\rho_{ZA}\boldsymbol{G}_{ZA}[\boldsymbol{w}(n)]$，当权系数 $\boldsymbol{w}(n) > 0$ 时，$\boldsymbol{G}_{ZA}[\boldsymbol{w}(n)] > 0$，式(2.26)右侧减去一个正值 ρ_{ZA}；相反地，当权系数 $\boldsymbol{w}(n) < 0$ 时，$\boldsymbol{G}_{ZA}[\boldsymbol{w}(n)] < 0$，式(2.26)右侧增加一个正值 ρ_{ZA}。绘制 ZA-LMS 算法的零吸引项，如图 2.2 所示。

图 2.2 可以直观地理解为：在每次迭代时，该算法存在能将每个系数向零吸引的零吸引力，算法的整体收敛速度得到提高。因此，在实际应用中，ZA-LMS 算法收敛速度要比

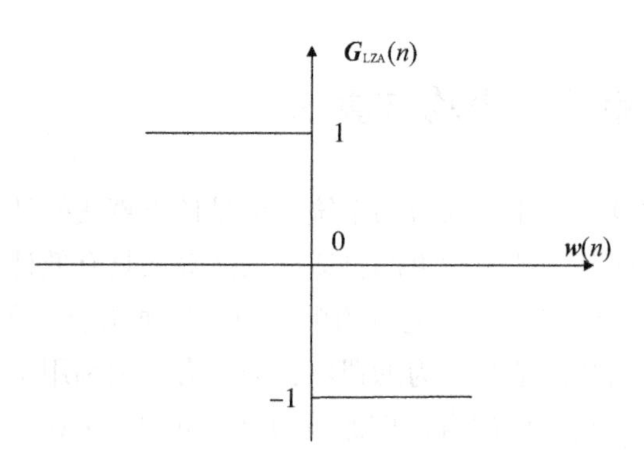

图 2.2　ZA-LMS 算法的零吸引项图

传统 LMS 算法快得多。但是 ZA-LMS 算法对所有权系数施加了相同比例的吸引力，不能区分出零系数和非零系数，$G_{ZA}[w(n)]$ 不随 $w(n)$ 变化而变化，因此算法的收敛速度有待提高。

2.4.2　加权零吸引最小均方算法

由 2.2.1 节的分析可以看出，与标准的 LMS 算法相比，ZA-LMS 算法在处理稀疏系统时，收敛性能和稳态性能表现良好。在分析 ZA-LMS 算法更新表达式中的零吸引项 $-\rho_{ZA}\text{sgn}[w(n)]$ 时发现，算法所产生的零吸引力是对滤波器所有权系数施加相同程度的吸引力。也就是说，ZA-LMS 算法不能辨别权系数值的大小。另外，当 ZA-LMS 算法处理非稀疏系统时，零吸引项会对算法产生拖累，导致算法的性能出现退化现象。因此，ZA-LMS 算法存在着不可忽视的问题。RZA-LMS 算法将 ZA-LMS 算法的惩罚项替换成权系数绝对值的对数和函数形式的惩罚项。详细推导过程如下：

$$J_{RZA}(n) = \frac{1}{2}E[e^2(n)] + \gamma_{RZA}\sum_{i=1}^{N}\log\left(1 + \frac{|w_i(n)|}{\varepsilon'}\right) \tag{2.28}$$

其中，γ_{RZA} 是大于零的常数，是控制惩罚项的影响因子。

目前，l_0 范数是最好的表征稀疏系统的方式，但是 l_0 范数存在无法进行最小化问题，需要采用近似 l_0 范数的方法。与 ZA-LMS 算法相比，RZA-LMS 算法的惩罚项 $\sum_{i=1}^{N}\log(1 + \boldsymbol{w}_i(n)/\varepsilon')$ 更近似于 l_0 范数。利用梯度下降法得到 RZA-LMS 算法的权系数更新方程为：

$$\boldsymbol{w}(n+1) = \boldsymbol{w}(n) + \mu_{RZA}\boldsymbol{x}(n)e(n) + \rho_{RZA}\boldsymbol{G}_{RZA}[\boldsymbol{w}(n)] \tag{2.29}$$

式中，$\boldsymbol{G}_{RZA}[\boldsymbol{w}(n)] = -\text{sgn}[\boldsymbol{w}(n)]/(1 + \varepsilon|\boldsymbol{w}(n)|)$ 是算法的零吸引项。$\rho_{RZA} = \mu_{RZA}\gamma_{RZA}/\varepsilon'$，当 $\rho_{RZA} = 0$ 时，式(2.29)为标准 LMS 算法。$\varepsilon = 1/\varepsilon'$，用于自定义阈值。

由式(2.29)可以看出，当 $|w_i(n)| \leqslant 1/\varepsilon$ 时，RZA-LMS 算法对权系数施加较大的吸引力，算法可以快速收敛；而当 $|w_i(n)| \gg 1/\varepsilon$ 时，RZA-LMS 算法施加的吸引力极小，算法的稳态误差小。综上，RZA-LMS 算法充分考虑了算法中含零的权系数占比大的问题，针对零值权系数施加了更大的吸引力，同时减小了大的权系数吸引力，提高算法的整体

性能。

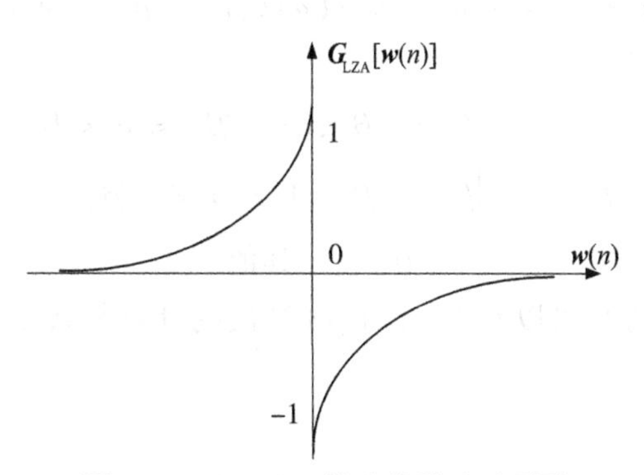

图 2.3 RZA-LMS 算法的零吸引项图

通过图 2.3 可以直观地来理解，RZA-LMS 算法的零吸引项只对 $[-1/\varepsilon, 1/\varepsilon]$ 范围内的权系数起作用。在一定程度上，解决了 ZA-LMS 算法的问题，使算法性能得到了改善。但是，在阈值范围外的权系数，RZA-LMS 算法显得无能为力，具有一定的局限性。

2.4.3 l_0 范数约束的最小均方算法

根据压缩感知理论，l_0 范数比 l_1 范数具有更好的表征稀疏特性的特点。基于此，产生了 l_0-LMS 算法，并将其应用到零吸引算法中，即将 l_1 范数形式的惩罚项替换为用 l_0 范数表示。l_0-LMS 算法的代价函数为：

$$J_{l_0}(n)=\frac{1}{2}E[e^2(n)]+\gamma_{l_0}\|\boldsymbol{w}(n)\|_0 \tag{2.30}$$

其中，$\|\cdot\|_0$ 表示 l_0 范数，$\gamma_{l_0}>0$ 为控制惩罚项的影响因子。

由于 l_0 范数的最小化问题无法精确求解，为此采用了一种近似的方法：

$$\|\boldsymbol{w}(n)\|_0\approx\sum_{i=0}^{L-1}(1-\mathrm{e}^{-\beta_{l_0}|w_i(n)|}) \tag{2.31}$$

将式(2.31)代入式(2.30)，l_0-LMS 算法的代价函数重写为：

$$J_{l_0}(n)=\frac{1}{2}E[e^2(n)]+\gamma_{l_0}\sum_{i=0}^{L-1}(1-\mathrm{e}^{-\beta_{l_0}|w_i(n)|}) \tag{2.32}$$

根据梯度下降法，l_0-LMS 算法权系数的更新方程为：

$$\boldsymbol{w}(n+1)=\boldsymbol{w}(n)+\mu_{l_0}e(n)\boldsymbol{x}(n)-\rho_{l_0}\beta_{l_0}\mathrm{sgn}[\boldsymbol{w}(n)]\mathrm{e}^{-\beta_{l_0}|w_i(n)|} \tag{2.33}$$

其中，$\rho_{l_0}=\mu_{l_0}\gamma_{l_0}$ 是控制 l_0-LMS 算法惩罚项的正则化参数，$\mathrm{e}^{-\beta_{l_0}|w_i(n)|}$ 通常采用泰勒级数展开式第一项的方式降低计算复杂度。

假设变量 a，则有：

$$\mathrm{e}^{-\beta_{l_0}|a|}\approx\begin{cases}1-\beta_{l_0}|a|, & |a|\leqslant\dfrac{1}{\beta_{l_0}}\\ 0, & \text{其他}\end{cases} \tag{2.34}$$

因此，式(2.33)权系数的更新方程近似为：

$$w(n+1)=w(n)+\mu_{l_0}e(n)x(n)-\rho_{l_0}f_{l_0}[w(n)] \tag{2.35}$$

其中

$$f_{l_0}(a)=\begin{cases}\beta_{l_0}^2 a+\beta_{l_0}, & -1/\beta_{l_0}\leqslant a<0\\ \beta_{l_0}^2 a-\beta_{l_0}, & 0<a\leqslant 1/\beta_{l_0}\\ 0, & \text{其他}\end{cases} \tag{2.36}$$

由式(2.35)的更新方程可以看出，l_0-LMS 算法的计算复杂度高于传统 LMS 算法，因此，该算法实现难度大。

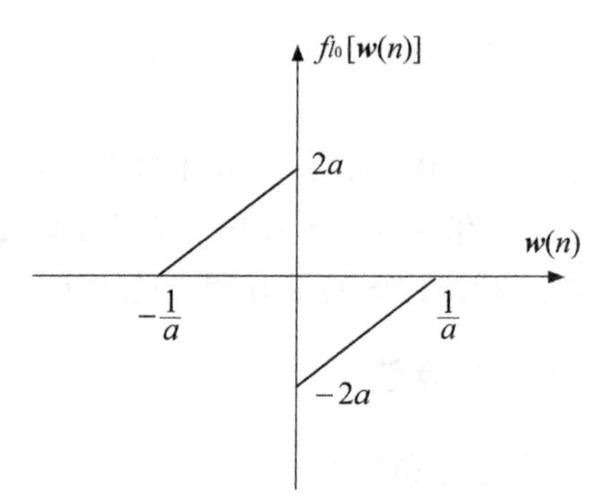

图 2.4　l_0-LMS 算法的零吸引项图

由图 2.4 可知，α 设置不同的阈值，算法对权系数施加不同程度的吸引力。但是，l_0-LMS 算法无法对超出阈值范围的权系数施加力，也具有一定的局限性。

2.4.4　l_p 范数约束的最小均方算法

基于 l_p 范数约束的最小均方(l_p-LMS)算法的思想是在 LMS 算法代价函数中添加了权系数的 p 范数形式的惩罚项，其中 p 的取值范围是(0，-1]。当 $p\to 0$ 时，p 范数可以近似为 0 范数，则其代价函数表达式为：

$$J_p(n)=\frac{1}{2}E[e^2(n)]+\gamma_p\|w(n)\|_p \tag{2.37}$$

其中，$\|\cdot\|_p$ 表示 l_p 范数，$\gamma_p>0$ 为控制惩罚项的影响因子。

对式(2.37)求梯度，根据梯度下降法得到 l_p-LMS 算法权系数的更新方程表达式为：

$$w(n)=w(n)+\mu_p e(n)x(n)-\rho_p\frac{(\|w(n)\|_p)^{1-p}\mathrm{sgn}[w(n)]}{\varepsilon_p+|w(n)|^{1-p}} \tag{2.38}$$

其中，$\rho_p=\mu_p\gamma_p$ 为 l_p-LMS 算法的正则化参数，$\varepsilon_p>0$，该参数的作用是：当输入信号向量为零或很小时，防止算法不稳定。

从式(2.38)可以看出，l_p-LMS 算法的代价函数是非凸函数并且该算法的计算复杂度大，因此不易在实际应用中实现。

2.4.5 加权 l_p 范数约束的最小均方算法

加权 l_p-LMS 算法是在 LMS 算法的代价函数中加入一个更新权系数，相应的代价函数为：

$$J_r(n) = \frac{1}{2}E[e^2(n)] + \gamma_r \|\boldsymbol{h}(n)\boldsymbol{w}(n)\|_p \tag{2.39}$$

其中，$\gamma_r > 0$ 为平衡因子。新添加的更新权系数表达式为：

$$\boldsymbol{h}(n) = \frac{1}{\varepsilon_r + |\boldsymbol{w}(n-1)|} \tag{2.40}$$

其中，ε_r 为小的正常数。下面分别对 p 值进行讨论：

（1）当 $0 < p < 1$ 时，根据梯度下降法得到加权 l_p-LMS 算法权系数的更新方程表达式为：

$$\boldsymbol{w}(n+1) = \boldsymbol{w}(n) + \mu_r e(n)\boldsymbol{x}(n) - \rho_r \left\| \frac{1}{\varepsilon_r + |\boldsymbol{w}(n-1)|} \right\|_p \frac{(\|\boldsymbol{h}(n)\boldsymbol{w}(n)\|_p)^{1-p}\operatorname{sgn}[\boldsymbol{w}(n)]}{\varepsilon_r + |\boldsymbol{w}(n)|^{1-p}} \tag{2.41}$$

（2）当 $p=0$ 时，根据梯度下降法得到加权 l_p-LMS 算法权系数的更新方程表达式为：

$$\boldsymbol{w}(n+1) = \boldsymbol{w}(n) + \mu_r e(n)\boldsymbol{x}(n) - \rho_r \frac{\operatorname{sgn}[\boldsymbol{w}(n)]}{\varepsilon_r + |\boldsymbol{w}(n-1)|} \tag{2.42}$$

其中，$\rho_r = \mu_r \gamma_r$。当 $0<p<1$ 时，加权 l_p-LMS 算法的计算复杂度非常大，不易实现。当 $p=0$ 时，加权 l_p-LMS 算法仅对 ε_r 阈值范围内的权系数起作用，具有一定的局限性。

2.5 变参数的零吸引类最小均方算法

目前已有的稀疏自适应滤波算法都会涉及步长参数和正则化参数的问题。但是，很多稀疏自适应滤波算法都将这两个重要参数设为固定值，为了解决 ZA-LMS 和 RZA-LMS 算法固定步长和固定正则化参数的问题，可变步长的方法在 ZA-LMS 算法的基础上，采用基于最小化均方差（Mean Square Deviation，MSD）推导出可根据误差对步长和正则化参数，实现了更新方程中步长和正则化参数的可变性，使得算法不再需要预先设置参数，参数可根据环境自适应调节，缓解了收敛速度和稳态误差之间的矛盾。

2.5.1 变参数的零吸引最小均方算法

ZA-LMS 算法的权系数的更新方程为：

$$\boldsymbol{w}(n+1) = \boldsymbol{w}(n) + \mu\boldsymbol{x}(n)e(n) + \rho\operatorname{sgn}[\boldsymbol{w}(n)] \tag{2.43}$$

将式(2.43)两侧减 $\boldsymbol{w}^*$，得到权系数误差 $\widetilde{\boldsymbol{w}}(n)$ 的更新方程：

$$\widetilde{\boldsymbol{w}}(n+1)=\widetilde{\boldsymbol{w}}(n)+\mu\boldsymbol{x}(n)e(n)-\rho\operatorname{sgn}[\boldsymbol{w}(n)] \tag{2.44}$$

其中，$e(n)=\boldsymbol{x}^{\mathrm{T}}(n)\boldsymbol{w}^{*}+z(n)-\boldsymbol{x}^{\mathrm{T}}(n)\boldsymbol{w}(n)=z(n)-\boldsymbol{x}^{T}(\mathrm{n})\widetilde{\boldsymbol{w}}(n)$，$z(n)$ 是均值为 0，方差为 σ_z^2 的加性高斯白噪声，与其他信号相互独立。

假设 $\widetilde{\boldsymbol{w}}(n)$ 与 $\boldsymbol{x}(n)$ 相互独立，ZA-LMS 算法的最小均方误差(MSE)为：

$$E[e^2(n)]=\sigma_z^2+\operatorname{tr}[\boldsymbol{R}_{xx}\boldsymbol{F}(n)] \tag{2.45}$$

其中，$\boldsymbol{F}(n)=E[\widetilde{\boldsymbol{w}}(n)\widetilde{\boldsymbol{w}}^{\mathrm{T}}(n)]$，$\operatorname{tr}[\boldsymbol{R}_{xx}\boldsymbol{F}(n)]$ 是 n 时刻的超量均方误差(Excess mean square error，EMSE)，$\boldsymbol{F}(n)$ 的迹是权系数误差的均方差(MSD)，即 n 时刻的 MSD 可定义为：

$$\xi(n)=\operatorname{tr}[\boldsymbol{F}(n)] \tag{2.46}$$

因此，步长和正则化参数均包含在 $\xi(n)$ 中。

对 n+1 时刻的 MSD 最小化即可得到最优步长和正则化参数，即：

$$[\mu^{*}(n),\ \rho^{*}(n)]=\arg\min_{\mu,\ \rho}\operatorname{tr}[\boldsymbol{F}(n+1)] \tag{2.47}$$

由式(2.47)可知，欲求解 n+1 时刻的 MSD，需要先求解 $\boldsymbol{F}(n+1)$，则 $\boldsymbol{F}(n+1)$ 为

$$\boldsymbol{F}(n+1)=\boldsymbol{F}(n)+\mu^2a(n)+\rho^2b(n)-2\mu p_1(n)-2\rho p_2(n)+2\mu\rho c(n) \tag{2.48}$$

将式(2.48)代入式(2.47)得到：

$$\begin{aligned}[\mu^{*}(n),\ \rho^{*}(n)]&=\arg\min_{\mu,\ \rho}\operatorname{tr}[\boldsymbol{F}(n+1)]\\&=\arg\min_{\mu,\ \rho}\operatorname{tr}[\boldsymbol{F}(n)]+\mu^2a(n)+\rho^2b(n)-2\mu p_1(n)-2\rho p_2(n)+2\mu\rho c(n)\end{aligned} \tag{2.49}$$

其中，$a(n)$、$b(n)$、$c(n)$、$p_1(n)$ 和 $p_2(n)$ 分别为：

$$\begin{aligned}a(n)&=\sigma_z^2\operatorname{tr}\{\boldsymbol{R}_{xx}\}+\operatorname{tr}\{E[\boldsymbol{x}(n)\boldsymbol{x}^{\mathrm{T}}(n)\widetilde{\boldsymbol{w}}(n)\widetilde{\boldsymbol{w}}^{\mathrm{T}}(n)\boldsymbol{x}(n)\boldsymbol{x}^{\mathrm{T}}(n)]\}\\&=\sigma_z^2\operatorname{tr}\{E[\boldsymbol{x}(n)\boldsymbol{x}^{\mathrm{T}}(n)]\}+\operatorname{tr}\{E[\boldsymbol{x}(n)\boldsymbol{x}^{\mathrm{T}}(n)\widetilde{\boldsymbol{w}}(n)\widetilde{\boldsymbol{w}}^{\mathrm{T}}(n)\boldsymbol{x}(n)\boldsymbol{x}^{\mathrm{T}}(n)]\}\\&=\sigma_z^2\sigma_x^2L+(2+L)\sigma_x^4\xi(n)\end{aligned} \tag{2.50}$$

$$b(n)=\operatorname{tr}\{E[\operatorname{sgn}[\boldsymbol{w}(n)]\operatorname{sgn}[\boldsymbol{w}(n)]]\}=L \tag{2.51}$$

$$c(n)=\operatorname{tr}\{E[\widetilde{\boldsymbol{w}}^{\mathrm{T}}(n)\boldsymbol{x}(n)\boldsymbol{x}^{\mathrm{T}}(n)\operatorname{sgn}[\boldsymbol{w}(n)]]\}=\sigma_x^2E\{\widetilde{\boldsymbol{w}}^{\mathrm{T}}(n)\operatorname{sgn}[\boldsymbol{w}(n)]\} \tag{2.52}$$

$$p_1(n)=\operatorname{tr}\{E[\boldsymbol{x}(n)\boldsymbol{x}^{\mathrm{T}}(n)\widetilde{\boldsymbol{w}}(n)\widetilde{\boldsymbol{w}}^{\mathrm{T}}(n)]\}=\sigma_x^2\xi(n) \tag{2.53}$$

$$p_2(n)=\operatorname{tr}\{E[\widetilde{\boldsymbol{w}}^{\mathrm{T}}(n)\boldsymbol{G}_{\mathrm{LZA}}[\boldsymbol{w}(n)]]\}=E\{\widetilde{\boldsymbol{w}}^{\mathrm{T}}(n)\operatorname{sgn}[\boldsymbol{w}(n)]\} \tag{2.54}$$

式(2.50)~式(2.54)中的各个参数不能在实践中使用，因为它们都需要在实时环境获得统计信息。为了解决这个问题，分别对这个参数进行近似估计。

式(2.50)和式(2.53)中的 $\xi(n)$ 估计值 $\hat{\xi}(n)$ 进行代替：

$$\hat{\xi}(n)=\max\{\hat{e}^2(n)-\sigma_z^2,\ \xi(n)_{\min}\} \tag{2.55}$$

其中，$\hat{e}(n)=\beta\hat{e}(n-1)+(1-\beta)e(n)$ 为瞬时近似值，β 是区间[0，1)中的平滑因子。

式(2.52)和式(2.54)中 $\widetilde{\boldsymbol{w}}(n)$ 未知，通过 $\widetilde{\boldsymbol{w}}(n)=\boldsymbol{w}(n)-\boldsymbol{w}^{*}$ 求解 $\boldsymbol{w}^{*}$，得到 $\widetilde{\boldsymbol{w}}(n)$。

对 $\boldsymbol{w}^*$ 的估计使用局部单步近似：

$$\hat{\boldsymbol{w}}^* = \boldsymbol{w}(n) - \widetilde{\boldsymbol{w}}(n) = \boldsymbol{w}(n) - \kappa(n)\nabla J(\boldsymbol{w}(n)) \tag{2.56}$$

其中，$\kappa(n)$是正步长，$J[\boldsymbol{w}(n)]$是在$\boldsymbol{w}(n)$处的梯度。通过给定 n 时刻的$\xi(n)$，利用梯度下降法求解 n+1 时刻的$\kappa(n)$值，$\kappa(n)$的推导过程同式(2.49)~式(2.56)的过程：

$$\kappa(n) = \frac{p_1(n)}{a(n)} \tag{2.57}$$

式(2.56)中，$J[\boldsymbol{w}(n)]$在$\boldsymbol{w}(n)$处的真实梯度无法确定，采取瞬时值$-e(n)\boldsymbol{x}(n)$进行近似：

$$\hat{\boldsymbol{w}}^* = \boldsymbol{w}(n) - \boldsymbol{g}(n) \tag{2.58}$$

其中

$$\boldsymbol{g}(n) = -\frac{p_1(n)}{a(n)}e(n)\boldsymbol{x}(n) \tag{2.59}$$

因此

$$\widetilde{\boldsymbol{w}}(n) = \boldsymbol{g}(n) \tag{2.60}$$

将式(2.60)代入式(2.52)，并采用瞬时值近似式(2.52)的期望值，整理得到$c(n)$：

$$c(n) \approx \boldsymbol{\sigma}_x^2\boldsymbol{g}^{\mathrm{T}}(n)\mathrm{sgn}[\boldsymbol{w}(n)] \tag{2.61}$$

将式(2.60)代入式(2.54)，并采用瞬时值近似式(2.54)的期望值，整理得到$p_2(n)$：

$$p_2(n) \approx \boldsymbol{g}^{\mathrm{T}}(n)\mathrm{sgn}[\boldsymbol{w}(n)] \tag{2.62}$$

式(2.49)中$\xi(n+1)$的矩阵形式写成：

$$\xi(n+1) = [\mu \quad \rho]\boldsymbol{H}[\mu \quad \rho]^{\mathrm{T}} - 2[p_1 \quad p_2][\mu \quad \rho]^{\mathrm{T}} + \xi(n) \tag{2.63}$$

其中

$$\boldsymbol{H} = \begin{bmatrix} a(n) & c(n) \\ c(n) & b(n) \end{bmatrix} \tag{2.64}$$

矩阵$\boldsymbol{H}$具有半正定性。假设$\boldsymbol{H}$是正定矩阵，便于后续计算。在此将式(2.63)最小化后能够得到变参数$\mu^*(n)$和正则化参数$\rho^*(n)$的最优值：

$$\begin{aligned}\arg\min_{\mu(n),\,\rho(n)} \xi(n+1) &= \frac{\partial\xi(n+1)}{\partial[\mu(n) \quad \rho(n)]} \\ &= \boldsymbol{H}[\mu(n) \quad \rho(n)]^{\mathrm{T}} + [\mu(n) \quad \rho(n)]\boldsymbol{H} - 2[p_1(n) \quad p_2(n)] \\ &\quad + \frac{\partial\xi(n)}{\partial[\mu(n) \quad \rho(n)]}\end{aligned} \tag{2.65}$$

得到的变步长$\mu'(n)$和变正则化参数$\rho'(n)$为：

$$[\mu^*(n) \quad \rho^*(n)]^{\mathrm{T}} = \boldsymbol{H}^{-1}[p_1 \quad p_2]^{\mathrm{T}} \tag{2.66}$$

即

$$\mu^*(n) = \frac{b(n)p_1(n) - c(n)p_2(n)}{a(n)b(n) - c^2(n)} \tag{2.67}$$

$$\rho^*(n) = \frac{a(n)p_2(n) - c(n)p_1(n)}{a(n)b(n) - c^2(n)} \tag{2.68}$$

采用式(2.69)和式(2.70)的形式，保证变步长和变正则化参数均为非负值：

$$\mu'(n) = \max\{\mu^*(n),\ 0\} \tag{2.69}$$

$$\rho'(n) = \max\{\rho^*(n),\ 0\} \tag{2.70}$$

另外，为确保算法的稳定性，对变步长 $\mu'(n)$ 和变正则化参数 $\rho'(n)$ 添加平滑因子，并且对变步长预设上限 $\mu_{\max}$。

$$\mu(n) = \min\{\theta\mu(n-1) + (1-\theta)\mu'(n),\ \mu_{\max}\} \tag{2.71}$$

$$\rho(n) = \theta\rho(n-1) + (1-\theta)\rho'(n) \tag{2.72}$$

2.5.2　变参数的加权零吸引最小均方算法

RZA-LMS 算法的步长和正则化参数都是固定的，采用类似于 VP-ZA-LMS 算法的方法，实现 VP-RZA-LMS 算法中步长和正则化参数的可变性，可以缓解算法收敛速度和稳态误差之间矛盾。

RZA-LMS 算法的权系数的更新方程为：

$$\boldsymbol{w}(n+1) = \boldsymbol{w}(n) + \mu e(n)\boldsymbol{x}(n) - \rho\frac{\mathrm{sgn}[\boldsymbol{w}(n)]}{1+\varphi|\boldsymbol{w}(n)|} \tag{2.73}$$

其中，μ 是步长因子，$\rho=\mu\gamma/\varepsilon$ 是正则化参数，$\varphi=1/\varepsilon$。

权系数误差 $\widetilde{\boldsymbol{w}}(n)$ 的更新方程：

$$\widetilde{\boldsymbol{w}}(n+1) = \widetilde{\boldsymbol{w}}(n) + \mu\boldsymbol{x}(n)z(n) - \mu\boldsymbol{x}(n)\boldsymbol{x}^{\mathrm{T}}(n)\widetilde{\boldsymbol{w}}(n) - \rho\frac{\mathrm{sgn}[\boldsymbol{w}(n)]}{\varepsilon+|\boldsymbol{w}(n)|} \tag{2.74}$$

VP-RZA-LMS 算法的最小均方误差(MSE)为：

$$E[e^2(n)] = \sigma_z^2 + \mathrm{tr}[\boldsymbol{R}_{xx}\boldsymbol{F}(n)] \tag{2.75}$$

与 VP-ZA-LMS 算法类似，对 $n+1$ 时刻的 MSD 最小化就能得最优步长和正则化参数：

$$\begin{aligned}[\mu^*(n),\ \rho^*(n)] &= \underset{\mu,\ \rho}{\arg\min}\ \mathrm{tr}[\boldsymbol{F}(n+1)] \\ &= \underset{\mu,\ \rho}{\arg\min}\ \mathrm{tr}[\boldsymbol{F}(n)] + \mu^2 a(n) + \rho^2 b(n) - 2\mu p_1(n) - 2\rho p_2(n) + 2\mu\rho c(n)\end{aligned} \tag{2.76}$$

其中，VP-RZA-LMS 算法中的 $a(n)$ 和 $p_1(n)$ 与 VP-ZA-LMS 算法相同。分别计算 VP-RZA-LMS 算法的 $b(n)$，$c(n)$ 和 $p_2(n)$：

$$b(n) = \mathrm{tr}\left\{E\left[\frac{\mathrm{sgn}\{\boldsymbol{w}(n)\}}{\varepsilon+|\boldsymbol{w}(n)|}\frac{\mathrm{sgn}^{\mathrm{T}}\{\boldsymbol{w}(n)\}}{\varepsilon+|\boldsymbol{w}(n)|}\right]\right\} \approx \sum_{i=1}^{L}\left(\frac{1}{\varepsilon+|w_i(n)|}\right) \tag{2.77}$$

$$c(n) = \mathrm{tr}\left\{E\left[\widetilde{\boldsymbol{w}}^{\mathrm{T}}(n)\boldsymbol{x}(n)\boldsymbol{x}^{\mathrm{T}}(n)\frac{\mathrm{sgn}^{\mathrm{T}}\{\boldsymbol{w}(n)\}}{\varepsilon+|\boldsymbol{w}(n)|}\right]\right\} = \sigma_x^2\boldsymbol{g}^{\mathrm{T}}(n)\frac{\mathrm{sgn}\{\boldsymbol{w}(n)\}}{\varepsilon+|\boldsymbol{w}(n)|} \tag{2.78}$$

$$p_2(n) = \mathrm{tr}\left\{E\left[\widetilde{\boldsymbol{w}}^{\mathrm{T}}(n)\frac{\mathrm{sgn}^{\mathrm{T}}\{\boldsymbol{w}(n)\}}{\varepsilon+|\boldsymbol{w}(n)|}\right]\right\} \approx \boldsymbol{g}^{\mathrm{T}}(n)\frac{\mathrm{sgn}\{\boldsymbol{w}(n)\}}{\varepsilon+|\boldsymbol{w}(n)|} \tag{2.79}$$

采用与 VP-ZA-LMS 算法相同的方式使变步长和变正则化参数均满足非负值，则 VP-RZA-LMS 算法用式(2.80)和式(2.81)来保证：

$$\mu'(n)=\max\{\mu^*(n),\ 0\} \tag{2.80}$$

$$\rho'(n)=\max\{\rho^*(n),\ 0\} \tag{2.81}$$

采用与 VP-ZA-LMS 算法相同的方式，对 VP-RZA-LMS 算法的变步长 $\mu'(n)$ 和变正则化参数 $\rho'(n)$ 添加平滑因子：

$$\mu(n)=\min\{\theta\mu(n-1)+(1-\theta)\mu'(n),\ \mu_{\max}\} \tag{2.82}$$

$$\rho(n)=\theta\rho(n-1)+(1-\theta)\rho'(n) \tag{2.83}$$

2.5.3 基于对数函数的变参数零吸引 LMS 算法

该算法针对 ZA-LMS 算法对所有权系数施加了相同程度的吸引力，吸引力不随权系数变化，对零值权系数施加的吸引力不足，算法的收敛速度慢的问题，将 ZA-LMS 算法的惩罚项修改成权系数的对数函数形式的惩罚项。同时，考虑到 ZA-LMS 算法的固定的步长和正则化参数也限制了算法收敛性能和稳态性能之间的平衡。

首先，将 ZA-LMS 算法权系数的更新方程重写：

$$\boldsymbol{w}(n+1)=\boldsymbol{w}(n)+\mu_{\mathrm{ZA}}\boldsymbol{x}(n)e(n)-\rho_{\mathrm{ZA}}\mathrm{sgn}[\boldsymbol{w}(n)] \tag{2.84}$$

其中，$-\rho_{\mathrm{ZA}}\mathrm{sgn}[\boldsymbol{w}(n)]$ 为 ZA-LMS 算法的零吸引项。

在稀疏系统中，为零的权系数所占比例较大，对数函数形式的零吸引项对这部分的系数施加更大的力，保证算法整体的收敛速度变快，这样便可以有效地提高算法的性能。因此，改进的 ZA-LMS 算法的代价函数表达式为：

$$J(\boldsymbol{w}(n))=\frac{1}{2}E\{[e(n)]^2\}-\gamma_{\mathrm{LZA}}\|\boldsymbol{w}(n)\|_1\ln\frac{|w_i(n)|}{\|\boldsymbol{w}(n)\|_\infty} \tag{2.85}$$

其中，$\gamma_{\mathrm{LZA}}\geqslant 0$ 是控制代价函数惩罚项的影响因子，$|w_i(n)|$ 中的 $i=1,\ 2,\ \cdots,\ L$ 且 L 表示滤波器阶数，系数 1/2 是为了简便运算，$\|\cdot\|_\infty$ 为无穷范数，表示取滤波器权系数 $\boldsymbol{w}(n)$ 向量的最大值，$|\cdot|$ 表示取权系数的绝对值。

利用梯度下降法，对式(2.85)代价函数求梯度，得到：

$$\boldsymbol{g}_w(n)=\frac{\partial J(\boldsymbol{w}(n))}{\partial \boldsymbol{w}(n)}=-\boldsymbol{x}(n)e(n)-\gamma_{\mathrm{LZA}}\mathrm{sgn}[\boldsymbol{w}(n)]\ln\frac{|w_i(n)|}{\|\boldsymbol{w}(n)\|_\infty} \tag{2.86}$$

其中，$\boldsymbol{g}_w(n)$ 表示梯度，这里忽略了梯度中数值较小的常数项。

因此，改进的 ZA-LMS 算法的权系数更新方程为：

$$\boldsymbol{w}(n+1)=\boldsymbol{w}(n)-\mu_{\mathrm{LZA}}\boldsymbol{g}_w(n)=\boldsymbol{w}(n)+\mu_{\mathrm{LZA}}\boldsymbol{x}(n)e(n)+\rho_{\mathrm{LZA}}\boldsymbol{G}_{\mathrm{LZA}}[\boldsymbol{w}(n)] \tag{2.87}$$

其中，$\mu_{\mathrm{LZA}}>0$ 是步长，ρ_{LZA} 是正则化参数，且 $\rho_{\mathrm{LZA}}=\mu_{\mathrm{LZA}}\gamma_{\mathrm{LZA}}$，$\boldsymbol{G}_{\mathrm{LZA}}[\boldsymbol{w}(n)]$ 定义为改进的零吸引项，其表达式为：

$$\boldsymbol{G}_{\mathrm{LZA}}[\boldsymbol{w}(n)]=\mathrm{sgn}[\boldsymbol{w}(n)]\ln\frac{|w_i(n)|}{\|\boldsymbol{w}(n)\|_\infty} \tag{2.88}$$

对比改进的零吸引项与 ZA-LMS 算法的零吸引项，可以发现改进的零吸引项是在 ZA-

LMS 算法零吸引项的基础上乘以 $-\ln(|w_i(n)|/\|\boldsymbol{w}(n)\|_\infty)$ 项，其示意图如图 2.5 所示，图中横坐标为 $\boldsymbol{w}(n)$，纵坐标表示零吸引项对权系数所施加的吸引力。

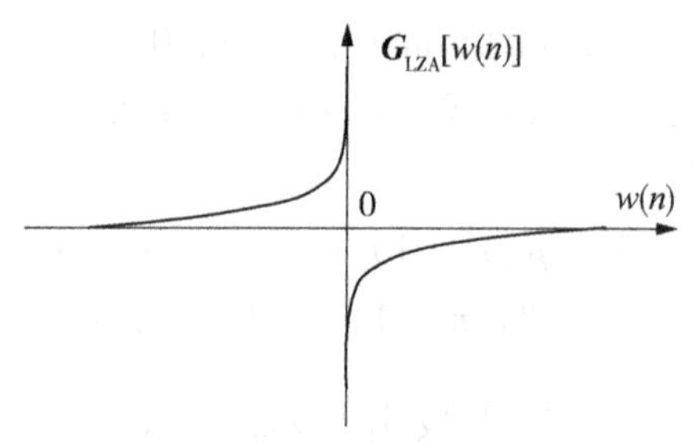

图 2.5　改进的零吸引项

可以看到当权系数大于零时，符号函数值为正，式(2.87)中最后一项包含的恒为负数，所以相当于权系数被减去一个正值；同理，当权系数小于零时，符号函数值为负，相当于权系数被加上了一个正值，且权系数越接近于零，零吸引项的幅值越大，即每个权系数的吸引子与其自身大小有关，不再是恒定值。

2.6　基于对数函数的变参数零吸引最小均方算法

2.6.1　算法描述

首先定义权系数误差 $\widetilde{\boldsymbol{w}}(n)$ 为估计的权系数 $\boldsymbol{w}(n)$ 和最优权系数 $\boldsymbol{w}^*$ 之间的差：

$$\widetilde{\boldsymbol{w}}(n)=\boldsymbol{w}(n)-\boldsymbol{w}^* \tag{2.89}$$

式(2.87)两侧减 $\boldsymbol{w}^*$，得到权系数误差 $\widetilde{\boldsymbol{w}}(n)$ 的更新方程：

$$\widetilde{\boldsymbol{w}}(n+1)=\widetilde{\boldsymbol{w}}(n)+\mu_{LZA}\boldsymbol{x}(n)e(n)-\rho_{LZA}\text{sgn}[\boldsymbol{w}(n)]\ln\frac{|w_i(n)|}{\|\boldsymbol{w}(n)\|_\infty} \tag{2.90}$$

其中，$e(n)$可进一步写为：

$$e(n)=\boldsymbol{x}^{\mathrm{T}}(n)\boldsymbol{w}^*+z(n)-\boldsymbol{x}^{\mathrm{T}}(n)\boldsymbol{w}(n)=z(n)-\boldsymbol{x}^{\mathrm{T}}(n)\widetilde{\boldsymbol{w}}(n) \tag{2.91}$$

假设权系数误差 $\widetilde{\boldsymbol{w}}(n)$ 与输入信号 $\boldsymbol{x}(n)$ 相互独立，VP-LZA-LMS 算法的最小均方误差(Mean Square Error，MSE)为：

$$E[e^2(n)]=\sigma_z^2+\text{tr}[\boldsymbol{R}_{xx}\boldsymbol{F}(n)] \tag{2.92}$$

其中，$\boldsymbol{F}(n)=E[\widetilde{\boldsymbol{w}}(n)\widetilde{\boldsymbol{w}}^{\mathrm{T}}(n)]$，$\boldsymbol{F}(n)$ 的迹是均方偏差(MSD)，即 n 时刻的 MSD 可定义为：

$$\xi(n)=\text{tr}[\boldsymbol{F}(n)] \tag{2.93}$$

其中，步长和正则化参数均包含在$\xi(n)$中。

通过 MSD 求得最优的步长和正则化参数，假设式(2.93)中 n 时刻的 MSD 已知，则可以获得 $n+1$ 时刻的 MSD，即 $\xi(n+1)$：

$$\xi(n+1) = \mathrm{tr}[\boldsymbol{F}(n+1)] \tag{2.94}$$

对 $n+1$ 时刻的 MSD 最小化即可就得最优步长和正则化参数，即：

$$[\mu^*(n),\ \rho^*(n)] = \arg\min_{\mu,\ \rho}\xi(n+1) = \arg\min_{\mu,\ \rho}\{\mathrm{tr}\boldsymbol{F}[(n+1)]\} \tag{2.95}$$

因此，求解 $n+1$ 时刻 MSD 就需要先求解 $\boldsymbol{F}(n+1)$。

权系数误差 $\widetilde{\boldsymbol{w}}(n)$ 的迭代式：

$$\widetilde{\boldsymbol{w}}(n+1) = \widetilde{\boldsymbol{w}}(n) + \mu_{\mathrm{LZA}}\boldsymbol{x}(n)e(n) - \rho_{\mathrm{LZA}}\boldsymbol{G}_{\mathrm{LZA}}[\boldsymbol{w}(n)] \tag{2.96}$$

其中，$\boldsymbol{G}_{\mathrm{LZA}}[\boldsymbol{w}(n)]$ 是 VP-LZA-LMS 算法的零吸引项。

均方偏差 $\boldsymbol{F}(n)$ 的表达式为：

$$\boldsymbol{F}(n) = E[\widetilde{\boldsymbol{w}}(n)\widetilde{\boldsymbol{w}}^{\mathrm{T}}(n)] \tag{2.97}$$

将式(2.96)代入式(2.97)，得到

$$\begin{aligned}
E[\widetilde{\boldsymbol{w}}(n+1)\widetilde{\boldsymbol{w}}^{\mathrm{T}}(n+1)] = {} & E[\widetilde{\boldsymbol{w}}(n)\widetilde{\boldsymbol{w}}^{\mathrm{T}}(n)] + \mu_{\mathrm{LZA}}^2 E[\sigma_z^2\boldsymbol{x}(n)\boldsymbol{x}^{\mathrm{T}}(n)] \\
& - \mu_{\mathrm{LZA}}E[\widetilde{\boldsymbol{w}}(n)\widetilde{\boldsymbol{w}}^{\mathrm{T}}(n)\boldsymbol{x}(n)\boldsymbol{x}^{\mathrm{T}}(n)] + \rho_{\mathrm{LZA}}^2 E\{\boldsymbol{G}_{\mathrm{LZA}}[\boldsymbol{w}(n)]\boldsymbol{G}_{\mathrm{LZA}}^{\mathrm{T}}[\boldsymbol{w}(n)]\} \\
& + \mu_{\mathrm{LZA}}^2 E[\boldsymbol{x}(n)\boldsymbol{x}^{\mathrm{T}}(n)\widetilde{\boldsymbol{w}}(n)\widetilde{\boldsymbol{w}}^{\mathrm{T}}(n)\boldsymbol{x}(n)\boldsymbol{x}^{\mathrm{T}}(n)] \\
& + \mu_{\mathrm{LZA}}\rho_{\mathrm{LZA}}E[\widetilde{\boldsymbol{w}}^{\mathrm{T}}(n)\boldsymbol{x}(n)\boldsymbol{x}^{\mathrm{T}}(n)\boldsymbol{G}_{\mathrm{LZA}}[\boldsymbol{w}(n)]] \\
& - \rho_{\mathrm{LZA}}E[\widetilde{\boldsymbol{w}}^{\mathrm{T}}(n)\boldsymbol{G}_{\mathrm{LZA}}[\boldsymbol{w}(n)]] - \rho_{\mathrm{LZA}}E[\boldsymbol{G}_{\mathrm{LZA}}^{\mathrm{T}}[\boldsymbol{w}(n)]\widetilde{\boldsymbol{w}}(n))] \\
& + \mu_{\mathrm{LZA}}\rho_{\mathrm{LZA}}E[\boldsymbol{x}(n)\boldsymbol{x}^{\mathrm{T}}(n)\widetilde{\boldsymbol{w}}(n)\boldsymbol{G}_{\mathrm{LZA}}^{\mathrm{T}}[\boldsymbol{w}(n)]] \\
& - \mu_{\mathrm{LZA}}E[\boldsymbol{x}(n)\boldsymbol{x}^{\mathrm{T}}(n)\widetilde{\boldsymbol{w}}(n)\widetilde{\boldsymbol{w}}^{\mathrm{T}}(n)] + E\{\boldsymbol{z}[z(n)]\}
\end{aligned} \tag{2.98}$$

其中，式(2.98)的最后一项 $\boldsymbol{z}[z(n)]$ 为：

$$\begin{aligned}
\boldsymbol{z}[z(n)] = {} & \mu_{\mathrm{LZA}}\widetilde{\boldsymbol{w}}(n)z^{\mathrm{T}}(n)\boldsymbol{x}^{\mathrm{T}}(n) + \mu_{\mathrm{LZA}}\boldsymbol{x}(n)z(n)\widetilde{\boldsymbol{w}}^{\mathrm{T}}(n) \\
& - \mu_{\mathrm{LZA}}\rho_{\mathrm{LZA}}(n)\boldsymbol{x}(n)z(n)\boldsymbol{G}_{\mathrm{LZA}}^{\mathrm{T}}[\boldsymbol{w}(n)] - \mu_{\mathrm{LZA}}^2\boldsymbol{x}(n)z(n)\widetilde{\boldsymbol{w}}^{\mathrm{T}}(n)\boldsymbol{x}(n)\boldsymbol{x}^{\mathrm{T}}(n) \\
& - \mu_{\mathrm{LZA}}^2\boldsymbol{x}(n)\boldsymbol{x}^{\mathrm{T}}(n)\widetilde{\boldsymbol{w}}(n)z^{\mathrm{T}}(n)\boldsymbol{x}^{\mathrm{T}}(n) - \mu_{\mathrm{LZA}}\rho_{\mathrm{LZA}}\boldsymbol{z}^{\mathrm{T}}(n)\boldsymbol{x}^{\mathrm{T}}(n)G_{\mathrm{LZA}}[\boldsymbol{w}(n)]
\end{aligned} \tag{2.99}$$

假设 $z(n)$ 与任何信号都相互独立，可以得到：

$$E\{\boldsymbol{z}[z(n)]\} = 0 \tag{2.100}$$

则 $n+1$ 时刻的均方差 $\boldsymbol{F}(n+1)$ 的迭代表达式为：

$$\begin{aligned}
\boldsymbol{F}(n+1) = {} & \boldsymbol{F}(n) + \mu_{\mathrm{LZA}}^2 a(n) + \rho_{\mathrm{LZA}}^2 b(n) \\
& - 2\mu_{\mathrm{LZA}}p_1(n) - 2\rho_{\mathrm{LZA}}p_2(n) + 2\mu_{\mathrm{LZA}}\rho_{\mathrm{LZA}}c(n)
\end{aligned} \tag{2.101}$$

将式(2.101)代入式(2.95)得到：

$$
\begin{aligned}
[\mu^*(n),\ \rho^*(n)] &= \arg\min_{\mu_{\mathrm{LZA}},\ \rho_{\mathrm{LZA}}} \operatorname{tr}[\boldsymbol{F}(n+1)] \\
&= \arg\min_{\mu_{\mathrm{LZA}},\ \rho_{\mathrm{LZA}}} \operatorname{tr}[\boldsymbol{F}(n)] + \mu_{\mathrm{LZA}}^2 a(n) + \rho_{\mathrm{LZA}}^2 b(n) \\
&\quad - 2\mu_{\mathrm{LZA}} p_1(n) - 2\rho_{\mathrm{LZA}} p_2(n) + 2\mu_{\mathrm{LZA}}\rho_{\mathrm{LZA}} c(n)
\end{aligned} \tag{2.102}
$$

分别对式(2.102)中的 $a(n)$、$b(n)$、$c(n)$、$p_1(n)$ 和 $p_2(n)$ 进行计算，并假设噪声 $z(n)$，输入向量 $\boldsymbol{x}(n)$ 均与权系数误差 $\widetilde{\boldsymbol{w}}(n)$ 相互独立。

$$
\begin{aligned}
a(n) &= \sigma_z^2 \operatorname{tr}\{\boldsymbol{R}_x\} + \operatorname{tr}\{E[\boldsymbol{x}(n)\boldsymbol{x}^{\mathrm{T}}(n)\widetilde{\boldsymbol{w}}(n)\widetilde{\boldsymbol{w}}^{\mathrm{T}}(n)\boldsymbol{x}(n)\boldsymbol{x}^{\mathrm{T}}(n)]\} \\
&= \sigma_z^2 \operatorname{tr}\{E[\boldsymbol{x}(n)\boldsymbol{x}^{\mathrm{T}}(n)]\} + \operatorname{tr}\{E[\boldsymbol{x}(n)\boldsymbol{x}^{\mathrm{T}}(n)\widetilde{\boldsymbol{w}}(n)\widetilde{\boldsymbol{w}}^{\mathrm{T}}(n)\boldsymbol{x}(n)\boldsymbol{x}^{\mathrm{T}}(n)]\} \\
&= \sigma_z^2\sigma_x^2 L + (2+L)\sigma_x^4 \xi(n)
\end{aligned} \tag{2.103}
$$

$$
b(n) = \operatorname{tr}\{E[\boldsymbol{G}_{\mathrm{LZA}}[\boldsymbol{w}(n)]\boldsymbol{G}_{\mathrm{LZA}}^{\mathrm{T}}[\boldsymbol{w}(n))]]\} = \left[\ln \frac{|w_i(n)|(i=1,\ 2,\ \cdots,\ L)}{\|\boldsymbol{w}(n)\|_\infty}\right]^2 \tag{2.104}
$$

$$
c(n) = \operatorname{tr}\{E[\widetilde{\boldsymbol{w}}^{\mathrm{T}}(n)\boldsymbol{x}(n)\boldsymbol{x}^{\mathrm{T}}(n)\boldsymbol{G}_{\mathrm{LZA}}[\boldsymbol{w}(n)]]\} = \sigma_x^2 E\{\widetilde{\boldsymbol{w}}^{\mathrm{T}}(n)\boldsymbol{G}_{\mathrm{LZA}}[\boldsymbol{w}(n)]\} \tag{2.105}
$$

$$
p_1(n) = \operatorname{tr}\{E[\boldsymbol{x}(n)\boldsymbol{x}^{\mathrm{T}}(n)\widetilde{\boldsymbol{w}}(n)\widetilde{\boldsymbol{w}}^{\mathrm{T}}(n)]\} = \sigma_x^2 \xi(n) \tag{2.106}
$$

$$
p_2(n) = \operatorname{tr}\{E[\widetilde{\boldsymbol{w}}^{\mathrm{T}}(n)\boldsymbol{G}_{\mathrm{LZA}}[\boldsymbol{w}(n)]]\} \tag{2.107}
$$

其中，式(2.105)和式(2.106)中 $\widetilde{\boldsymbol{w}}(n)$ 未知，通过 $\widetilde{\boldsymbol{w}}(n)=\boldsymbol{w}(n)-\boldsymbol{w}^*$ 求解 $\boldsymbol{w}^*$，得到权系数误差 $\widetilde{\boldsymbol{w}}(n)$。对 $\boldsymbol{w}^*$ 的估计使用局部单步近似：

$$
\hat{\boldsymbol{w}}^* = \boldsymbol{w}(n) - \widetilde{\boldsymbol{w}}(n) = \boldsymbol{w}(n) - \kappa(n)\nabla J[\boldsymbol{w}(n)] \tag{2.108}
$$

其中，$\kappa(n)$ 是正步长，$J[\boldsymbol{w}(n)]$ 是在 $\boldsymbol{w}(n)$ 处的梯度。通过给定 n 时刻的 MSD，利用梯度下降法求解 $n+1$ 时刻的 $\kappa(n)$ 值，$\kappa(n)$ 的推导采用与式(2.105)的相同的方法：

$$
\kappa(n) = \frac{p_1(n)}{a(n)} \tag{2.109}
$$

式(2.109)中，$J[\boldsymbol{w}(n)]$ 在 $\boldsymbol{w}(n)$ 处的真实梯度无法确定，采取瞬时值 $-e(n)\boldsymbol{x}(n)$ 进行近似：

$$
\hat{\boldsymbol{w}}^* = \boldsymbol{w}(n) - \boldsymbol{g}(n) \tag{2.110}
$$

式(2.110)中的 $\boldsymbol{g}(n)$ 为：

$$
\boldsymbol{g}(n) = -\frac{p_1(n)}{a(n)} e(n)\boldsymbol{x}(n) \tag{2.111}
$$

因此

$$
\widetilde{\boldsymbol{w}}(n) = \boldsymbol{g}(n) \tag{2.112}
$$

将式(2.112)代入式(2.109)，并采用瞬时值近似式(2.105)的期望值，整理得到 $c(n)$：

$$c(n) \approx \sigma_x^2 \boldsymbol{g}^{\mathrm{T}}(n) \boldsymbol{G}_{\mathrm{LZA}}[\boldsymbol{w}(n)] \tag{2.113}$$

将式(2.112)代入(2.107)，并采用瞬时值近似式(2.112)的期望值，整理得到$p_2(n)$：

$$p_2(n) \approx \boldsymbol{g}^{\mathrm{T}}(n) \boldsymbol{G}_{\mathrm{LZA}}[\boldsymbol{w}(n)] \tag{2.114}$$

式(2.106)中$\xi(n)$未知，采用式(2.92)求得，则n时刻MSD的估计值$\hat{\xi}(n)$为：

$$\hat{\xi}(n) = \max\{\hat{e}^2(n) - \sigma_z^2,\ 0\} \tag{2.115}$$

为了进一步提高式(2.115)中$\hat{\xi}(n)$估计的精度，将第$n-1$次迭代的MSD估计值$\hat{\xi}(n-1)$作为$\xi(n)$最小值，即$\xi(n)_{\min}$，代入式(2.115)得：

$$\hat{\xi}(n) = \max\{\hat{e}^2(n) - \sigma_z^2,\ \xi(n)_{\min}\} \tag{2.116}$$

其中，$\hat{e}(n) = \beta \hat{e}(n-1) + (1-\beta) e(n)$为瞬时近似值，$\beta$是区间$[0,\ 1)$中的平滑因子。

$\xi(n+1)$的矩阵形式写成：

$$\xi(n+1) = [\mu_{\mathrm{LZA}} \quad \rho_{\mathrm{LZA}}] \boldsymbol{H} [\mu_{\mathrm{LZA}} \quad \rho_{\mathrm{LZA}}]^{\mathrm{T}} - 2[p_1 \quad p_2][\mu_{\mathrm{LZA}} \quad \rho_{\mathrm{LZA}}]^{\mathrm{T}} + \xi(n) \tag{2.117}$$

其中

$$\boldsymbol{H} = \begin{bmatrix} a(n) & c(n) \\ c(n) & b(n) \end{bmatrix} \tag{2.118}$$

可以证明，矩阵$\boldsymbol{H}$具有半正定性。

矩阵$\boldsymbol{H}$定义为：

$$\boldsymbol{H} = \begin{bmatrix} a(n) & c(n) \\ c(n) & b(n) \end{bmatrix} \tag{2.119}$$

分别将式(2.103)~式(2.105)中的$a(n)$，$b(n)$和$c(n)$分别代入式(2.119)，得到：

$$\begin{aligned} \boldsymbol{H} &= \begin{bmatrix} \mathrm{tr}\{E[\boldsymbol{x}(n)\boldsymbol{x}^{\mathrm{T}}(n)\widetilde{\boldsymbol{w}}(n)\widetilde{\boldsymbol{w}}^{\mathrm{T}}(n)\boldsymbol{x}(n)\boldsymbol{x}^{\mathrm{T}}(n)]\} + \sigma_z^2 \mathrm{tr}\{\boldsymbol{R}_x\} & \mathrm{tr}\{E[\widetilde{\boldsymbol{w}}^{\mathrm{T}}(n)\boldsymbol{x}(n)\boldsymbol{x}^{\mathrm{T}}(n)\boldsymbol{G}_{\mathrm{LZA}}[\boldsymbol{w}(n)]]\} \\ \mathrm{tr}\{E[\widetilde{\boldsymbol{w}}^{\mathrm{T}}(n)\boldsymbol{x}(n)\boldsymbol{x}^{\mathrm{T}}(n)\boldsymbol{G}_{\mathrm{LZA}}[\boldsymbol{w}(n)]]\} & \mathrm{tr}\{E[\boldsymbol{G}_{\mathrm{LZA}}[\boldsymbol{w}(n)]\boldsymbol{G}_{\mathrm{LZA}}^{\mathrm{T}}[\boldsymbol{w}(n)]]\} \end{bmatrix} \\ &= \begin{bmatrix} \mathrm{tr}\{E[\boldsymbol{x}(n)\boldsymbol{x}^{\mathrm{T}}(n)\widetilde{\boldsymbol{w}}(n)\widetilde{\boldsymbol{w}}^{\mathrm{T}}(n)\boldsymbol{x}(n)\boldsymbol{x}^{\mathrm{T}}(n)]\} & \mathrm{tr}\{E[\widetilde{\boldsymbol{w}}^{\mathrm{T}}(n)\boldsymbol{x}(n)\boldsymbol{x}^{\mathrm{T}}(n)\boldsymbol{G}_{\mathrm{LZA}}[\boldsymbol{w}(n)]]\} \\ \mathrm{tr}\{E[\widetilde{\boldsymbol{w}}^{\mathrm{T}}(n)\boldsymbol{x}(n)\boldsymbol{x}^{\mathrm{T}}(n)\boldsymbol{G}_{\mathrm{LZA}}[\boldsymbol{w}(n)]]\} & \mathrm{tr}\{E[\boldsymbol{G}_{\mathrm{LZA}}[\boldsymbol{w}(n)]\boldsymbol{G}_{\mathrm{LZA}}^{\mathrm{T}}[\boldsymbol{w}(n)]]\} \end{bmatrix} \\ &\quad + \begin{bmatrix} \sigma_z^2 \mathrm{tr}\{\boldsymbol{R}_x\} & 0 \\ 0 & 0 \end{bmatrix} \end{aligned} \tag{2.120}$$

分别定义$\boldsymbol{H}_1$和$\boldsymbol{H}_2$：

$$\boldsymbol{H}_1 = \begin{bmatrix} \mathrm{tr}\{E[\boldsymbol{x}(n)\boldsymbol{x}^{\mathrm{T}}(n)\widetilde{\boldsymbol{w}}(n)\widetilde{\boldsymbol{w}}^{\mathrm{T}}(n)\boldsymbol{x}(n)\boldsymbol{x}^{\mathrm{T}}(n)]\} & \mathrm{tr}\{E[\widetilde{\boldsymbol{w}}^{\mathrm{T}}(n)\boldsymbol{x}(n)\boldsymbol{x}^{\mathrm{T}}(n)\boldsymbol{G}_{\mathrm{LZA}}[\boldsymbol{w}(n)]]\} \\ \mathrm{tr}\{E[\widetilde{\boldsymbol{w}}^{\mathrm{T}}(n)\boldsymbol{x}(n)\boldsymbol{x}^{\mathrm{T}}(n)\boldsymbol{G}_{\mathrm{LZA}}[\boldsymbol{w}(n)]]\} & \mathrm{tr}\{E[\boldsymbol{G}_{\mathrm{LZA}}[\boldsymbol{w}(n)]\boldsymbol{G}_{\mathrm{LZA}}^{\mathrm{T}}[\boldsymbol{w}(n)]]\} \end{bmatrix} \tag{2.121}$$

$$\boldsymbol{H}_2=\begin{bmatrix}\sigma_z^2\mathrm{tr}\{\boldsymbol{R}_x\} & 0\\ 0 & 0\end{bmatrix} \tag{2.122}$$

这样，$\boldsymbol{H}$ 矩阵可以写成：

$$\boldsymbol{H}=\boldsymbol{H}_1+\boldsymbol{H}_2 \tag{2.123}$$

分别证明式(2.123)中的 $\boldsymbol{H}_1$ 和 $\boldsymbol{H}_2$ 正定性。根据迹的性质 $\mathrm{tr}(AB')=B'A$，$\boldsymbol{H}_1$ 可以写成：

$$\begin{aligned}\boldsymbol{H}_1&=E\left\{\begin{bmatrix}\widetilde{\boldsymbol{w}}^{\mathrm{T}}(n)\boldsymbol{x}(n)\boldsymbol{x}^{\mathrm{T}}(n)\boldsymbol{x}(n)\boldsymbol{x}^{\mathrm{T}}(n)\widetilde{\boldsymbol{w}}(n) & \boldsymbol{G}_{\mathrm{LZA}}^{\mathrm{T}}[\boldsymbol{w}(n)]\boldsymbol{x}(n)\boldsymbol{x}^{\mathrm{T}}(n)\widetilde{\boldsymbol{w}}(n)\\ \boldsymbol{G}_{\mathrm{LZA}}^{\mathrm{T}}[\boldsymbol{w}(n)]\boldsymbol{x}(n)\boldsymbol{x}^{\mathrm{T}}(n)\widetilde{\boldsymbol{w}}(n) & \boldsymbol{G}_{\mathrm{LZA}}^{\mathrm{T}}[\boldsymbol{w}(n)]\boldsymbol{G}_{\mathrm{LZA}}[\boldsymbol{w}(n)]\end{bmatrix}\right\}\\&=E[\boldsymbol{V}(n)\ \boldsymbol{V}^{\mathrm{T}}(n)]\end{aligned} \tag{2.124}$$

其中

$$\boldsymbol{V}(n)=\begin{bmatrix}\widetilde{\boldsymbol{w}}^{\mathrm{T}}(n)\boldsymbol{x}(n)\boldsymbol{x}^{\mathrm{T}}(n)\\ G_{\mathrm{LZA}}^{\mathrm{T}}[\boldsymbol{w}(n)]\end{bmatrix} \tag{2.125}$$

首先，设 A 为任意(非零的)复值向量。定义变量随机变量 Y 为 A 和 $\boldsymbol{V}(n)$ 的内积，即

$$Y=A^H\boldsymbol{V}(n) \tag{2.126}$$

将式(2.126)进行共轭转置：

$$Y^*=\boldsymbol{V}^H(n)A \tag{2.127}$$

其中，$*$ 表示共轭。

$$\begin{aligned}E[|Y|^2]&=E[YY^*]\\&=A^HE[\boldsymbol{V}(n)\boldsymbol{V}^H(n)]A\\&=A^H\boldsymbol{H}_1A\end{aligned} \tag{2.128}$$

因为

$$E[|Y|^2]\geqslant 0 \tag{2.129}$$

故有

$$A^H\boldsymbol{H}_1A\geqslant 0 \tag{2.130}$$

因此，矩阵 $\boldsymbol{H}_1$ 是半正定的。

其次，$\boldsymbol{H}_2$ 可以写成：

$$\boldsymbol{H}_2=\begin{bmatrix}\sigma_z^2\sigma_x^2 & 0\\ 0 & 0\end{bmatrix} \tag{2.131}$$

$\boldsymbol{H}_2$ 的特征值大于等于0，则 $\boldsymbol{H}_2$ 是半正定矩阵。由于 $\boldsymbol{H}_1$ 和 $\boldsymbol{H}_2$ 都是半正定矩阵，因此 $\boldsymbol{H}$ 为半正定矩阵。为简化起见，本书假设 $\boldsymbol{H}$ 是正定的，因此，可以通过最小化式(2.94)能得到变参数 $\mu^*(n)$ 和正则化参数 $\rho^*(n)$ 的最优值：

$$\begin{aligned}&\arg\min_{\mu_{\mathrm{LZA}}(n),\ \rho_{\mathrm{LZA}}(n)}\xi(n+1)=\frac{\partial\xi(n+1)}{\partial[\mu_{\mathrm{LZA}}(n)\ \ \rho_{\mathrm{LZA}}(n)]}\\&=\boldsymbol{H}[\mu_{\mathrm{LZA}}(n)\ \ \rho_{\mathrm{LZA}}(n)]^T+[\mu_{\mathrm{LZA}}(n)\ \ \rho_{\mathrm{LZA}}(n)]\boldsymbol{H}-2[p_1(n)\ \ p_2(n)]+\frac{\partial\xi(n)}{\partial[\mu_{\mathrm{LZA}}(n)\ \ \rho_{\mathrm{LZA}}(n)]}\end{aligned} \tag{2.132}$$

式(2.132)得到的变步长$\mu^*(n)$和变正则化参数$\rho^*(n)$为:

$$[\mu_{\text{LZA}}^*(n) \quad \rho_{\text{LZA}}^*(n)]^{\text{T}} = \boldsymbol{H}^{-1}[p_1 \quad p_2]^{\text{T}} \tag{2.133}$$

即

$$\mu_{\text{LZA}}^*(n) = \frac{b(n)p_1(n) - c(n)p_2(n)}{a(n)b(n) - c^2(n)} \tag{2.134}$$

$$\rho_{\text{LZA}}^*(n) = \frac{a(n)p_2(n) - c(n)p_1(n)}{a(n)b(n) - c^2(n)} \tag{2.135}$$

为保证变步长和变正则化参数均为非负值，具体应用时采用式(2.136)和式(2.137)的形式:

$$\mu'_{\text{LZA}}(n) = \max\{\mu_{\text{LZA}}^*(n),\ 0\} \tag{2.136}$$

$$\rho'_{\text{LZA}}(n) = \max\{\rho_{\text{LZA}}^*(n),\ 0\} \tag{2.137}$$

另外，为确保算法的稳定性，对变步长$\mu'(n)$和变正则化参数$\rho'(n)$添加平滑因子，并且对变步长预设上限$\mu_{\max}$。最终得到本节的VP-LZA-LMS算法的变步长和变正则化参数:

$$\mu_{\text{LZA}}(n) = \min\{\theta\mu_{\text{LZA}}(n-1) + (1-\theta)\mu'_{\text{LZA}}(n),\ \mu_{\max}\} \tag{2.138}$$

$$\rho_{\text{LZA}}(n) = \theta\rho_{\text{LZA}}(n-1) + (1-\theta)\rho'_{\text{LZA}}(n) \tag{2.139}$$

其中，θ为平滑因子，范围是$0<\theta<1$。

2.6.2 性能分析

本节主要分析当$n\to\infty$时，VP-LZA-LMS算法中的$w(n)$的均值收敛特性和均方意义的稳定性。在此做以下假设:

假设1：输入信号向量$\boldsymbol{x}(n)$是均值为零，方差为σ_x^2的高斯白信号。

假设2：噪声信号$z(n)$是均值为零，方差为σ_z^2的高斯白噪声，且与$\boldsymbol{x}(n)$相互独立。

假设3：权系数误差向量$\widetilde{\boldsymbol{w}}(n)$与$\boldsymbol{x}(n)$相互独立。

VP-LZA-LMS算法权系数的更新方程为:

$$\begin{aligned}\boldsymbol{w}(n+1) &= \boldsymbol{w}(n) - \mu_{\text{LZA}}\boldsymbol{g}_w \\ &= \boldsymbol{w}(n) + \mu_{\text{LZA}}(n)\boldsymbol{x}(n)e(n) - \rho_{\text{LZA}}(n)\boldsymbol{G}_{\text{LZA}}[\boldsymbol{w}(n)]\end{aligned} \tag{2.140}$$

其中，$e(n) = z(n) - \boldsymbol{x}^{\text{T}}(n)\widetilde{\boldsymbol{w}}(n)$，$\boldsymbol{G}_{\text{LZA}}[\boldsymbol{w}(n)] = \text{sgn}[\boldsymbol{w}(n)]\ln(|\boldsymbol{w}_i(n)|/\|\boldsymbol{w}(n)\|_\infty)$。根据前文定义的权系数误差$\widetilde{\boldsymbol{w}}(n) = \boldsymbol{w} - \boldsymbol{w}^*$，将式(2.140)两侧减去$\boldsymbol{w}^*$:

$$\widetilde{\boldsymbol{w}}(n+1) = (\boldsymbol{I} - \mu_{\text{LZA}}(n)\boldsymbol{x}(n)\boldsymbol{x}^{\text{T}}(n))\widetilde{\boldsymbol{w}}(n) + \mu_{\text{LZA}}(n)\boldsymbol{x}(n)z(n) - \rho_{\text{LZA}}(n)\boldsymbol{G}_{\text{LZA}}[\boldsymbol{w}(n)] \tag{2.141}$$

1. 收敛性分析

对式(2.141)两侧求期望，并根据假设1和假设2，因此有:

$$E\{\widetilde{\boldsymbol{w}}(n+1)\} = (\boldsymbol{I} - \mu_{\text{LZA}}(n)\boldsymbol{R}_{xx})E\{\widetilde{\boldsymbol{w}}(n)\} - \rho_{\text{LZA}}(n)E\{\boldsymbol{G}_{\text{LZA}}[\boldsymbol{w}(n)]\} \tag{2.142}$$

其中，$\boldsymbol{R}_{xx} = E[\boldsymbol{x}(n)\boldsymbol{x}^{\text{T}}(n)]$表示输入信号$\boldsymbol{x}(n)$的自相关矩阵矩阵，$\boldsymbol{R}_{xx}$可分解为$\boldsymbol{R}_{xx}$ =

$\boldsymbol{Q\Lambda Q}^{\mathrm{T}}$，$\boldsymbol{\Lambda}=\mathrm{diag}(\lambda_1, \lambda_2, \cdots, \lambda_M)$ 为 $\boldsymbol{R}_{xx}$ 的特征值组成的对角阵，M 是特征值个数，$\boldsymbol{Q}=[q_1, q_2, \cdots, q_M]$ 称为酉矩阵。

假设

$$\boldsymbol{r}(n)=\boldsymbol{Q}^{\mathrm{T}}\widetilde{\boldsymbol{w}}(n) \tag{2.143}$$

利用酉矩阵 $\boldsymbol{Q}$ 的性质(即 $\boldsymbol{Q}^{\mathrm{T}}\boldsymbol{Q}=\boldsymbol{Q}\boldsymbol{Q}^{\mathrm{T}}=\boldsymbol{I}$)，式(4.58)两侧左乘 $\boldsymbol{Q}^{\mathrm{T}}$：

$$E\{r(n+1)\}=(\boldsymbol{I}-\mu_{\mathrm{LZA}}(n)\lambda_i)E\{r(n)\}-\rho_{\mathrm{LZA}}(n)\boldsymbol{Q}^{\mathrm{T}}E\{\boldsymbol{G}_{\mathrm{LZA}}[\boldsymbol{w}(n)]\} \tag{2.144}$$

当 $n\to\infty$ 时

$$\ln\frac{|w_i(\infty)|}{\|\boldsymbol{w}(\infty)\|_\infty}=0 \tag{2.145}$$

因此，式(2.142)中的零吸引项为：

$$\boldsymbol{G}_{\mathrm{LZA}}[\boldsymbol{w}(n)]=0 \tag{2.146}$$

式(2.144)整理为：

$$E\{\boldsymbol{r}(n+1)\}=(\boldsymbol{I}-\mu_{\mathrm{LZA}}(n)\lambda_i)E\{\boldsymbol{r}(n)\} \tag{2.147}$$

要使得 VP-LZA-LMS 算法收敛的，则必下式成立：

$$|1-\mu_{\mathrm{LZA}}(n)\lambda_i|<1 \tag{2.148}$$

因此，VP-LZA-LMS 算法的收敛条件是：

$$0<\mu_{\mathrm{LZA}}(n)<\frac{2}{\max\{\lambda_i\}} \tag{2.149}$$

2. 稳态性分析

定义：

$$\mathrm{MSD}(n)=E[\|\widetilde{\boldsymbol{w}}(n)\|^2] \tag{2.150}$$

依据式(2.141)得到式(2.151)：

$$\begin{aligned}
&\|\widetilde{\boldsymbol{w}}(n+1)\|^2\\
&=\widetilde{\boldsymbol{w}}(n+1)\widetilde{\boldsymbol{w}}^{\mathrm{T}}(n+1)\\
&=\widetilde{\boldsymbol{w}}(n)\widetilde{\boldsymbol{w}}^{\mathrm{T}}(n)+\mu_{\mathrm{LZA}}^2\sigma_z^2\boldsymbol{x}(n)\boldsymbol{x}^{\mathrm{T}}(n)-\mu_{\mathrm{LZA}}(n)\widetilde{\boldsymbol{w}}(n)\widetilde{\boldsymbol{w}}^{\mathrm{T}}(n)\boldsymbol{x}(n)\boldsymbol{x}^{\mathrm{T}}(n)\\
&\quad+\mu_{\mathrm{LZA}}^2(n)\boldsymbol{x}(n)\boldsymbol{x}^{\mathrm{T}}(n)\widetilde{\boldsymbol{w}}(n)\widetilde{\boldsymbol{w}}^{\mathrm{T}}(n)\boldsymbol{x}(n)\boldsymbol{x}^{\mathrm{T}}(n)+\rho_{\mathrm{LZA}}^2(n)\boldsymbol{G}_{\mathrm{LZA}}[\boldsymbol{w}(n)]\boldsymbol{G}_{\mathrm{LZA}}^{\mathrm{T}}[\boldsymbol{w}(n)]\\
&\quad+\mu_{\mathrm{LZA}}(n)\rho_{\mathrm{LZA}}(n)\widetilde{\boldsymbol{w}}^{\mathrm{T}}(n)\boldsymbol{x}(n)\boldsymbol{x}^{\mathrm{T}}(n)\boldsymbol{G}_{\mathrm{LZA}}[\boldsymbol{w}(n)]-\rho_{\mathrm{LZA}}(n)\widetilde{\boldsymbol{w}}^{\mathrm{T}}(n)\boldsymbol{G}_{\mathrm{LZA}}[\boldsymbol{w}(n)]\\
&\quad-\rho_{\mathrm{LZA}}(n)\boldsymbol{G}_{\mathrm{LZA}}^{\mathrm{T}}[\boldsymbol{w}(n)]\widetilde{\boldsymbol{w}}(n))+\mu_{\mathrm{LZA}}(n)\rho_{\mathrm{LZA}}(n)\boldsymbol{x}(n)\boldsymbol{x}^{\mathrm{T}}(n)\widetilde{\boldsymbol{w}}(n)\boldsymbol{G}_{\mathrm{LZA}}^{\mathrm{T}}[\boldsymbol{w}(n)]\\
&\quad-\mu_{\mathrm{LZA}}(n)\boldsymbol{x}(n)\boldsymbol{x}^{\mathrm{T}}(n)\widetilde{\boldsymbol{w}}(n)\widetilde{\boldsymbol{w}}^{\mathrm{T}}(n)]-\mu_{\mathrm{LZA}}^2(n)\boldsymbol{x}(n)z(n)\widetilde{\boldsymbol{w}}^{\mathrm{T}}(n)\boldsymbol{x}(n)\boldsymbol{x}^{\mathrm{T}}(n)\\
&\quad+\mu_{\mathrm{LZA}}(n)\boldsymbol{x}(n)z(n)\widetilde{\boldsymbol{w}}^{\mathrm{T}}(n)-\mu_{\mathrm{LZA}}(n)\rho_{\mathrm{LZA}}(n)\boldsymbol{x}(n)z(n)\boldsymbol{G}_{\mathrm{LZA}}^{\mathrm{T}}[\boldsymbol{w}(n)]\\
&\quad-\mu_{\mathrm{LZA}}^2(n)\boldsymbol{x}(n)\boldsymbol{x}^{\mathrm{T}}(n)\widetilde{\boldsymbol{w}}(n)z^{\mathrm{T}}(n)\boldsymbol{x}^{\mathrm{T}}(n)+\mu_{\mathrm{LZA}}(n)\widetilde{\boldsymbol{w}}(n)z^{\mathrm{T}}(n)\boldsymbol{x}^{\mathrm{T}}(n)\\
&\quad-\mu_{\mathrm{LZA}}(n)\rho_{\mathrm{LZA}}(n)z^{\mathrm{T}}(n)\boldsymbol{x}^{\mathrm{T}}(n)\boldsymbol{G}_{\mathrm{LZA}}[\boldsymbol{w}(n)]
\end{aligned} \tag{2.151}$$

根据假设 1 ~ 假设 3，并对式(4.68)等号两端去期望后进一步简化得：

$$\begin{aligned}
&\mathrm{MSD}(n+1)\\
&=[1-2\mu_{\mathrm{LZA}}(n)\sigma_x^2+\mu_{LZA(n)}^2\sigma_x^4]\mathrm{MSD}(n)+\mu_{\mathrm{LZA}}^2(n)\sigma_z^2\sigma_x^2\\
&\quad+\rho_{\mathrm{LZA}}^2(n)\boldsymbol{G}_{\mathrm{LZA}}[\boldsymbol{w}(n)]\boldsymbol{G}_{\mathrm{LZA}}^{\mathrm{T}}[\boldsymbol{w}(n)]+\mu_{\mathrm{LZA}}(n)\rho_{\mathrm{LZA}}(n)\widetilde{\boldsymbol{w}}^{\mathrm{T}}(n)\boldsymbol{G}_{\mathrm{LZA}}[\boldsymbol{w}(n)]\\
&\quad-\rho_{\mathrm{LZA}}(n)\widetilde{\boldsymbol{w}}^{\mathrm{T}}(n)\boldsymbol{G}_{\mathrm{LZA}}[\boldsymbol{w}(n)]-\rho_{\mathrm{LZA}}(n)\boldsymbol{G}_{\mathrm{LZA}}^{\mathrm{T}}[\boldsymbol{w}(n)]\widetilde{\boldsymbol{w}}(n)\\
&\quad+\mu_{\mathrm{LZA}}(n)\rho_{\mathrm{LZA}}(n)\sigma_x^2\widetilde{\boldsymbol{w}}(n)\boldsymbol{G}_{\mathrm{LZA}}^{\mathrm{T}}[\boldsymbol{w}(n)]
\end{aligned}\tag{2.152}$$

由式(2.146)可知，当$n\to\infty$时，有$\boldsymbol{G}_{\mathrm{LZA}}[\boldsymbol{w}(n)]=0$，所以此时式(2.252)可表示为：

$$\mathrm{MSD}(n+1)=[1-2\mu_{\mathrm{LZA}}(n)\sigma_x^2+\mu_{\mathrm{LZA}}^2(n)\sigma_x^4]\mathrm{MSD}(n)+\mu_{\mathrm{LZA}}^2(n)\sigma_z^2\sigma_x^2\tag{2.153}$$

因此要使式(2.153)收敛，则必须满足$0<1-2\mu_{\mathrm{LZA}}(n)\sigma_x^2+\mu_{\mathrm{LZA}}^2(n)\sigma_x^4<1$，故有收敛条件：

$$0<E[\mu_{\mathrm{LZA}}(n)]<\frac{2}{\sigma_x^2}\tag{2.154}$$

当$n\to\infty$时，新算法的稳态 MSD 为：

$$\mathrm{MSD}(\infty)=\frac{\chi\sigma_z^2}{2-\chi\sigma_x^2}\tag{2.155}$$

其中，$\chi=E[\mu_{\mathrm{LZA}}(n)]$。

2.6.3 仿真实验

在本节的仿真实验中，自适应滤波器的阶数和待估计系统的长度均设为$L=64$，仿真结果在 30 次独立实验取平均值，每次运行有 8000 次迭代。本节通过 MATLAB 仿真实验，验证所提 VP-LZA-LMS 算法性能，主要与 LMS、ZA-LMS、RZA-LMS、VP-ZA-LMS 和 VP-RZA-LMS 算法进行对比实验。

输入信号是激励信号一阶 AR 滤波器产生，其表达式为：

$$\boldsymbol{x}(n)=\alpha\boldsymbol{x}(n-1)+\boldsymbol{v}(n)\tag{2.156}$$

其中，激励信号$\boldsymbol{v}(n)$均值为0，方差为$\sigma_v^2=1-\alpha^2$，并且α是$\boldsymbol{x}(n)$的相关系数，当$\alpha=0$时，$\boldsymbol{x}(n)$为白输入，当$\alpha\neq0$时，$\boldsymbol{x}(n)$为相关输入。

信噪比定义为：

$$\mathrm{SNR}=10\lg\left(\frac{E[d^2(n)]}{E[z^2(n)]}\right)\tag{2.157}$$

本节 SNR 选为 20dB。

实验中采用归一化均方偏差(Normalized Mean Square Deviation，NMSD)作为衡量算法性能的指标，其定义为：

$$\mathrm{NMSD}=10\lg\frac{\|\boldsymbol{w}(n)-\boldsymbol{w}^*\|_2^2}{\|\boldsymbol{w}^*\|_2^2}\tag{2.158}$$

其中，$\boldsymbol{w}(n)$为每次迭代后的滤波器权系数，$\boldsymbol{w}^*$为未知系统的真实值。

仿真实验中各个算法的参数设置如表 2.1 所示。

表 2.1　　**仿真实验中各算法的参数设置**

算法	μ	ρ	ε	$\mu_{\max}$	$\mu_{\min}$	θ	β
LMS	0.01	—	—	—	—	—	—
ZA-LMS	0.01	0.0003	—	—	—	—	—
RZA-LMS	0.01	0.000005	0.0003	—	—	—	—
VP-ZA-LMS	0.01	0	—	$2/(\sigma_x^2 L)$	0.0001	0.95	0.95
VP-RZA-LMS	0.01	0	2	$2/(\sigma_x^2 L)$	0.0001	0.95	0.95
VP-LZA-LMS	0.01	0	—	$2/(\sigma_x^2 L)$	0.0001	0.95	0.95

待估计系统的稀疏度表达式定义为：

$$\zeta_{w^*} = \frac{L}{L-\sqrt{L}}\left(1 - \frac{\| \boldsymbol{w}^* \|_1}{\sqrt{L}\,\| \boldsymbol{w}^* \|_2}\right) \tag{2.159}$$

其中，L 表示未知系统的长度，$\| \boldsymbol{w}^* \|_1$ 是权系数的 l_1 范数，$\| \boldsymbol{w}^* \|_2$ 是权系数的 l_2 范数。ζ 的值越大，说明系统越稀疏，非零权系数个数越少，本节采用的稀疏系统如图 2.6 所示。

1. 稀疏系统下输入为非相关信号

实验 1：验证不相关输入信号的情况下 VP-LZA-LMS 算法的性能。待估计系统共 64 个系数，输入信号 $\boldsymbol{x}(n)$ 的相关系数设置为 0，稀疏度采用 0.9177 的稀疏系统，如图 2.6 (a)，参数设置见表 2.1。

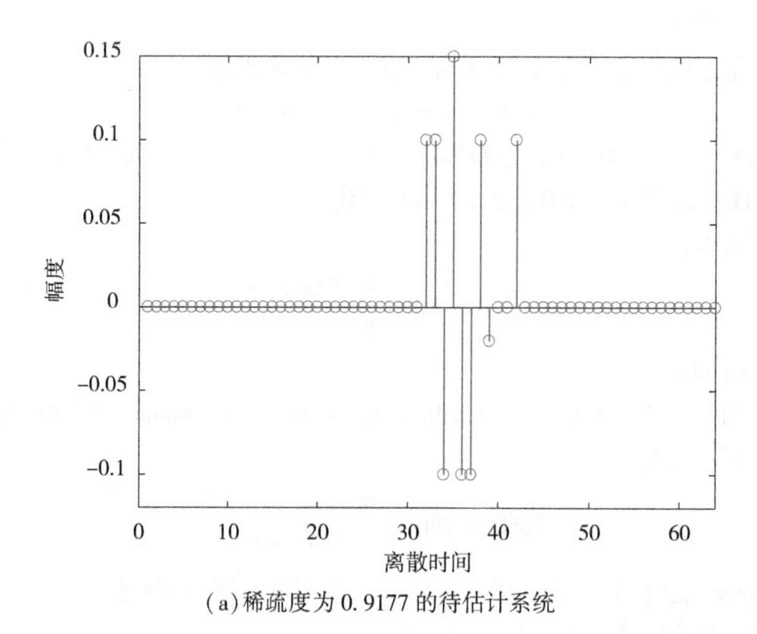

(a) 稀疏度为 0.9177 的待估计系统

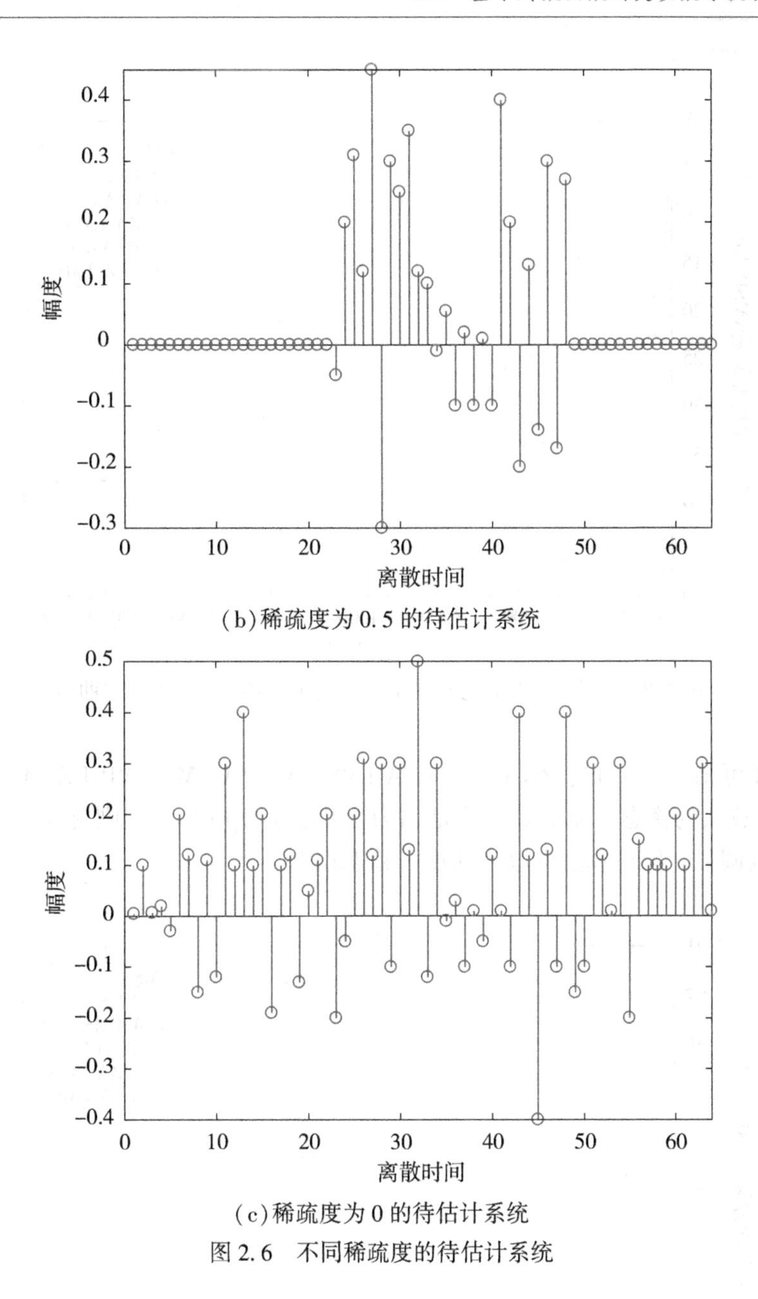

(b)稀疏度为 0.5 的待估计系统

(c)稀疏度为 0 的待估计系统

图 2.6 不同稀疏度的待估计系统

从图 2.7 可以看出，针对稀疏系统，LMS 算法没有充分运用脉冲响应稀疏这一特性，因此，LMS 算法表现性能最差。新算法采用了可变的步长和正则化参数，因此其稳态误差小于其他算法，且收敛速度快。

2. 稀疏系统下输入为相关信号

实验 2：验证相关输入信号的 VP-LZA-LMS 算法的性能。输入信号 $\boldsymbol{x}(n)$ 的相关系数设置为 0.5，其他条件与实验 1 相同。

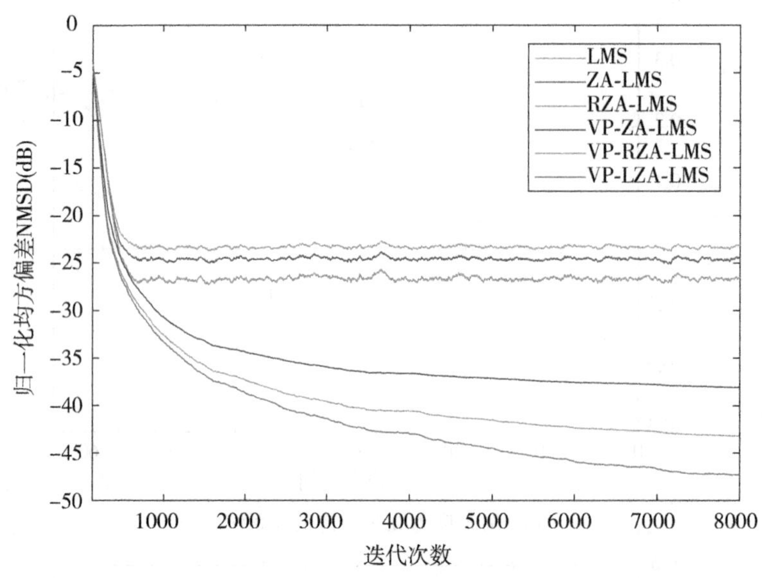

图 2.7　在输入高斯信号($\alpha=0$)的情况下，各个算法的学习曲线

由图 2.8 可知，与 LMS、ZA-LMS、RZA-LMS、VP-ZA-LMS、VP-RZA-LMS 算法相比，VP-LZA-LMS 算法的稳态性能更好，这是因为变步长 $\mu_{\mathrm{LZA}}(n)$ 和正则化参数 $\rho_{\mathrm{LZA}}(n)$ 能根据环境自适应调节，保证算法的收敛速度和稳态误差。

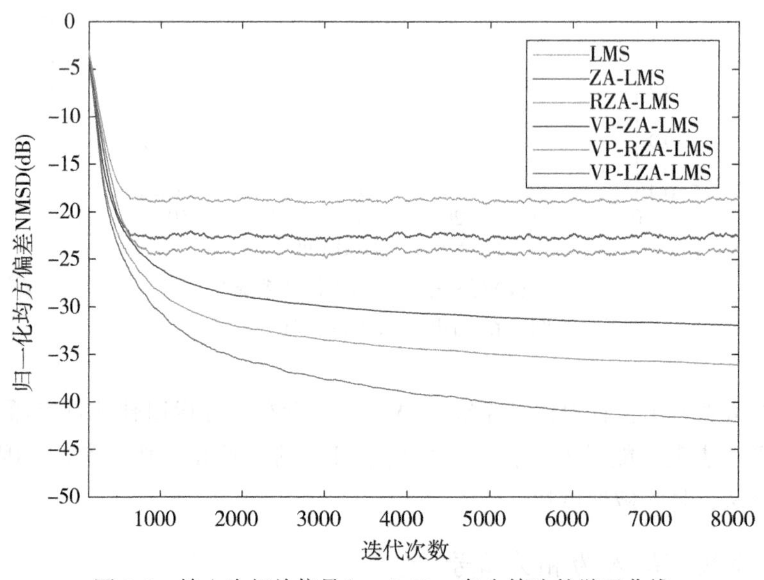

图 2.8　输入为相关信号($\alpha=0.5$)，各个算法的学习曲线

对实验 1 和实验 2 中 VP-LZA-LMS 算法收敛速度快和稳态误差低的原因进行分析，分

别仿真实验 1 相关系数 $\alpha=0$ 和实验 2 相关系数 $\alpha=0.5$ 的变步长 $\mu_{\text{LZA}}(n)$ 和正则化参数 $\rho_{\text{LZA}}(n)$，如图 2.9(a)(b)所示。从图 2.9(a)(b)可以看出，VP-LZA-LMS 算法在初始阶段将步长和正则化参数设置为较大的值，以确保算法能快速收敛。接下来，逐渐减小步长和正则化参数，并使用几乎恒定的参数值来达到较低的失调误差。

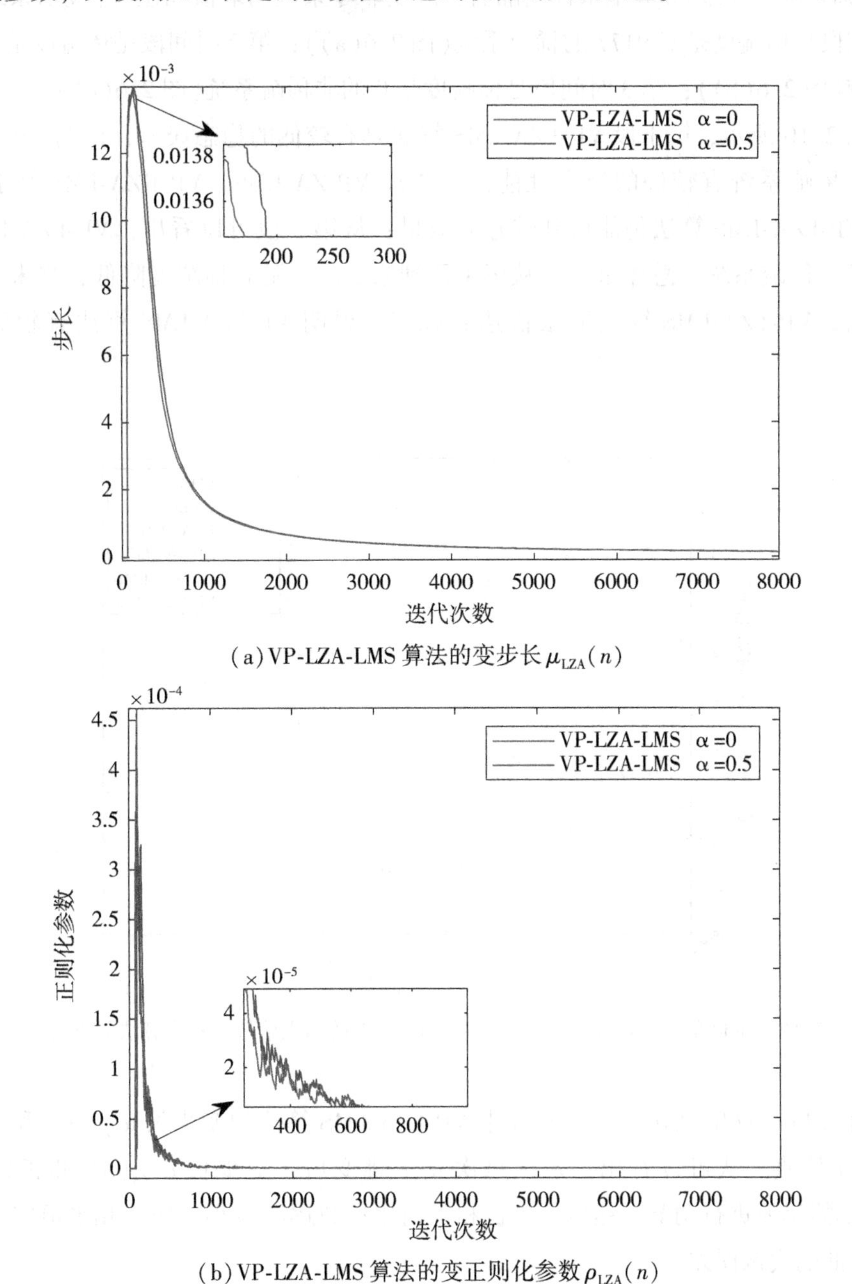

(a) VP-LZA-LMS 算法的变步长 $\mu_{\text{LZA}}(n)$

(b) VP-LZA-LMS 算法的变正则化参数 $\rho_{\text{LZA}}(n)$

图 2.9 输入为白信号($\alpha=0$)和输入为相关信号($\alpha=0.5$)时，VP-LZA-LMS 算法的变步长和变正则化参数

3. 跟踪性能仿真

实验 3：在时变系统情况下，测试算法的跟踪性。设置输入信号 $\boldsymbol{x}(n)$ 的相关系数为 0.5。未知系统每经过 8000 个采样间隔后，改变非零系数的取值和位置(表示系统跳变)，第 1 时间段是稀疏度是 0.9177 的稀疏系统(图 2.6(a))；第 2 时间段是稀疏度是 0.5 的半稀疏系统(图 2.6(b))；第 3 时间段是稀疏度是 0 的非稀疏系统(图 2.6(c))。

如图 2.10 所示，第 1 段 VP-LZA-LMS 算法具有较低的稳态误差，说明 VP-LZA-LMS 算法对于稀疏系统有较好的稳态性能；第 2 段 VP-ZA-LMS、VP-RZA-LMS 性能有所下降，但 VP-LZA-LMS 算法仍能得到较好的效果；从第 3 段可以看出，VP-LZA-LMS 算法也适用于非稀疏系统。总体来说，从第 1 段到第 3 段，随着稀疏度降低，当未知系统发生改变时，VP-LZA-LMS 算法能很快达到稳态，说明 VP-LZA-LMS 算法有较好的跟踪性能。

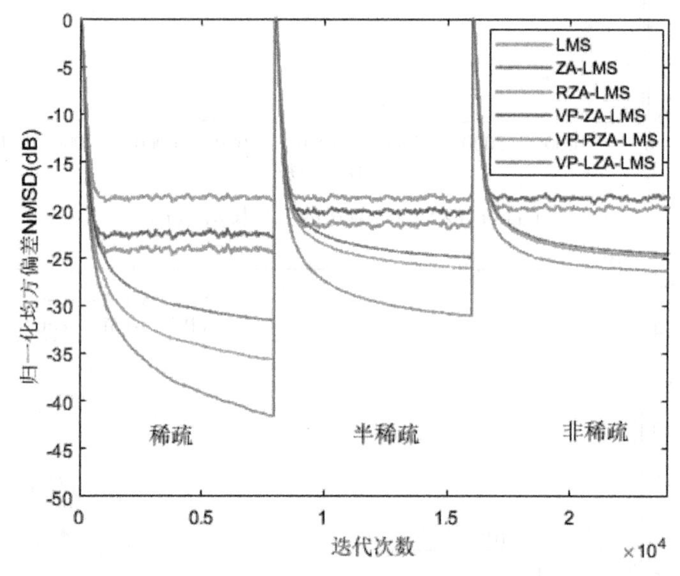

图 2.10　在时变系统的情况下，相关系数 $\alpha=0.5$ 的输入信号，各个算法的学习曲线

如图 2.11(a)(b)所示，对实验 3 中 VP-LZA-LMS 算法的变步长 $\mu_{\mathrm{LZA}}(n)$ 和正则化参数 $\rho_{\mathrm{LZA}}(n)$ 仿真。从可以看出，系统每次发生跳变后，变步长 $\mu_{\mathrm{LZA}}(n)$ 和正则化参数 $\rho_{\mathrm{LZA}}(n)$ 都能迅速进行调节。然后，步长和正则化参数逐渐减小，使用几乎恒定的参数值来达到较低的失调误差。

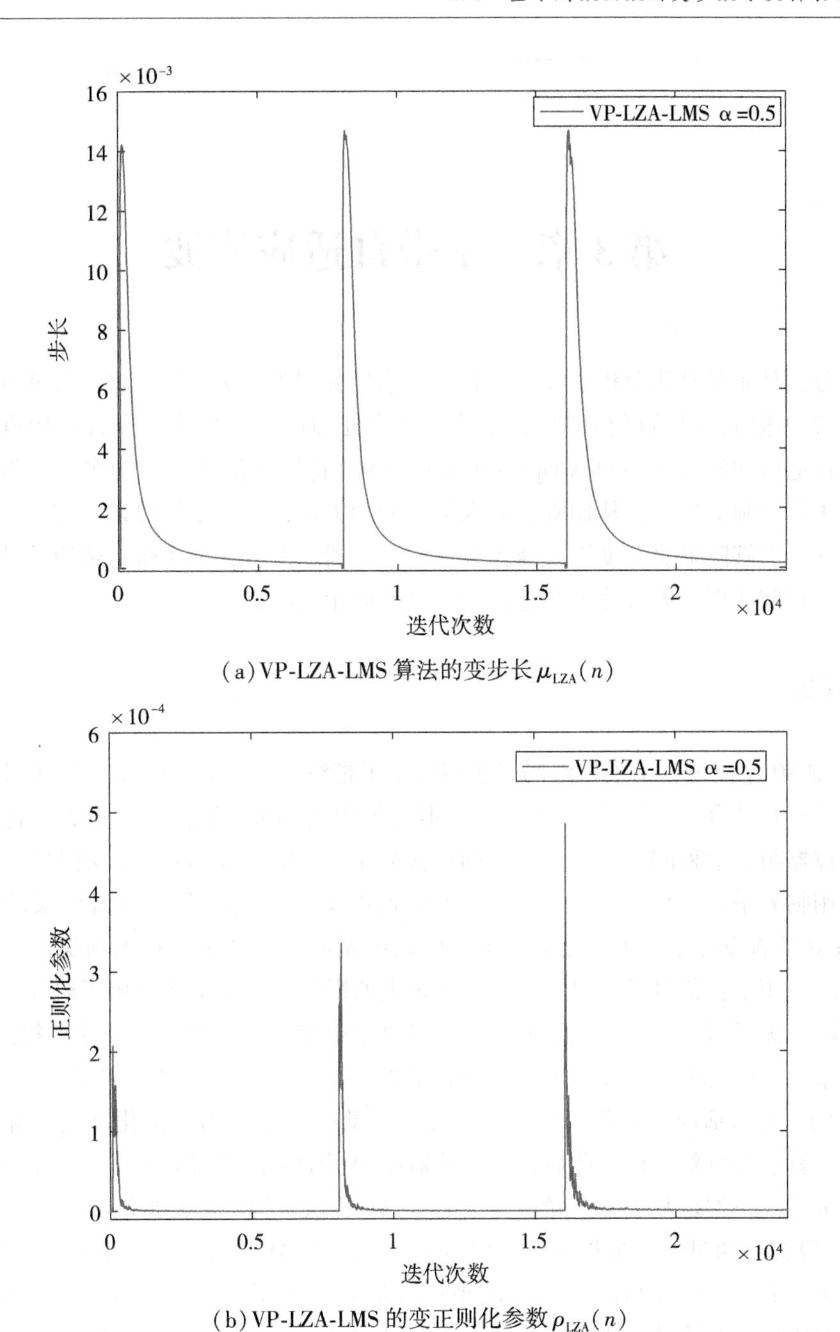

(a) VP-LZA-LMS 算法的变步长 $\mu_{LZA}(n)$

(b) VP-LZA-LMS 的变正则化参数 $\rho_{LZA}(n)$

图 2.11　在时变系统的情况下，相关系数 α=0.5 的输入信号，VP-LZA-LMS 的变步长和变正则化参数

第3章　子带自适应滤波

子带分割技术是利用分析滤波器组将全带信号分割为子带信号，将信号处理方法转移到各个子带中进行，最后再利用综合滤波器组将处理后的子带信号进行重构得到输出信号。子带自适应滤波(Subband Adaptive Filter，SAF)将输入信号划分为多个子带信号，算法在各个子带中独立进行，从而降低输入信号的相关性，这种结构可以更有效地对信号进行处理，并且能够降低复杂度以及减少自适应滤波器的阶数，但子带自适应滤波器仍存在消除混叠分量问题以及收敛速度与稳态失调之间的矛盾问题。

3.1　引言

20世纪80年代末，由子带编码思想引出了子带滤波，随后，Gilloire将子带技术与自适应滤波思想相结合，并将其应用于声学回波消除中。1987年，有人提出一种具有频率间隙的滤波器组，这种间隙会降低信号的传输质量。Gilloire和Vetterli又提出消除混叠的方法是使用临界采样滤波器组。Pradipta等学者提出了正交镜像滤波器组来消除混叠分量。Gerhard学者设计了一个满足完全重构的余弦调制滤波器组。在主动噪声控制和声学回声消除的应用中，信号延迟对接收性能有很大的影响，因此学者开始了研究无延迟子带结构的高潮，无延迟子带自适应滤波器结构最早是由Morgan和Thi两位学者提出的。

近年来，子带自适应滤波器的研究得到了进一步发展，包括基于多带结构(Multiband Structure)的子带自适应滤波器，以及基于最小扰动原理的多约束优化准则推导出了子带自适应滤波算法的更新方程。此后，该滤波器成为了学者们的研究热点，基于该结构的改进算法非常多。一类是基于高斯噪声假设的NSAF算法，另一类是抑制非高斯冲击噪声干扰的SSAF算法。通过引入步长函数，提出了变步长NSAF(Variable Step Size NSAF，VSS-NSAF)算法。引入变步长矩阵，基于最小均方偏差提出了变步长矩阵NSAF(VSS Matrix NSAF，VSSM-NSAF)算法。利用均方偏差最大下降原理推导了变正则化矩阵NSAF(Variable Regularization Matrix NSAF，VRMNSAF)算法。将系数比例思想与子带自适应滤波算法相结合，提出了比例归一化子带自适应滤波算法及其改进算法，以适用于目前广泛存在的稀疏信道中。之后又出现了集员归一化子带自适应滤波(SM-NSAF)算法和集员比例归一化子带自适应滤波(SM-PNSAF)算法。将估计的稀疏度分别合并到PNSAF算法和MPNSAF算法中，其可以适应脉冲响应的稀疏度变化。符号算法与子带自适应滤波器相结合成符号子带自适应滤波算法，在此基础上与仿射投影算法结合提出仿射投影SSAF(AP-

SSAF)算法。改进的 NSAF 算法受自适应滤波器更新后的权重向量的约束，将更新后的权重向量和过去的权重向量之间差异的欧几里德平方准则之和最小化。为了提高 SAF 算法的收敛速度，可在子带自适应滤波器中加入非均匀滤波器组。归一化对数子带自适应滤波(Normalized Logarithmic Subband Adaptive Filter，NLSAF)算法是一个新的归一化对数成本函数，由于具有归一化子带自适应滤波器和 SSAF 算法的优势，因此该算法实现了较低的稳态误差以及对冲击噪声的鲁棒性。

3.2 多速率系统

子带自适应滤波器通过分析滤波器组将输入信号分割为一组子带信号；然后对这些子带信号进行多速率抽取，之后进行自适应滤波算法处理；最后，通过多速率内插和综合滤波器组重构还原出全频带输出信号。由此，可以看出多速率信号处理和滤波器组是实现子带自适应滤波器的基础。

本节简要介绍多速率系统的基本结构，多速率系统是指数字信号处理中采样速率多于一种的系统，它对子带自适应滤波器的实现是很重要的。多速率系统通过抽取器和插值器实现采样速率的改变。

3.2.1 抽取器

当信号的数据量很大时，在每 D 个抽样中取出一个，抽取运算可以减少数据量。用因子 D 对信号 $x(n)$ 进行抽取意味着将采样速率减小为原来的 $1/D$。进行抽取时，原始信号的频谱被周期拓展。抽取符号如图 3.1 所示。

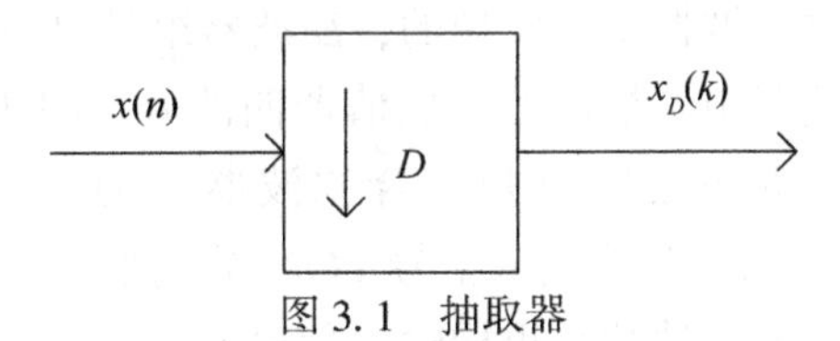

图 3.1 抽取器

抽取后得到的信号 $x_D(k)=x(nD)$，时域抽取，造成在数字频率轴上频谱展宽。在频域上，如果 $x(n)$ 的频谱为 $X(\mathrm{e}^{j\omega})$，那么采样信号的频谱 $X_D(\mathrm{e}^{j\omega})$ 为

$$X_D(\mathrm{e}^{j\omega})=\frac{1}{D}\sum_{n=0}^{D-1}X(\mathrm{e}^{\frac{\omega-2\pi n}{D}}) \tag{3.1}$$

式(3.1)说明，将 $x(n)$ 的频谱扩展 D 倍，并以 2π 为周期重复，就构成 $x_D(k)$ 的频谱，准确地说，抽取是一种周期移不变运算。D 称为抽取因子，n 用来表示原始信号，k 用来表示抽取后的信号。通常先用低通滤波器进行预处理，该滤波器的频率响应为：

$$H_D(\mathrm{e}^{j\omega})=\begin{cases}1, & \omega\in\left[-\dfrac{\pi}{D},\ \dfrac{\pi}{D}\right]\\ 0, & 其他\end{cases} \tag{3.2}$$

3.2.2　插值器

用因子 I 对信号 $x(n)$ 插值时，采样点之间必须包括 $I-1$ 个零值。插值得到一组全带信号，其频谱包含他们对应的基带频谱的 I 个复制。插值符号如图 3.2 所示。

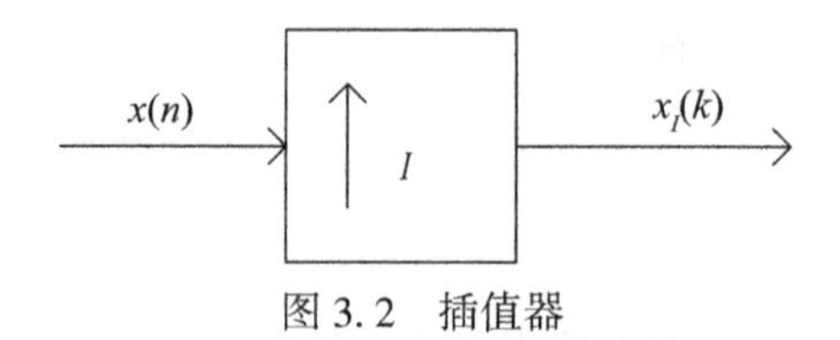

图 3.2　插值器

插值后得到的信号：

$$x_I(k)=\begin{cases}x\left(\dfrac{k}{I}\right), & k=0,\quad \pm I,\quad \pm 2I,\ \cdots\\ 0, & \text{其他}\end{cases} \tag{3.3}$$

如果 $x(n)$ 的频谱为 $X(e^{j\omega})$，则上采样信号的频谱：

$$X_I(e^{j\omega})=X(e^{j\omega I}) \tag{3.4}$$

$x_I(k)$ 的频谱是 $x(n)$ 的频谱在频率域 I 倍压缩，如果 $x(n)$ 的频谱以 2π 为周期，因此 $x_I(k)$ 的频谱将以 $2\pi/I$ 为周期。其中，I 为插值因子，k 表示抽取序列的时间下标。

3.3　滤波器组

子带分割技术就是通过滤波器组来实现的，滤波器组是由一系列带通滤波器组成，包括分析滤波器组、综合滤波器组、抽取器、插值器四部分。图 3.3 所示为滤波器组结构，$H_i(z)$ 和 $G_i(z)$ 分别表示分析滤波器组和综合滤波器组的传递函数，N 是子带数，$i=0,\cdots,N-1$。分析滤波器组就是将输入信号 $\boldsymbol{x}(n)$ 分割抽取形成子带信号 $\boldsymbol{x}_i(k)$，综合滤波器组对子带信号进行插值滤波综合重构输出信号 $\boldsymbol{y}(n)$。分析滤波器具有一个输入多个输出，而综合滤波器具有多个输入一个输出。如果频谱完美分割，则滤波器组就将全带自适应滤波问题转换为独立窄带自适应滤波的子问题。一般来说，当每个子带自适应滤波器的阶数远小于全频带滤波器阶数时，子带分割是很有效的。因为在这种情况下，所有子带的收敛速度都会提高，而且抽取计算也使总的计算复杂度进一步降低。

带通滤波器的中心频率是均匀的，且所有滤波器带宽相同。采用 N 通道的均匀滤波器组分解全带信号，每个子带信号包含原始信号的 $1/N$ 频带，因此子带信号可以用全带信号的 $1/N$ 倍采样率进行抽取。如果抽取因子等于子带数目（$D=N$），则滤波器组被称为临界采样滤波器组，在综合过程中，子带信号采用相同的插值因子（$I=N$），然后由综合滤波器组重构为全带信号。N 通道的滤波器组如图 3.3 所示，滤波器组分割输入信号形成子带信号，即 $X_i(z)=H_i(z)X(z)$，采样后的子信号为

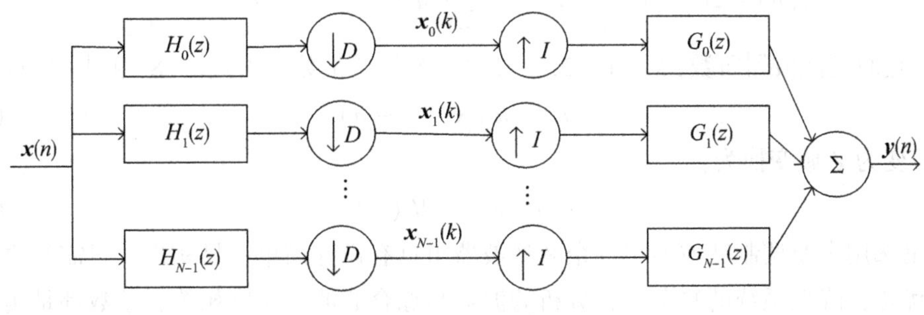

图 3.3 滤波器组

$$X_{i,\ D}(z)=\frac{1}{N}\sum_{l=0}^{N-1}H_i(z^{i/N}W_N^l)X(z^{i/N}W_N^l),\ i=0,\ \cdots,\ N-1 \tag{3.5}$$

将采样后的子带信号 $X_{i,\ D}(z)$ 经过插值因子 N 处理后，在经过综合滤波器组合并为全带信号 $Y(z)$。综合滤波器组的输出信号为：

$$\begin{aligned} Y_i(z)&= G_i(z)\left[\frac{1}{N}\sum_{l=0}^{N-1}H_i(z^{1/N}W_N^l)X(z^{1/N}W_N^l)\right] \\ &=\frac{G_i(z)}{N}\left[H_i(z)X(z)+\sum_{l=0}^{N-1}H_i(z^{1/N}W_N^l)X(z^{1/N}W_N^l)\right] \\ &=\frac{G_i(z)}{N}\left[X_i(z)+\sum_{l=0}^{N-1}X_i(zW_N^l)\right] \end{aligned} \tag{3.6}$$

由式(3.6)可以看出，$Y_i(z)$ 由期望部分 $X_i(z)=H_i(z)X(z)$ 和其他偏移部分组成，$X_i(zW_N^l)=H_i(z^{1/N}W_N^l)X(z^{1/N}W_N^l)$，$X_i(zW_N^l)$ 称为 l 阶混叠分量，它是由于子带信号采样速率转换导致的。当采用正交镜像滤波器组是无混叠滤波器组，可以完全重构输入信号，但是其约束条件较多。如何消除由于采样频率转换而导致的混叠现象一直是设计设计滤波器组的热点。

随着子带自适应滤波技术的广泛应用，已经出现了一些常用的滤波器组，其中包括离散傅里叶变换滤波器组，小波滤波器组，正交镜像滤波器组和余弦调制滤波器。

余弦调制滤波器组是一类高效滤波器，N 通道余弦调制滤波器组中包括 N 个分析滤波器和 N 个综合滤波器，分析滤波器和综合滤波器的冲击响应都是由一个原型滤波器余弦调制得到的。其主要思路是设计线性相位余弦调制的低通原型滤波器 $H(z)$：

$$H(z)=\sum_{n=0}^{N-1}h(n)z^{-n} \tag{3.7}$$

分析滤波器传递函数 $H_k(z)$ 和综合滤波器传递函数 $F_k(z)$ 是分别通过 $H(z)$ 余弦调制得到的，则其分析滤波器组和综合滤波器组的单位脉冲响应为：

$$h_k(n)=2h(n)\cos\left[(2k+1)\frac{\pi}{2N}\left(n-\frac{K-1}{2}\right)+(-1)^k\frac{\pi}{4}\right] \tag{3.8}$$

$$f_k(n) = 2h(n)\cos\left[(2k+1)\frac{\pi}{2N}\left(n - \frac{K-1}{2}\right) - (-1)^k\frac{\pi}{4}\right] \tag{3.9}$$

其中，K 是原型滤波器阶数；$k = 1, 2, \cdots, N$，N 为子带数。由式(3.8)和式(3.9)可得：

$$f_k(n) = h_k(K-1-n) \tag{3.10}$$

式(3.9)变为Z域变换为：

$$F_k(z) = z^{-(K-1)}H_k(z^{-1}) \tag{3.11}$$

本书选用余弦调制滤波器组，余弦滤波器组具有设计简单，易实现；只需对原型滤波器进行优化，降低系统的复杂度；分析滤波器与综合滤波器长度相等，系数都是实数，减少计算复杂度；具有线性幅频特性，防止信号失真等优势。

3.4 基于多带结构的子带自适应滤波算法

3.4.1 多带结构的子带自适应滤波器

子带自适应滤波器是子带分割技术和自适应滤波器的组合，利用滤波器组进行子带分割抽取，降低输入信号的相关性，提高收敛速度。传统子带自适应滤波器每个子带单独使用独立的自适应滤波器，输出端存在混叠分量问题，使得传统子带自适应滤波器稳态误差较大。

基于多带结构的子带自适应滤波器如图3.4所示，各子带共用一个全带自适应滤波器，通过误差信号更新滤波器权系数，从而最小化相应的子带误差信号。已有大量文献验证了基于该结构的子带自适应滤波器具有较低的稳态误差和较快的收敛速度，因此，本节讨论的都是基于该结构的子带自适应滤波算法。

此结构中，$Hi(n)$ 和 $Gi(n)$ 分别为分析滤波器和综合滤波器，其中，$i = 0, 1\cdots, N-1$，这里 N 为常数，输入信号 $\boldsymbol{x}(n)$ 和期望信号 $\boldsymbol{d}(n)$ 经 $Hi(n)$ 分割后分别产生各自子带信号 $x_i(n)$ 和 $d_i(n)$。将 $d_i(n)$ 和 $y_i(n)$ 进行 N 倍抽取，得到 $d_{i,D}(k)$ 和 $y_{i,D}(k)$，n 表示抽取前时刻，k 表示经过抽取后的时刻，第 i 个子带输出为：

$$y_{i,D}(k) = y_i(kN) = \sum_{m=0}^{M-1} x_i(kN-m)w_m(k) = \boldsymbol{w}^{\mathrm{T}}(k)\boldsymbol{x}_i(k) \tag{3.12}$$

第 i 个子带误差信号为：

$$e_{i,D}(k) = d_{i,D}(k) - y_{i,D}(k) \tag{3.13}$$

这里，$\boldsymbol{w}(k)$ 为自适应滤波器在 $n = kN$ 时刻的权系数向量，其长度为 M，且 $\boldsymbol{w}(k) = [w_0(k), w_1(k), \cdots, w_{M-1}(k)]^{\mathrm{T}}$，$\boldsymbol{x}_i(k) = [x_i(kN), x_i(kN-1), \cdots, x_i(kN-M+1)]^{\mathrm{T}}$。由图3.4可以看出，自适应滤波在每个子带中独立进行，利用误差信号 $e_{i,D}(k)$ 来更新子带自适应滤波器的加权误差，最终最小化误差信号 $e_{i,D}(k)$。

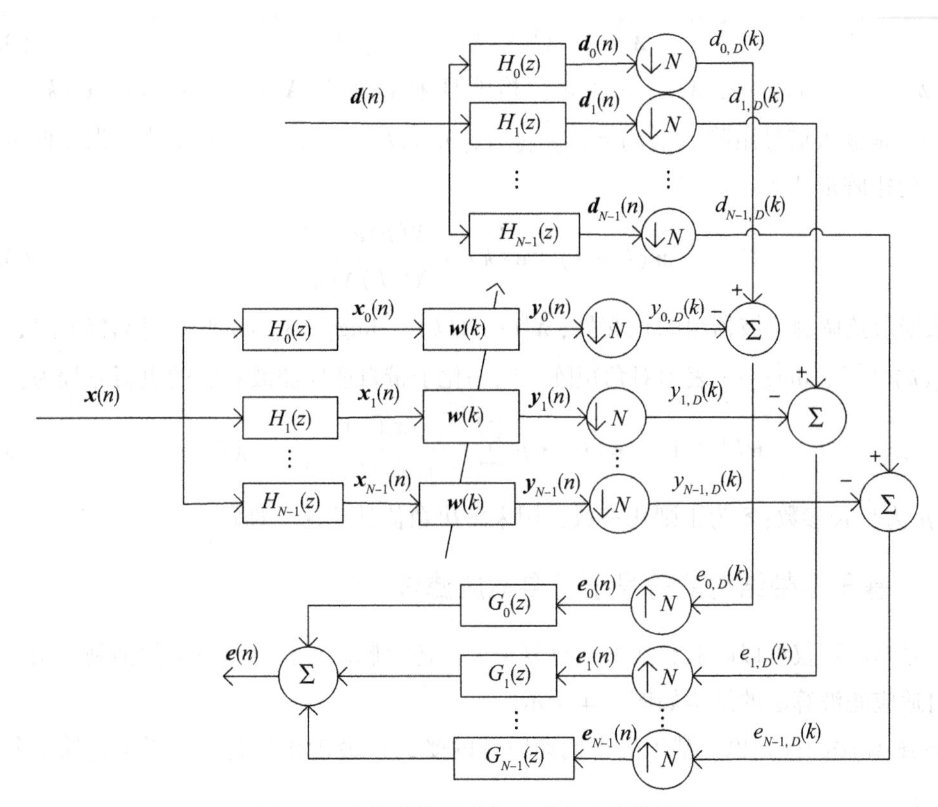

图 3.4 多带结构的子带自适应滤波器结构

3.4.2 基于多带结构的归一化子带自适应滤波算法

最小扰动原理指的是，在一次到下一次迭代过程中，自适应滤波器的输出要满足一定的约束，同时滤波器权系数应当以最小方式迭代。基于最小扰动原理，推导出了归一化子带自适应滤波器的更新方程。受约束的最优化模型见式(3.14)，基于最小扰动原理推导归一化子带自适应滤波(Normalised Subband Adaptive Filter，NSAF)算法：

$$\min f[\boldsymbol{w}(k+1)] = \|\boldsymbol{w}(k+1)-\boldsymbol{w}(k)\|_2^2$$

$$\text{s. t. di},\ D(k)=\boldsymbol{w}^{\mathrm{T}}(k+1)\boldsymbol{x}_i(k)\quad i=0,\ 1\cdots,\ N-1 \tag{3.14}$$

利用拉格朗日乘子法，式(3.14)可写成如下的代价函数：

$$J(k)=\|\boldsymbol{w}(k+1)-\boldsymbol{w}(k)\|_2^2+\sum_{i=0}^{N-1}\lambda_i[d_{i,\ D}(k)-\boldsymbol{w}^{\mathrm{T}}(k+1)\boldsymbol{x}_i(k)] \tag{3.15}$$

其中，λ_i 是拉格朗日乘子。为了求得式(3.14)的最优值，令 $\dfrac{\partial J(k)}{\partial \boldsymbol{w}(k+1)}=0$，得：

$$\boldsymbol{w}(k+1)=\boldsymbol{w}(k)+\frac{1}{2}\sum_{i=0}^{N-1}\lambda_i\boldsymbol{x}_i(k) \tag{3.16}$$

将式(3.16)代入式(3.14)的第二个表达式，得：

$$\boldsymbol{\lambda} = 2\left[\boldsymbol{X}^{\mathrm{T}}(k)\boldsymbol{X}(k)\right]^{-1}\boldsymbol{e}_D(k) \tag{3.17}$$

其中，$\boldsymbol{\lambda} = [\lambda_0, \lambda_1, \cdots, \lambda N-1]^{\mathrm{T}}$ 是拉格朗日乘子向量，$\boldsymbol{X}(k) = [\boldsymbol{x}_0(k), \boldsymbol{x}_1(k), \cdots, \boldsymbol{x}_{N-1}(k)]$ 是输入信号矩阵，$\boldsymbol{e}_D(k) = [e_{0,D}(k), e_{1,D}(k), \cdots, e_{N-1,D}(k)]^{\mathrm{T}}$ 是误差向量。式(3.16)的矩阵形式为：

$$\boldsymbol{w}(k+1) = \boldsymbol{w}(k) + \frac{\boldsymbol{X}(k)\boldsymbol{e}_D(k)}{\boldsymbol{X}^{\mathrm{T}}(k)\boldsymbol{X}(k)} \tag{3.18}$$

根据余弦调制滤波器组的正交性，$\boldsymbol{X}^{\mathrm{T}}(k)\boldsymbol{X}(k) = \mathrm{diag}[\|\boldsymbol{x}_0(k)\|^2, \|\boldsymbol{x}_1(k)\|^2, \cdots, \|\boldsymbol{x}_{N-1}(k)\|^2]$，$\mathrm{diag}(\cdot)$ 表示对角矩阵。归一化子带自适应滤波算法的更新方程为：

$$\boldsymbol{w}(k+1) = \boldsymbol{w}(k) + \mu\sum_{i=0}^{N-1}\frac{\boldsymbol{x}_i(k)}{\delta + \|\boldsymbol{x}_i(k)\|^2}e_{i,D}(k) \tag{3.19}$$

其中，μ 为步长参数；δ 为正则化参数，用来解决数值计算这一难题。

3.4.3　基于多带结构的符号子带自适应滤波算法

符号算法不仅可以降低算法的计算复杂度，还对脉冲干扰具有较强的抑制作用。符号子带自适应滤波算法的结构如图 3.4 所示。

SSAF 算法的推导也是基于最小扰动原理的受约束最优化问题。这里可得第 i 个子带输出为：

$$y_{i,D}(k) = y_i(kN) = \sum_{m=0}^{M-1}x_i(kN-m)w_m(k) = \boldsymbol{x}_i^{\mathrm{T}}(k)\boldsymbol{w}(k) \tag{3.20}$$

这里，$\boldsymbol{w}(k)$ 为自适应滤波器在 $n = kN$ 时刻的权系数向量，其长度为 M，且 $\boldsymbol{w}(k) = [w_0(k), w_1(k), \cdots, w_{M-1}(k)]^{\mathrm{T}}$，$\boldsymbol{x}_i(k) = [x_i(kN), x_i(kN-1), \cdots, x_i(kN-M+1)]^{\mathrm{T}}$。定义第 i 个子带误差信号和第 i 个子带后验误差信号分别为：

$$e_{i,D}(k) = d_{i,D}(k) - \boldsymbol{x}_i^{\mathrm{T}}(k)\boldsymbol{w}(k) \tag{3.21}$$

$$e_{i,p}(k) = d_{i,D}(k) - \boldsymbol{x}_i^{\mathrm{T}}(k)\boldsymbol{w}(k+1) \tag{3.22}$$

则子带误差向量和子带后验误差向量可分别记为：

$$\boldsymbol{e}_D(k) = \boldsymbol{d}_D(k) - \boldsymbol{X}^{\mathrm{T}}(k)\boldsymbol{w}(k) \tag{3.23}$$

$$\boldsymbol{e}_p(k) = \boldsymbol{d}_D(k) - \boldsymbol{X}^{\mathrm{T}}(k)\boldsymbol{w}(k+1) \tag{3.24}$$

其中，$\boldsymbol{d}_D(k) = [d_{0,D}(k), d_{1,D}(k), \cdots, d_{N-1,D}(k)]^{\mathrm{T}}$，$\boldsymbol{X}(k) = [\boldsymbol{x}_0(k), \boldsymbol{x}_1(k), \cdots, \boldsymbol{x}_{N-1}(k)]$。符号子带自适应滤波算法的受约束最优化问题：

$$\min_{\boldsymbol{w}(k+1)} \|\boldsymbol{e}_p(k)\|_1$$

$$\text{s.t.}\ \|\boldsymbol{w}(k+1) - \boldsymbol{w}(k)\|_2^2 \leqslant \mu^2 \tag{3.25}$$

其中，μ 为正的步长参数。

$$J_1(k) = \|\boldsymbol{e}_p(k)\|_1 + \boldsymbol{\lambda}[\|\boldsymbol{w}(k+1) - \boldsymbol{w}(k)\|_2^2 - \mu^2] \tag{3.26}$$

其中，λ 为拉格朗日乘子。对式(3.26)求关于 $\boldsymbol{w}(k+1)$ 的导数，得

$$\begin{aligned}\frac{\partial J_1(k)}{\partial \boldsymbol{w}(k+1)} &= -\sum_{i=0}^{N-1} \operatorname{sgn}\{e_{i,p}(k)\boldsymbol{x}_i(k) + 2\lambda[\boldsymbol{w}(k+1) - \boldsymbol{w}(k)]\} \\ &= -\boldsymbol{X}(k)\operatorname{sgn}[\boldsymbol{e}_p(k)] + 2\lambda[\boldsymbol{w}(k+1) - \boldsymbol{w}(k)]\end{aligned} \tag{3.27}$$

其中，$\operatorname{sgn}(\cdot)$ 表示符号运算，并且 $\operatorname{sgn}(\boldsymbol{e}_p(k)) = [\operatorname{sgn}(e_{0,p}(k)), \cdots, \operatorname{sgn}(e_{N-1,p}(k))]^{\mathrm{T}}$。

令 $\dfrac{\partial J_1(k)}{\partial \boldsymbol{w}(k+1)} = 0$，得：

$$\boldsymbol{w}(k+1) = \boldsymbol{w}(k) + \frac{1}{2\lambda}\boldsymbol{X}(k)\operatorname{sgn}[\boldsymbol{e}_p(k)] \tag{3.28}$$

将式(3.28)代入式(3.27)，得：

$$\lambda = \frac{1}{2\mu}\sqrt{\operatorname{sgn}[\boldsymbol{e}_p^{\mathrm{T}}(k)]\boldsymbol{X}^{\mathrm{T}}(k)\boldsymbol{X}(k)\operatorname{sgn}[\boldsymbol{e}_p(k)]} \tag{3.29}$$

使用对角化假设 $\boldsymbol{X}^{\mathrm{T}}(k)\boldsymbol{X}(k) = \operatorname{diag}[\boldsymbol{x}_0^{\mathrm{T}}(k)\boldsymbol{x}_0(k), \boldsymbol{x}_1^{\mathrm{T}}(k)\boldsymbol{x}_1(k), \cdots, \boldsymbol{x}_{N-1}^{\mathrm{T}}(k)\boldsymbol{x}_{N-1}(k)]$，式(3.29)可简化为：

$$\lambda = \frac{1}{2\mu}\sqrt{\sum_{i=0}^{N-1}\boldsymbol{x}_i^{\mathrm{T}}(k)\boldsymbol{x}_i(k)\,[\operatorname{sgn}(e_{i,D}(k))]^2} = \frac{1}{2\mu}\sqrt{\sum_{i=0}^{N-1}\boldsymbol{x}_i^{\mathrm{T}}(k)\boldsymbol{x}_i(k)} \tag{3.30}$$

将式(3.30)代入式(3.28)，得：

$$\boldsymbol{w}(k+1) = \boldsymbol{w}(k) + \mu\frac{\boldsymbol{X}(k)\operatorname{sgn}[\boldsymbol{e}_p(k)]}{\sqrt{\sum_{i=0}^{N-1}\boldsymbol{x}_i^{\mathrm{T}}(k)\boldsymbol{x}_i(k)}} \tag{3.31}$$

由于后验误差向量在 k 时刻无法求得，因此用子带误差向量替代，得到权系数更新方程为：

$$\boldsymbol{w}(k+1) = \boldsymbol{w}(k) + \mu\frac{\boldsymbol{X}(k)\operatorname{sgn}[\boldsymbol{e}_D(k)]}{\sqrt{\sum_{i=0}^{N-1}\boldsymbol{x}_i^{\mathrm{T}}(k)\boldsymbol{x}_i(k)}} \tag{3.32}$$

为了克服数值计算困难，将正则化参数 δ 引入式(2.50)中得：

$$\boldsymbol{w}(k+1) = \boldsymbol{w}(k) + \mu\frac{\boldsymbol{X}(k)\operatorname{sgn}[\boldsymbol{e}_D(k)]}{\sqrt{\sum_{i=0}^{N-1}\boldsymbol{x}_i^{\mathrm{T}}(k)\boldsymbol{x}_i(k) + \delta}} \tag{3.33}$$

3.4.4　计算复杂度分析

大部分子带适应滤波算法的文献中各算法的计算复杂度都考虑算法的乘法计算量，因此本书对 NSAF 算法和 SSAF 算法也只进行乘法计算复杂度分析。表 3.1 为 NSAF 算法的计算复杂度，表 3.2 为 SSAF 算法的计算复杂度。

表 3.1　**NSAF 算法的计算复杂度**

算法公式	乘法次数
$\boldsymbol{e}_D(k)=\boldsymbol{d}_D(k)-\boldsymbol{X}^{\mathrm{T}}(k)\boldsymbol{w}(k)$	M
$\Lambda=\operatorname{diag}[\boldsymbol{X}^{\mathrm{T}}(k)\boldsymbol{X}(k)+\delta]$	M
$\boldsymbol{w}(k+1)=\boldsymbol{w}(k)+\dfrac{\boldsymbol{X}(k)\boldsymbol{e}_D(k)}{\boldsymbol{X}^{\mathrm{T}}(k)\boldsymbol{X}(k)+\delta}$	$M+1$
分析综合滤波器组	$3NL$
全部	$3M+3NL+1$

表 3.2　**SSAF 算法的计算复杂度**

算法公式	乘法次数
$\boldsymbol{e}_p(k)=\boldsymbol{d}_D(k)-\boldsymbol{X}^{\mathrm{T}}(k)\boldsymbol{w}(k+1)$	M
$\boldsymbol{w}(k+1)=\boldsymbol{w}(k)+\mu\dfrac{\boldsymbol{X}(k)\operatorname{sgn}[\boldsymbol{e}_D(k)]}{\sqrt{\sum_{i=0}^{N-1}\boldsymbol{x}_i^{\mathrm{T}}(k)\boldsymbol{x}_i(k)+\delta}}$	$2M/N$
分析综合滤波器组	$3NL$
全部	$M+2M/N+3NL$

表 3.1 和表 3.2 中，M 为自适应滤波器长度，L 为分析滤波器和综合滤波器长度，N 为子带数。由表可以看出，当自适应滤波器长度 M 很大时，SSAF 算法的计算复杂度明显低于 NSAF 算法，符号子带自适应滤波算法降低了计算复杂度。

3.4.5　算法仿真及性能分析

系统辨识是自适应滤波器的典型应用之一，如图 3.5 所示。将一个相同信号 $u(n)$ 作为未知系统和自适应滤波器的输入，其输出分别为期望信号 $d(n)$ 和滤波器输出信号 $y(n)$，误差信号 $e(n)$ 是 $d(n)$ 与 $y(n)$ 的差值。自适应滤波算法根据误差信号调节自适应滤波器的权系数，使得自适应滤波器不断逼近未知系统。系统辨识的本质是估计未知系统特性以及系统传递函数。

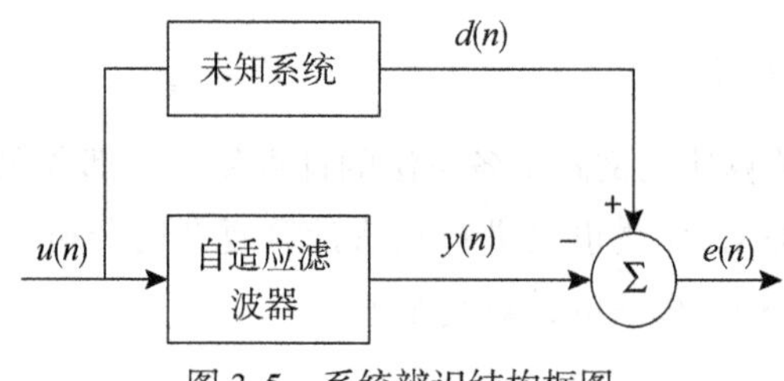

图 3.5　系统辨识结构框图

本节将算法应用于基于多带结构的子带自适应滤波器的系统辨识结构中，如图 3.6 所示。其中变量已在上一节详细介绍。

利用 MATLAB 进行仿真实验，验证各算法性能。子带自适应滤波器的长度和未知系统的长度相等，均为 512。子带数分别为 2，4，8。分析综合滤波器长度分别为 16，32，64。每个仿真均是 20 次实验的平均结果。高斯噪声由 $\alpha = 2$ 时的 α -稳定分布来描述，非高斯噪声由 $\alpha = 1.5$ 的 α -稳定分布来描述。输入的有色信号由零均值高斯白噪声通过一阶 *ARAR* 系统 $G(z) = 1/1 - 0.9z^{-1}$ 产生。

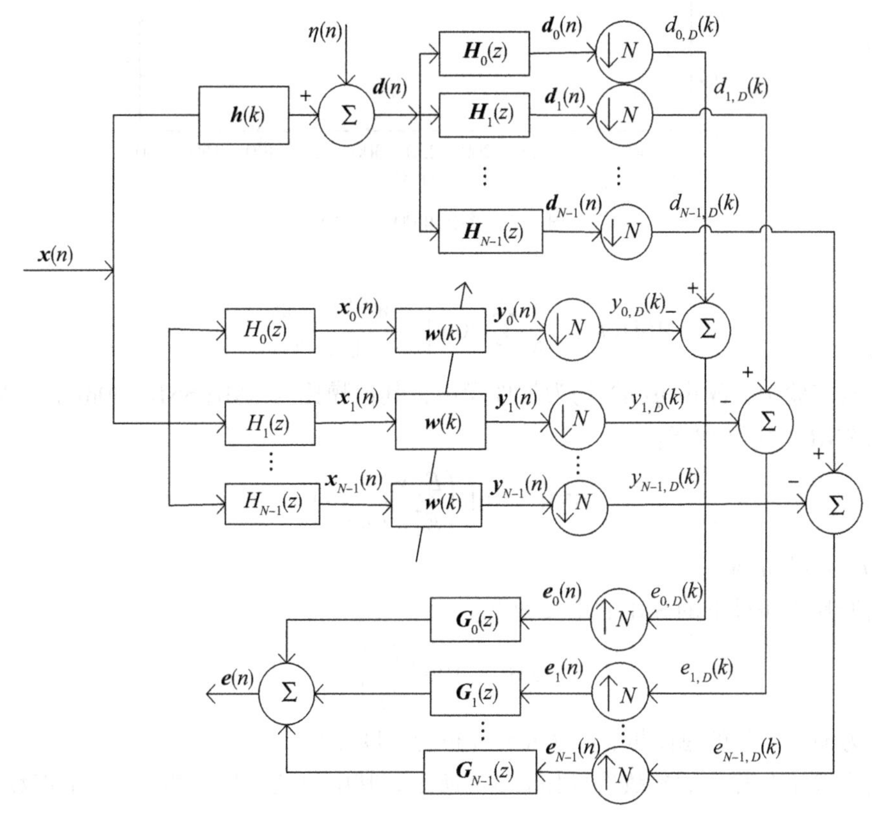

图 3.6 基于多带结构的子带自适应滤波器(系统辨识)

系统脉冲响应由式(3.34)产生，如图 3.7 所示。

$$h(k) = \exp\left[-\frac{(k-30)^2}{20}\right] \times \sin\left[\pi\left(\frac{k-1}{6}\right)\right] \tag{3.34}$$

其中，$k = 1: M$，M 为脉冲响应长度。

本节采用均方偏差(Mean Square Deviation，MSD)收敛曲线来衡量自适应滤波器权系数与未知系统的相似程度。所有均方偏差曲线为 20 次独立实验取平均的结果，单位为分贝(dB)。其表达式如下：

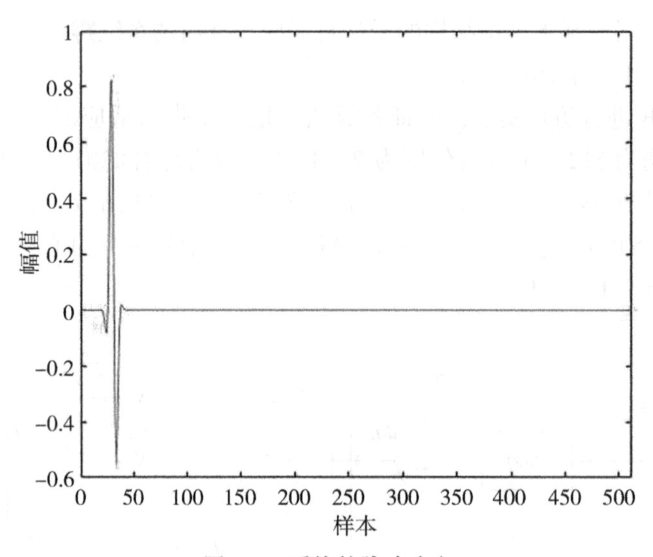

图 3.7　系统的脉冲响应

$$\mathrm{MSD}(k)=\frac{1}{N}\sum_{n=1}^{N}20\lg\left[\frac{\|\boldsymbol{w}(k)-\boldsymbol{w}_0\|}{\|\boldsymbol{w}_0\|}\right] \tag{3.35}$$

在仿真实验中，噪声 $\eta(n)$ 均为加性噪声，其信噪比为 SNR(SNR=30dB)。高斯噪声条件下的 SNR 的定义如下：

$$\mathrm{SNR}=10\lg\left(\frac{E[y^2(n)]}{E[v^2(n)]}\right) \tag{3.36}$$

其中，$y(n)=\boldsymbol{x}^{\mathrm{T}}(n)\boldsymbol{w}_0$。

非高斯噪声条件下的 SIR 的定义如下：

$$\mathrm{SIR}=10\lg\left(\frac{E_s}{4\gamma}\right) \tag{3.37}$$

其中，E_s 为输入信号的总能量，γ 为 SαS 分布的尺度参数。

仿真实验中各算法的参数选择如表 3-3 所示。其中 P 为投影阶数，N 为子带数。

表 3.3　**参数设置**

算　法	参　数
NLMS	$\mu=1$
APA	$\mu=1,\ P=4$
NSAF	$\delta=0.1,\ \mu=1,\ \mu=0.1,\ N=2,\ 4,\ 8$
SSAF	$\delta=0.1,\ \mu=0.1$

【实验一】 NLMS 算法与 NSAF 算法收敛性仿真分析比较

输入信号为有色信号，加入信噪比为 30dB 的高斯噪声，子带自适应滤波器阶数为 512，子带数目为 2，4，8，系统脉冲响应如图 3.7 所示，参数设置如表 3.3 所示。比较分析 NLMS 算法与 NSAF 算法的收敛性能，仿真结果如图 3.8 所示。

由图 3.8 可以看出，当输入信号为相关信号时，NLMS 算法无法收敛，NSAF 算法比 NLMS 算法的收敛速度快，具有较好的稳态性能。此外，NSAF 算法随着子带数目的增加，收敛速度也相对变快，但是子带数目的增多，使其算法计算复杂度增高，因此以下实验仿真中均选取子带数为 4 的 NSAF 算法进行仿真分析。

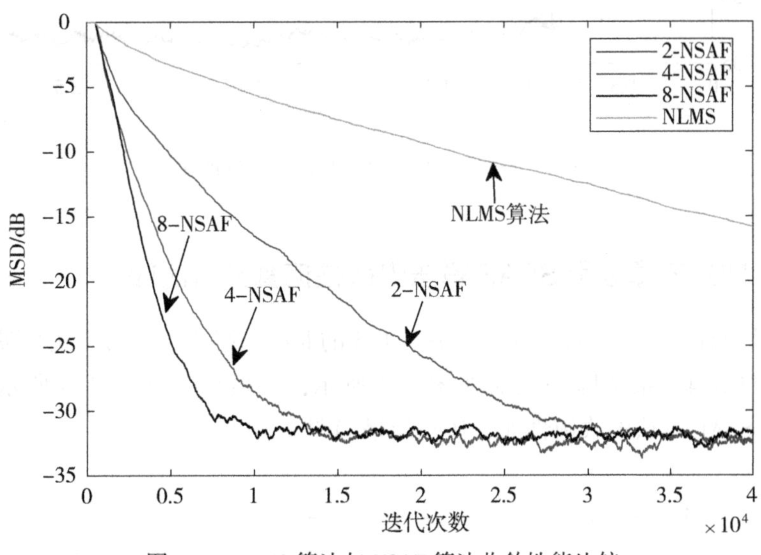

图 3.8 NLMS 算法与 NSAF 算法收敛性能比较

【实验二】 子带数不同的 NSAF 算法与投影阶数不同的 APA 算法收敛性仿真分析比较

输入信号为有色信号，加入信噪比为 30dB 的高斯噪声，滤波器阶数为 512，NSAF 算法的子带数设置为 4 和 8，APA 算法的仿射投影数 4 和 8，系统脉冲响应如图 3.7 所示，参数设置如表 3.3 所示。比较分析子带数不同的 NSAF 算法与投影阶数不同的 APA 算法的收敛性能，仿真结果如图 3.9 所示。

由图 3.9 可以看出，在相同步长条件下，投影阶数越多，APA 算法收敛速度越快；子带数越多，NSAF 算法收敛速度越快；同时计复杂度也会相应增加。APA 算法与 NSAF 算法都可以有效的处理有色信号，与 APA 算法相比，NSAF 算法在保证相同收敛速度前提下，具有更低的稳态误差。

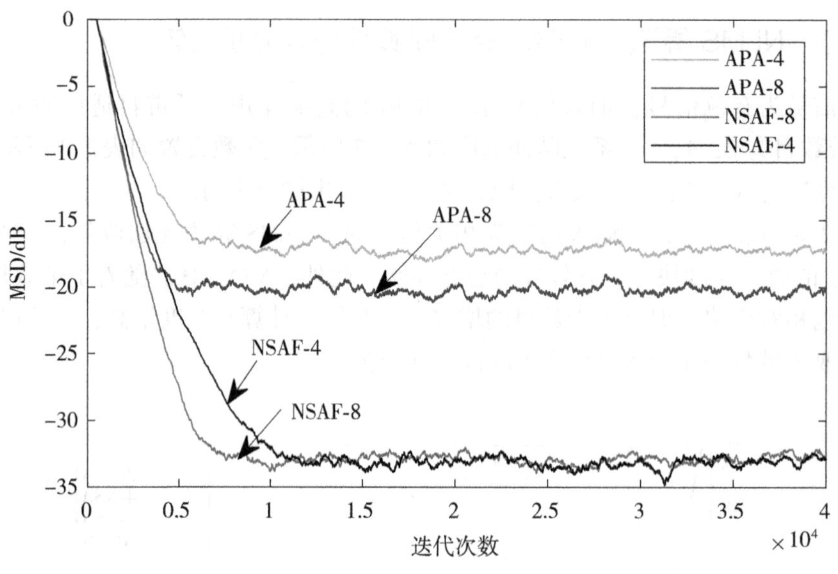

图 3.9 NSAF 算法与 APA 算法收敛性能比较

【实验三】 NSAF 算法和 SSAF 算法收敛性仿真分析比较

输入信号为有色信号，背景噪声为 $\alpha = 1.5$ 的非高斯噪声，子带自适应滤波器阶数为 512，子带数目为 4，系统脉冲响应如图 3.7 所示，参数设置如表 3.3 所示。比较分析 NSAF 算法和 SSAF 算法的收敛性能，仿真结果如图 3.10 所示。

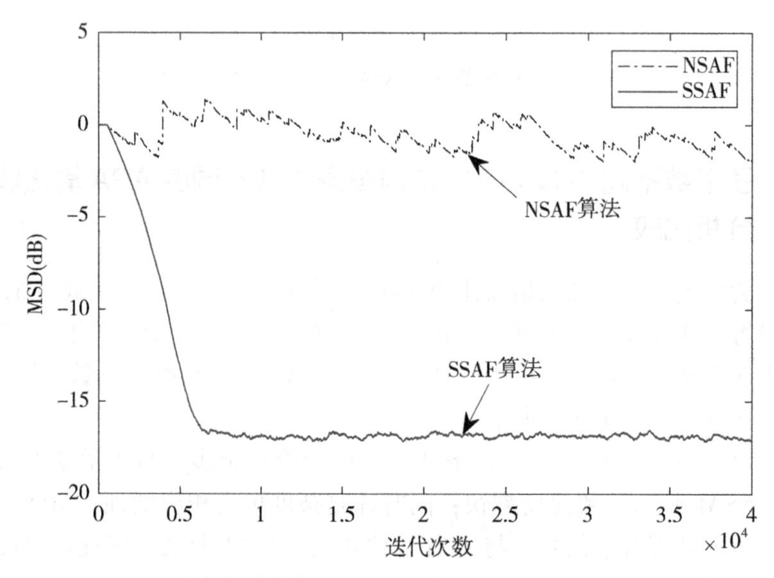

图 3.10 非高斯噪声条件下 NSAF 算法和 SSAF 算法性能比较

由图 3.10 可以看出，非高斯噪声的存在破坏了基于 l_2 范数优化准则的 NSAF 算法，使得 NSAF 算法无法收敛；SSAF 算法对非高斯噪声有良好的抑制作用，但其收敛速度较慢，稳态误差较大。

3.5　比例类子带自适应滤波算法

3.5.1　比例归一化子带自适应滤波算法

数十年前，研究者们就发现了网络回声系统的脉冲响应存在稀疏性，但 NSAF 算法因其没有充分利用这种稀疏特性，导致其在稀疏系统中收敛性能较差。为此，基于 PNLMS 算法的成比例思想，即自适应滤波器的每个权系数均有独立的更新步长，为滤波器权系数较大值分配大步长，滤波器权系数较小值分配小步长，这样稀疏系统中小部分的大系数较快收敛，算法整体收敛性能得到了改善。因此，将 PNLMS 算法中的成比例思想引入到 NSAF 算法中，提出了比例归一化子带自适应滤波(Proportionate NSAF，PNSAF) 算法，其更新方程为：

$$\boldsymbol{w}(k+1)=\boldsymbol{w}(k)+\mu\sum_{i=0}^{N-1}\frac{\boldsymbol{G}(k)\boldsymbol{x}_i(k)}{\delta+\boldsymbol{x}_i^{\mathrm{T}}(k)\boldsymbol{G}(k)\boldsymbol{x}_i(k)}e_{i,D}(k) \tag{3.38}$$

$\boldsymbol{G}(k)$ 即为与权系数大小有关的比例矩阵，可定义为：

$$g_m(k)=\frac{\phi_m(k)}{\dfrac{1}{M}\sum_{j=0}^{M-1}\phi_j(k)},\quad m=0,\ 1,\ \cdots,\ M-1 \tag{3.39}$$

$$\phi_m(k)=\max\{f(k),\ |w_m(k)|\} \tag{3.40}$$

$$f(k)=\rho\max\{\delta_p,\ \|\boldsymbol{w}(k)\|_\infty\} \tag{3.41}$$

其中，$\|\cdot\|_\infty$ 表示求向量的无穷范数，ρ 和 δ_p 均用来防止系数过小或为零时引起的算法停滞。M 是滤波器的阶数，通常取 $\delta_p=0.01$，$\rho=5/M$。其中，δ_p 用于调整当自适应滤波过程处于初始阶段时的步长参数，而 ρ 是为了防止滤波器系数过小而导致算法停止更新。

3.5.2　改进的比例归一化子带自适应滤波算法

PNSAF 算法收敛的前期，大系数权向量收敛到最优值的速度较快，使得算法整体的收敛速度得到提升，在收敛后期小系数权向量被分配较小的步长缓慢收敛，使得 PNSAF 算法的整体收敛速度明显减慢。且当系统不够稀疏时，PNASF 算法的收敛速度也会变慢。为此，基于 IPNLMS 算法中改进的比例矩阵可得到改进的比例归一化子带自适应滤波算法(Improved PNSAF，IPNSAF)来改善这些问题，其对角元素 $g_m(k)$ 的计算过程如下：

$$g_m(k)=\frac{1-\beta}{2M}+\frac{(1+\beta)|w_m(k)|}{\varepsilon+2\sum_{j=0}^{M-1}|w_j(k)|} \tag{3.42}$$

式中，$0 \leqslant m \leqslant M-1$，$\beta$ 是一个可调节的参数，$\beta \in [-1, 1]$。

IPNSAF 算法的基本思想是对滤波器系数向量当前估计值取平均值，并将其加入到各个权系数的比例步长更新公式中，这样可以为滤波器权系数分配合适的步长参数，使得该算法在稀疏或非稀疏情况下，都具有比 PNSAF 算法更好的收敛性能[50]。

3.5.3 基于 μ 律的比例归一化子带自适应滤波算法

基于 μ 律的 PNSAF(μ-law PNSAF，MPNSAF)算法的提出是为了解决 PNSAF 算法不合理的步长分配导致算法后期收敛速度减慢，虽然 IPNSAF 算法部分地解决了这个问题，但是并没有指出最佳 $g_m(k)$ 的计算方法。MPNSAF 算法的比例步长矩阵 $\boldsymbol{G}(k)$ 定义为：

$$F(w_m(k)) = \ln(1+\kappa|w_m(k)|) \tag{3.43}$$

$$f(k) = \max\{\delta_p, F(w_0(k)), F(w_1(k)), \cdots, F(w_{M-1}(k))\} \tag{3.44}$$

$$\phi_m(k) = \max\{\rho f(k), F(w_m(k))\} \tag{3.45}$$

$$g_m(k) = \frac{\phi_m(k)}{\frac{1}{M}\sum_{j=0}^{M-1}\phi_j(k)} \tag{3.46}$$

式(3.43)中的 κ 是常数，一般情况下，其取值为 1000。

3.6 零吸引子带自适应滤波算法

3.6.1 算法描述

归一化子带自适应滤波算法并未考虑系统的脉冲响应具有稀疏性，针对大部分权系数都为零或接近于零的稀疏系统，提出了基于 l_1 范数约束的零吸引归一化子带自适应滤波算法。假定自适应滤波器权系数向量为 $\boldsymbol{w}(n) = [w_0(n), w_1(n), w_2(n), \cdots, w_{M-1}(n)]^{\mathrm{T}}$，输入向量为 $\boldsymbol{x}(n) = [x(n), x(n-1), \cdots, x(n-M+1)]^{\mathrm{T}}$，其中 M 为滤波器长度。

NSAF 算法的代价函数为：

$$J(k) = \|\boldsymbol{w}(k+1) - \boldsymbol{w}(k)\|_2^2 + \sum_{i=0}^{N-1}\lambda_i[di, D(k) - \boldsymbol{w}^{\mathrm{T}}(k+1)\boldsymbol{x}_i(k)] \tag{3.47}$$

在 NSAF 算法代价函数中加入滤波器估计权向量的 l_1 范数，则 ZANSAF 算法的代价函数为：

$$J_{za}(k) = \|\boldsymbol{w}(k+1) - \boldsymbol{w}(k)\|_2^2 + \sum_{i=0}^{N-1}\lambda_i[di, D(k) - \boldsymbol{w}^{\mathrm{T}}(k+1)\boldsymbol{x}_i(k)] + \gamma\|\boldsymbol{I}\boldsymbol{w}(k+1)\|_1 \tag{3.48}$$

式(3.48)中，$\boldsymbol{I}$ 为 $M \times M$ 的单位矩阵；$\|\boldsymbol{I}\boldsymbol{w}(k+1)\|_1$ 为权重向量 $\boldsymbol{w}(k+1)$ 的 l_1 范数。

$$\|\boldsymbol{I}\boldsymbol{w}(k+1)\|_1 = \sum_{m=0}^{M-1}|w_m(k+1)| \tag{3.49}$$

$\nabla_w^s f(\cdot)$ 表示函数 $f(\cdot)$ 相对于 $\boldsymbol{w}(k+1)$ 的次梯度，所以 $\nabla_w^s \|\boldsymbol{I}\boldsymbol{w}(k+1)\|_1$ 为：

$$\nabla_w^s \|\boldsymbol{I}\boldsymbol{w}(k+1)\|_1 = \boldsymbol{I}^{\mathrm{T}}\mathrm{sgn}(\boldsymbol{I}\boldsymbol{w}(k+1)) = \boldsymbol{I}\mathrm{sgn}(\boldsymbol{w}(k+1)) \tag{3.50}$$

其中，$\mathrm{sgn}(t)=\begin{cases}1, & t>0,\\ 0, & t=0,\\ -1, & t<0,\end{cases}$ 令 $\dfrac{\partial J_{za}(k)}{\partial \boldsymbol{w}(k+1)}=0$，得：

$$\boldsymbol{w}(k+1)=\boldsymbol{w}(k)+\frac{1}{2}\sum_{i=0}^{N-1}\lambda_i \boldsymbol{x}_i(k)-\gamma \boldsymbol{I}\mathrm{sgn}(\boldsymbol{w}(k)) \tag{3.51}$$

将式(3.51)代入 d_i，$D(k)=\boldsymbol{w}^{\mathrm{T}}(k+1)\boldsymbol{x}_i(k)$ 中，得：

$$\boldsymbol{\lambda}=2[\boldsymbol{X}^{\mathrm{T}}(k)\boldsymbol{X}(k)]^{-1}\boldsymbol{e}_D(k)+\gamma[\boldsymbol{X}^{\mathrm{T}}(k)\boldsymbol{X}(k)]^{-1}\boldsymbol{X}^{\mathrm{T}}(k)\boldsymbol{I}\mathrm{sgn}(\boldsymbol{w}(k)) \tag{3.52}$$

其中，$\boldsymbol{\lambda}=[\lambda_0, \lambda_1, \cdots, \lambda_{N-1}]^{\mathrm{T}}$ 是拉格朗日乘子向量，$\boldsymbol{X}(k)=[\boldsymbol{x}_0(k), \boldsymbol{x}_1(k), \cdots, \boldsymbol{x}_{N-1}(k)]$ 是输入信号矩阵，$\boldsymbol{e}_D(k)=[e_{0,D}(k), e_{1,D}(k), \cdots, e_{N-1,D}(k)]^{\mathrm{T}}$ 是误差向量。根据余弦调制滤波器组的正交性，$\boldsymbol{X}^{\mathrm{T}}(k)\boldsymbol{X}(k)=\mathrm{diag}[\|\boldsymbol{x}_0(k)\|^2, \|\boldsymbol{x}_1(k)\|^2, \cdots, \|\boldsymbol{x}_{N-1}(k)\|^2]$，$\mathrm{diag}(\cdot)$ 表示对角矩阵。则 ZANSAF 算法权系数更新方程为：

$$\begin{aligned}\boldsymbol{w}(k+1)=&\boldsymbol{w}(k)-\frac{\mu\gamma}{2}\boldsymbol{I}\mathrm{sgn}[\boldsymbol{w}(k)]\\&+\mu\sum_{i=0}^{N-1}\left[\frac{\boldsymbol{x}_i^{\mathrm{T}}(k)}{\|\boldsymbol{x}_i(k)\|^2}e_{i,D}(k)+\gamma\frac{\boldsymbol{x}_i(k)}{\|\boldsymbol{x}_i(k)\|^2}\boldsymbol{I}\mathrm{sgn}(\boldsymbol{w}(k))\boldsymbol{x}_i^{\mathrm{T}}(k)\right]\end{aligned} \tag{3.53}$$

式(3.53)中，$\boldsymbol{I}$ 为单位矩阵，可得：

$$\begin{aligned}\boldsymbol{w}(k+1)=&\boldsymbol{w}(k)-\upsilon\mathrm{sgn}[\boldsymbol{w}(k)]\\&+\mu\sum_{i=0}^{N-1}\left[\frac{\boldsymbol{x}_i^{\mathrm{T}}(k)}{\|\boldsymbol{x}_i(k)\|^2}e_{i,D}(k)+\gamma\frac{\boldsymbol{x}_i(k)}{\|\boldsymbol{x}_i(k)\|^2}\mathrm{sgn}(\boldsymbol{w}(k))\boldsymbol{x}_i^{\mathrm{T}}(k)\right]\end{aligned} \tag{3.54}$$

式(3.54)中，$\upsilon=\dfrac{\mu\gamma}{2}$，$\gamma>0$，$\gamma$ 控制 l_1 范数影响大小的因子。

在 NSAF 算法迭代过程基础上向权系数不断添加一个额外项 $\upsilon\mathrm{sgn}[\boldsymbol{w}(k)]$，即为零吸引因子，所谓零吸引因子可以理解为在每次迭代时“吸引”滤波器权系数向零矢量靠近，零吸引因子有利于系数的收缩，使得在稀疏系统中占主要地位的零系数或较小系数加速收敛。其中，$\mathrm{sgn}(\cdot)$ 是一个符号函数，当 $\boldsymbol{w}(k)$ 大于零时，该系数将会减去一个小的正值 υ；当 $\boldsymbol{w}(k)$ 小于零时，该系数将会增加一个小的正值 υ。当实际应用系统的脉冲响应稀疏时，零系数或者较小系数占主要地位，它们的快速收敛将提高整个系统性能。υ 的选取会影响 ZANSAF 算法的收敛性能：υ 太小，向零矢量靠近慢，算法收敛速度变慢；υ 太大，会增大算法的稳态误差。因此，选择合适的 υ 值对算法有重要意义。

3.6.2 算法仿真及性能分析

本节采用均方偏差(Mean Square Deviation, MSD)收敛曲线来衡量自适应滤波器权系数与未知系统的相似程度，其表达式如式(3.35)所示，单位为分贝(dB)。在仿真实验中，

高斯噪声为 $\alpha=2.0$ 的 α-稳定分布噪声，其信噪比为 SNRSNR(SNR=30dB)。

将 NSAF、PNSAF、IPNSAF、MPNSAF 算法和 ZANSAF 算法应用到如图 3.5 所示的系统辨识结构中，利用 MATLAB 进行仿真，分析讨论各算法性能。子带自适应滤波器和未知系统长度均为 512。各算法的子带数 $N=4$，分析滤波器和综合滤波器长度 $L=32$，每个仿真均是 20 次实验的平均结果。输入的有色信号由零均值高斯白噪声通过一阶 AR 系统产生。系统脉冲响应由式(3.34)产生。

1. 高斯噪声条件下比例类子带自适应滤波算法收敛性能分析

输入信号为有色信号，由零均值高斯白噪声通过一阶 AR 系统 $G(z)=1/1-0.9z^{-1}$ 产生。系统脉冲响应由式(3.34)产生，加入信噪比为 30dB 的高斯噪声，图 3.11 为 NSAF、PNSAF、IPNSAF、MPNSAF 算法在稀疏信道中性能比较，参数设置如表 3.4 所示。

表 3.4　**稀疏子带自适应滤波算法的参数设置**

算　法	参　数
NSAF	$\delta=0.1,\ \mu=1$
ZANSAF	$\delta=0.1,\ \mu=1,\ \upsilon=0.0001$
PNSAF	$\rho=5/M,\ \delta_p=0.01,\ \delta=0.1,\ \mu=1$
IPNSAF	$\varepsilon=0.01,\ \delta=0.1,\ \mu=1,\ \beta=0.5$
MPNSAF	$\delta_p=0.01,\ \rho=5/M,\ \delta=0.1,\ \mu=1$

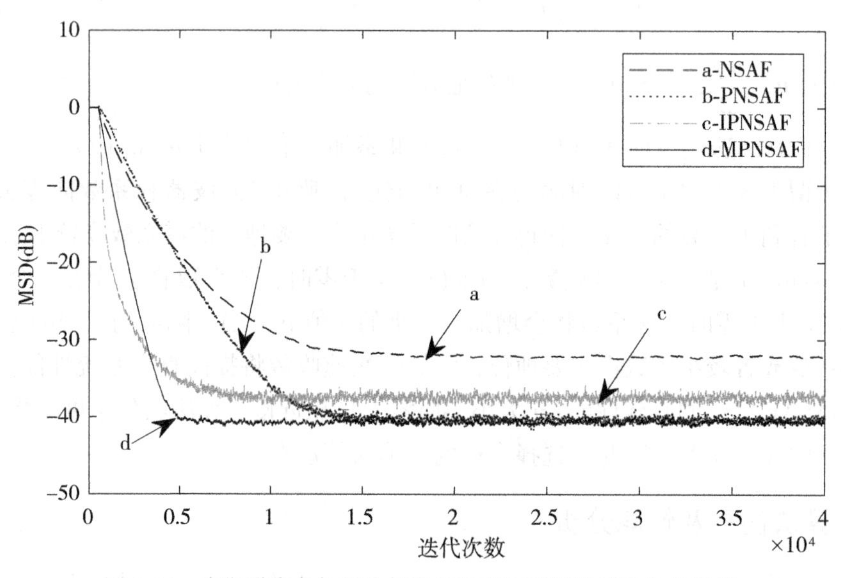

图 3.11　高斯噪声条件下比例类子带自适应滤波算法收敛性能

由图3.11可以看出，NSAF算法因其没有充分利用这种稀疏特性，导致其在稀疏系统中收敛性能较差。针对系统脉冲响应具有稀疏性提出的PNSAF算法，IPNSAF算法，MPNSAF算法在如图3.7所示的稀疏信道中均具有较快的收敛速度及较低的稳态误差。PNSAF算法在NSAF算法基础上加入了比例矩阵，二次调节步长参数，收敛性能有所提升，但当系统不够稀疏时，其收敛性能会大幅度下降。IPNSAF算法在PNSAF算法基础上，重新定义了比例步长的计算方法，加快了算法的收敛速度，同时在具有不同稀疏度的系统中均具有较好的收敛性能。MPNSAF算法得到比例步长最优计算方法，同时具有快的收敛速度和低的稳态误差。

2. 高斯噪声条件下零吸引子带自适应滤波算法收敛性能分析

输入信号为有色信号，由零均值高斯白噪声通过一阶AR系统 $G(z) = 1/1 - 0.9z^{-1}$ 产生。系统脉冲响应由式(3.34)产生，加入信噪比为30dB的高斯噪声，图3.12为NSAF算法和ZANSAF算法在稀疏信道中性能比较，参数设置如表3.3所示。

由图3.12可以看出，ZANSAF算法是针对稀疏系统提出的，在NSAF算法代价函数中加入权向量估计值的 l_1 范数，使得稀疏系统中大多数的零系数和较小系数加速收敛，与NSAF算法相比，具有更好的收敛性能。

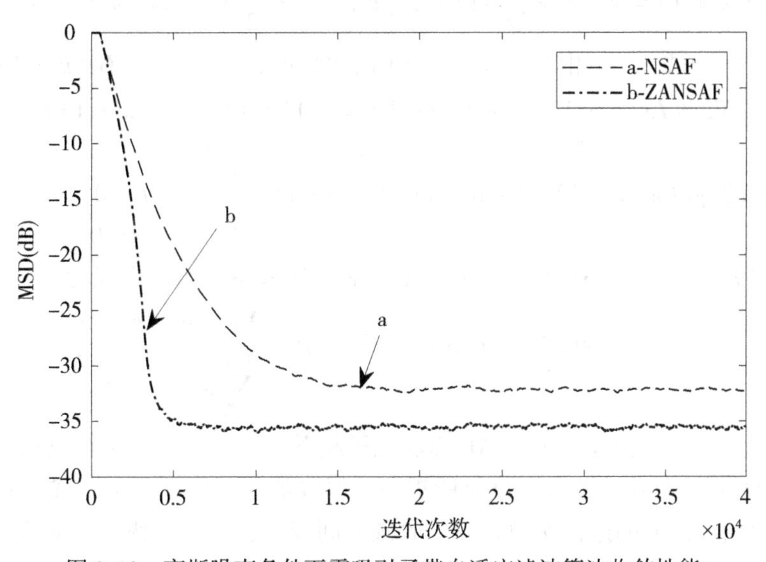

图3.12 高斯噪声条件下零吸引子带自适应滤波算法收敛性能

3.7 零吸引比例符号子带自适应滤波算法

3.7.1 算法推导

为了能在非高斯噪声干扰下更好的辨识稀疏系统，根据系统的稀疏性，在符号子带自适应滤波算法的代价函数中中施加l_1范数约束，结合次梯度分析方法推导出带有l_1范数约束的更新方程，称为零吸引符号子带自适应滤波(Zero Attractor Sign Subband Adaptive Filter，ZASSAF)算法。

SSAF算法的代价函数为：

$$J_1(k)=\|\boldsymbol{e}_p(k)\|_1+\lambda[\|\boldsymbol{w}(k+1)-\boldsymbol{w}(k)\|_2^2-\mu^2] \tag{3.55}$$

将与稀疏性有关系的l_1范数约束引入SSAF算法的代价函数中，得到：

$$J_2(k)=\|\boldsymbol{e}_p(k)\|_1+\lambda[\|\boldsymbol{w}(k+1)-\boldsymbol{w}(k)\|_2^2-\mu^2]+\gamma\|\boldsymbol{I}\boldsymbol{w}(k+1)\|_1 \tag{3.56}$$

这里，γ控制l_1范数影响大小的平衡因子，$\gamma>0$。$\boldsymbol{I}$为$M\times M$的单位矩阵；$\|\boldsymbol{I}\boldsymbol{w}(k+1)\|_1$为权重向量$\boldsymbol{w}(k+1)$的$l_1$范数。

$$\|\boldsymbol{I}\boldsymbol{w}(k+1)\|_1=\sum_{m=0}^{M-1}|w_m(k+1)| \tag{3.57}$$

为了找到最佳的权重向量，最小化代价函数$J_2(k)$，对式(3.56)求梯度。但是$\|\boldsymbol{I}\boldsymbol{w}(k+1)\|_1=0$时不可导，为了解决这个问题，对$\boldsymbol{w}(k+1)$求次梯度。

令$\dfrac{\partial J_1(k)}{\partial \boldsymbol{w}(k+1)}=0$，得：

$$\boldsymbol{w}(k+1)=\boldsymbol{w}(k)+\frac{1}{2\lambda}\boldsymbol{X}(k)\text{sgn}[\boldsymbol{e}_p(k)]+\frac{\gamma}{2}\nabla_w^s\|\boldsymbol{I}\boldsymbol{w}(k+1)\|_1 \tag{3.58}$$

$\nabla_w^s f(\cdot)$表示函数$f(\cdot)$相对于$\boldsymbol{w}(k+1)$的次梯度，所以$\nabla_w^s\|\boldsymbol{I}\boldsymbol{w}(k+1)\|_1$为：

$$\nabla_w^s\|\boldsymbol{I}\boldsymbol{w}(k+1)\|_1=\boldsymbol{I}^{\mathrm{T}}\text{sgn}(\boldsymbol{I}\boldsymbol{w}(k+1))=\boldsymbol{I}\text{sgn}(\boldsymbol{w}(k+1)) \tag{3.59}$$

在k时刻，假设$\text{sgn}(\boldsymbol{w}(k+1))=\text{sgn}(\boldsymbol{w}(k))$，$\text{sgn}(t)=\begin{cases}1 & t>0\\ 0 & t=0\\ -1 & t<0\end{cases}$。

将式(3.59)代入式(3.58)中，可得ZASSAF算法权系数更新方程为：

$$\boldsymbol{w}(k+1)=\boldsymbol{w}(k)-v\boldsymbol{I}\text{sgn}[\boldsymbol{w}(k)]+\mu\frac{\boldsymbol{X}(k)\text{sgn}[\boldsymbol{e}_D(k)]}{\sqrt{\sum_{i=0}^{N-1}\boldsymbol{x}_i^{\mathrm{T}}(k)\boldsymbol{x}_i(k)+\delta}} \tag{3.60}$$

其中，v为常数，其值为$\mu\gamma$。ZASSAF算法在稀疏系统中加速了零系数或较小系数的收敛时间，与SSAF算法相比，收敛速度有所提高，但收敛误差依然很大。稀疏系统中小部分的大系数收敛到最优值的迭代次数较多，收敛时间较长，为了加快算法的收敛速度，尽量缩短较大系数的收敛时间，因此将基于μ律比例系数的思想结合到ZASSAF算法中。在自适应滤波算法中加入比例矩阵是目前针对稀疏系统，提高算法收敛速度的有效方法之一，滤波器系数的比例步长参数与此系数的当前估计值成正比，基于μ律的比例自适应滤波算法利用这一特性得到最优的比例步长计算方法，比例步长参数计算方法注重大、小系数之间的平衡，从而提高整体收敛速度。因此基于μ律的零吸引比例符号子带自适应滤波(Zero Attractor μ-law Proportionate Sign Subband Adaptive Filter，ZAMPSSAF)算法的更新方程为：

$$w(k+1)=w(k)-\upsilon\operatorname{sgn}[w(k)]+\mu\sum_{i=0}^{N-1}\frac{G(k)x_i(k)}{x_i^{\mathrm{T}}(k)G(k)x_i(k)+\delta}\operatorname{sgn}[e_{i,D}(k)] \tag{3.61}$$

其中，$G(k)$ 为 $M\times M$ 的对角矩阵，在 k 时刻，滤波器第 m 个权系数的成比例比重 $g_m(k)$ 的计算方法如下：

$$G(k)=\operatorname{diag}(g_m(k)) \tag{3.62}$$

$$g_m(k)=\frac{\phi_m(k)}{\frac{1}{M}\sum_{j=0}^{M-1}\phi_j(k)} \tag{3.63}$$

$$\phi_m(k)=\max\{\rho f(k),\ F(w_m(k))\} \tag{3.64}$$

$$F(w_m(k))=\ln(1+\kappa|w_m(k)|) \tag{3.65}$$

$$f(k)=\max\{\delta_p,\ F(w_0(k)),\ F(w_1(k)),\ \cdots,\ F(w_{M-1}(k))\} \tag{3.66}$$

其中，δ_p 是一个很小的正数，一般取值为 0.01；κ 是一个常数，一般情况下，$\kappa=1000$。ρ 用于当权系数过小时防止该系数更新被停止，一般取在 $1/M$ 和 $5/M$ 之间，本书取 $5/M$，M 为滤波器长度，若 $\rho>1$，则 $G(k)$ 变为单位矩阵。

3.7.2 算法总结及计算复杂度分析

1. 算法总结

综上所述，提出的新算法 ZAMPSSAF 可以总结如表 3.5 所示。

表 3.5　**ZAMPSSAF 算法总结**

ZAMPSSAF 算法
初始化：$w(0)=0$
参数设置：$\upsilon=0.0001$，$N=4$，$\rho=5/M$，$\delta=0.1$，$M=512$，$\delta_p=0.01$，$\kappa=1000$
迭代过程：$x_i(k)=h_i^{\mathrm{T}}x(k)$
$d_i(k)=h_i^{\mathrm{T}}d(k)\quad i=0,\cdots,N-1$
$y_{i,D}(k)=y_i(kN)=\sum_{m=0}^{M-1}x_i(kN-m)w_m(k)=x_i^{\mathrm{T}}(k)w(k)$
$e_{i,D}(k)=d_{i,D}(k)-x_i^{\mathrm{T}}(k)w(k)$
$F(w_m(k))=\ln(1+\kappa\|w_m(k)\|)$
$f(k)=\max\{\delta_p,\ F(w_0(k)),\ F(w_1(k)),\ \cdots,\ F(w_{M-1}(k))\}$
$\phi_m(k)=\max\{\rho f(k),\ F(w_m(k))\}$
$g_m(k)=\frac{\phi_m(k)}{\frac{1}{M}\sum_{j=0}^{M-1}\phi_j(k)}$
$G(k)=\operatorname{diag}(g_m(k))$
$w(k+1)=w(k)-\upsilon\operatorname{sgn}[w(k)]+\mu\sum_{i=0}^{N-1}\frac{G(k)x_i(k)}{x_i^{\mathrm{T}}(k)G(k)x_i(k)+\delta}\operatorname{sgn}[e_{i,D}(k)]$

2. 计算复杂度分析

各算法的计算复杂度如表 3.6 所示，其中 M 为滤波器长度，N 为子带数，L 为分析滤波器与综合滤波器组的阶数。

表 3.6　　**各算法的计算复杂度**

算法	乘法	除法	比较
NSAF	$3M+3NL+1$	1	0
ZANSAF	$4M+3NL+1$	1	0
PNSAF	$4M+3NL+2$	$M+1$	$2M$
IPNSAF	$5M+3NL+1$	$M+1$	0
MPNSAF	$5M+3NL+2$	$M+1$	$2M$
SSAF	$M+2M/N+3NL$	$1/N$	0
ZASSAF	$2M+2M/N+3NL$	$1/N$	0
ZAMPSSAF	$2M+3M/N+3NL$	$(M+1)/N$	$2M$

表 3.6 详细列举了 NSAF、PNSAF、IPNSAF、MPNSAF 算法和 SSAF、ZASSAF、ZAMPSSAF 算法的计算复杂度。由表 3.6 可知，本书提出的 ZAMPSSAF 算法完成迭代过程需 $2M+3M/N+3NL$ 次乘法，$(M+1)/N$ 次除法，$2M$ 次比较。新算法与传统算法相比计算复杂度有所增加，但仍在可接受范围内，其在稳态性能，跟踪性能等方面具有明显的优势。

3. 算法仿真

本节将各算法应用到如图 3.7 所示的系统辨识的结构中，利用 MATLAB 进行仿真，分析讨论各算法性能。子带自适应滤波器和未知系统长度均为 512。各算法的子带数 $N=4$，每个仿真均是 20 次实验的平均结果。

输入信号为有色信号，由零均值高斯白噪声通过一阶 AR 系统 $G(z)=\dfrac{1}{1-0.9z^{-1}}$ 产生，如图 3.13 所示。

稀疏信道由式(3.67)产生，稀疏度为 0.9080，如图 3.14(a)所示。非稀疏信道由式(3.68)产生，稀疏度为 0.4211，如图 3.14(b)所示。且算法的比较都在公平原则下进行。

$$h(k)=\exp\left[-\frac{(k-30)^2}{20}\right]\times\sin\left[\pi\left(\frac{k-1}{6}\right)\right] \tag{3.67}$$

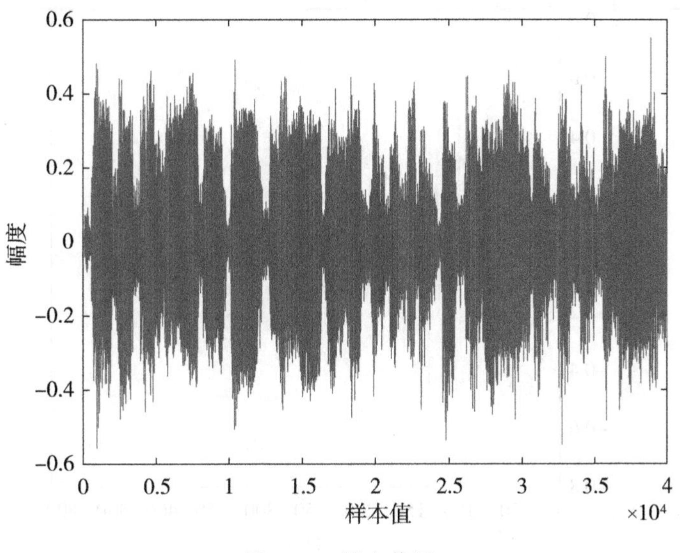

图 3.13 输入信号

$$h(k)=\begin{cases}0, & 0 \leqslant k \leqslant 100 \\ a(k)e^{-0.05k}, & 101 \leqslant k \leqslant 512\end{cases} \tag{3.68}$$

其中，$k=1:M$，M 为信道长度，$a(k)$ 为均值为零，方差为 1 的高斯白噪声。

本书选用 α -稳定分布来描述背景噪声，图 3.15 中(a)、(b)、(c)、(d)为不同特征指数下 α -稳定分布的时域图。

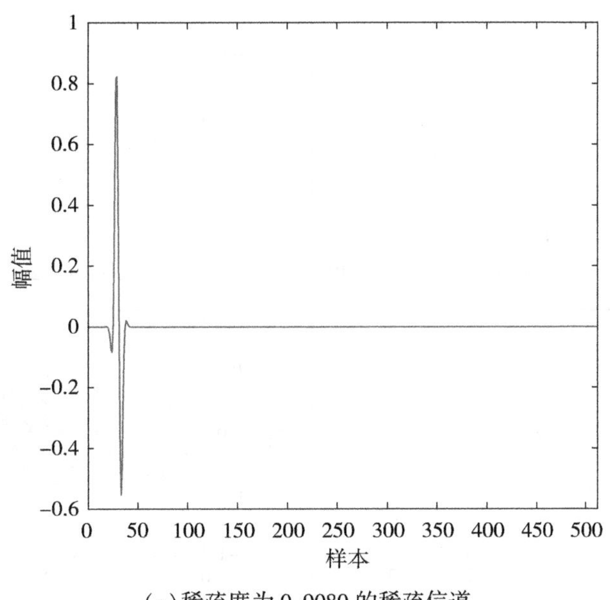

(a)稀疏度为 0.9080 的稀疏信道

图 3.14 仿真中用的信道(1)

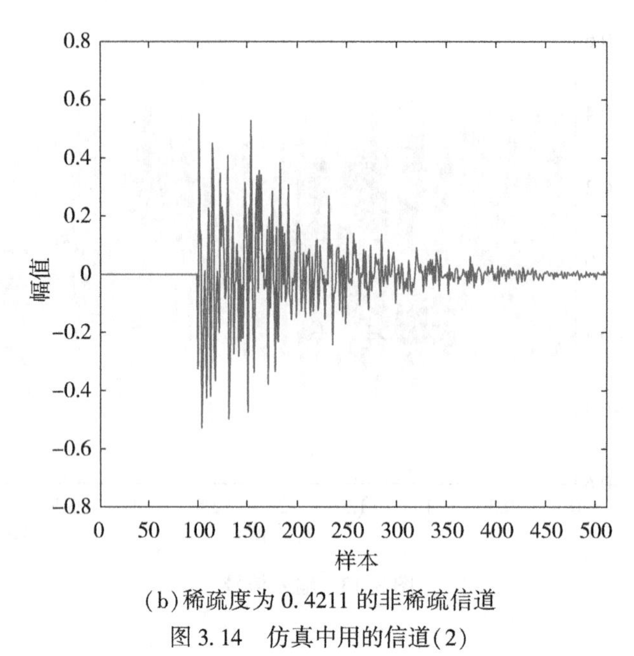

(b)稀疏度为 0.4211 的非稀疏信道

图 3.14　仿真中用的信道(2)

为了验证本书提出的新算法 ZAMPSSAF 算法在不同背景噪声环境下均具有较好的收敛性能，本书选取 $\alpha=1.5$ 时的 α -稳定分布作为非高斯噪声，选取 $\alpha=2.0$ 时的 α -稳定分布作为高斯噪声。

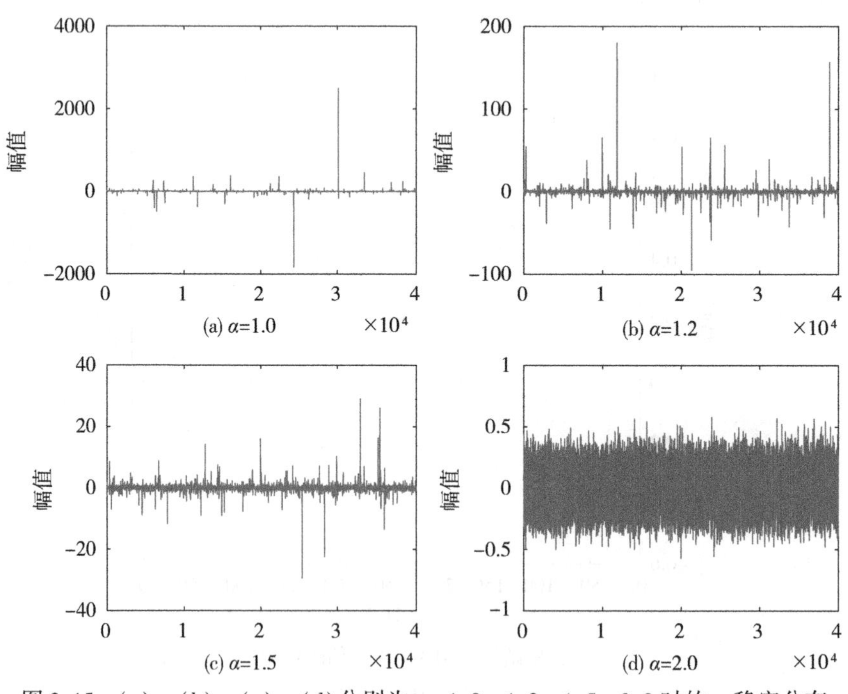

图 3.15　(a)、(b)、(c)、(d)分别为 $\alpha=1.0$，1.2，1.5，2.0 时的 α-稳定分布

本节采用均方偏差(Mean Square Deviation, MSD)收敛曲线来衡量自适应滤波器权系数与未知系统的相似程度，其表达式如式(3.35)所示。高斯噪声条件下 *SNR* 定义如式(3.36)所示，非高斯噪声条件下 *SIR* 定义如式(3.37)所示。所有均方偏差曲线为 20 次独立实验取平均的结果，单位为分贝(dB)。

仿真实验中各算法参数的选择如表 3.7 所示。

表 3.7　**仿真实验中各算法的参数设置**

算　法	参　数
ZANSAF	$\delta = 0.1,\ \upsilon = 0.0001,\ \mu = 1$
MPNSAF	$\delta_p = 0.01,\ \rho = 5/M,\ \delta = 0.1,\ \mu = 1$
SSAF	$\delta = 0.1$
ZASSAF	$\delta = 0.1,\ \upsilon = 0.0001$
ZAMPSSAF	$\rho = 5/M,\ \delta_p = 0.01,\ \delta = 0.1,\ \upsilon = 0.0001,\ \kappa = 1000$

输入信号为如图 3.13 所示的具有较强相关性的有色信号，系统脉冲响应如图 3.14(a)所示，高斯噪声 $\alpha = 2.0$ 条件下(见图 3.15(d))，MPNSAF、ZANSAF、SSAF、ZASSAF 算法和 ZAMPSSAF 算法在高斯噪声条件下收敛性能比较，参数设置如表 3.7 所示，仿真结果如图 3.16 所示。

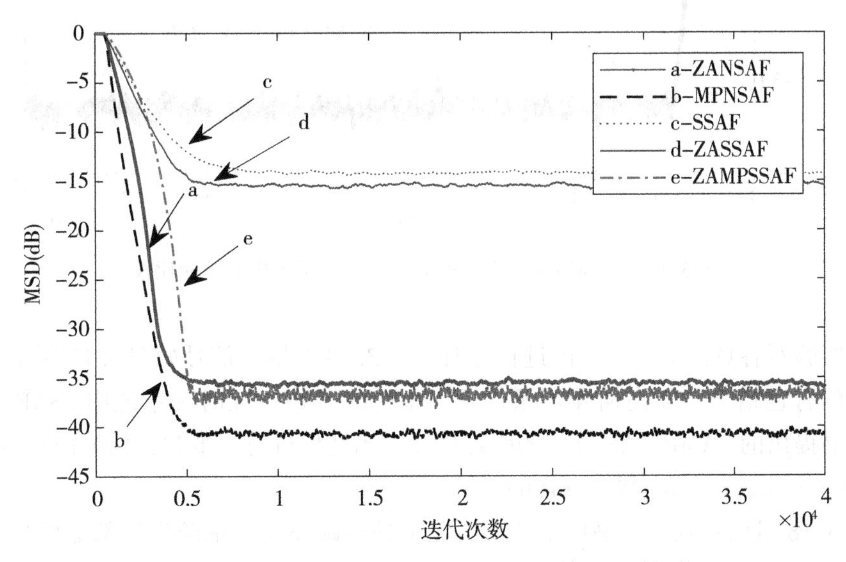

图 3.16　稀疏信道中高斯噪声条件下新算法收敛性能

由图 3.16 可以看出，ZANSAF 算法和 MPNSAF 算法是基于高斯噪声假设提出的算法，在无脉冲干扰环境中，符号类算法的收敛性能不如非符号类算法的收敛性能好；SSAF 算法收敛性能较差，ZASSAF 算法与 SSAF 算法相比，收敛性能有所提高，但其稳态误差依然很大。本书提出的 ZAMPSSAF 算法虽然不如 MPNSAF 算法收敛性能好，但其在无脉冲干扰下，仍具有较好的收敛性能。

输入信号为如图 3.13 所示的有色信号，系统的脉冲响应如图 3.14(a)所示，非高斯噪声 $\alpha=1.5$ 条件下(图 3.15(c))，MPNSAF 算法、SSAF 算法、ZASSAF 算法和本书提出的 ZAMPSSAF 算法的性能比较，图 3.17 为各算法在非高斯噪声条件下的 MSD 收敛曲线。

由图 3.17 可以看到，基于高斯假设推导出的 MPNSAF 等算法在非高斯噪声干扰下，已经无法收敛。SSAF 算法对脉冲干扰具有较强的鲁棒性，但其在稀疏系统中收敛速度较慢；引入零吸引因子的 ZASSAF 算法收敛性能优于 SSAF 算法，但其稳态误差仍很大；本书提出的 ZAMPSSAF 算法在 ZASSAF 算法基础上结合了比例系数思想，使稀疏系统中较大系数加速收敛，与 ZASSAF 算法和 SSAF 算法相比具有较快收敛速度和较低稳态误差。

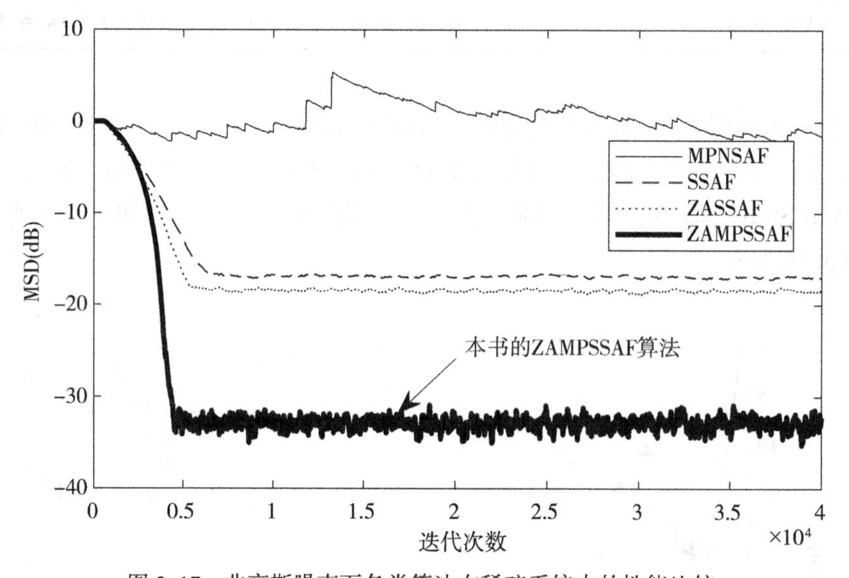

图 3.17　非高斯噪声下各类算法在稀疏系统中的性能比较

本次实验对各算法的跟踪性能进行分析。图 3.18 为输入信号如图 3.13 所示的具有较强相关性的有色信号，非高斯噪声条件下(图 3.15(c))，在时变系统中 SSAF、ZASSAF 算法和本书提出的 ZAMPSSAF 算法的跟踪性能。当迭代进行一半时，信道由稀疏信道(图 3.14(a))变为非稀疏信道(图 3.14(b))。

由图 3.18 可以看到，本书提出的算法无论是稀疏还是非稀疏信道都能较快收敛。当系统发生突变时，本书提出的 ZAMPSSAF 算法与 ZASSAF 算法和 SSAF 算法相比有较好的跟踪性能，同时对脉冲干扰具有较强的鲁棒性。

输入信号为如图 3.13 所示的具有较强相关性的有色信号，信道如图 3.14(a)所示，

不同 α 值的非高斯冲击噪声条件下本书提出的 ZAMPSSAF 算法的收敛曲线。

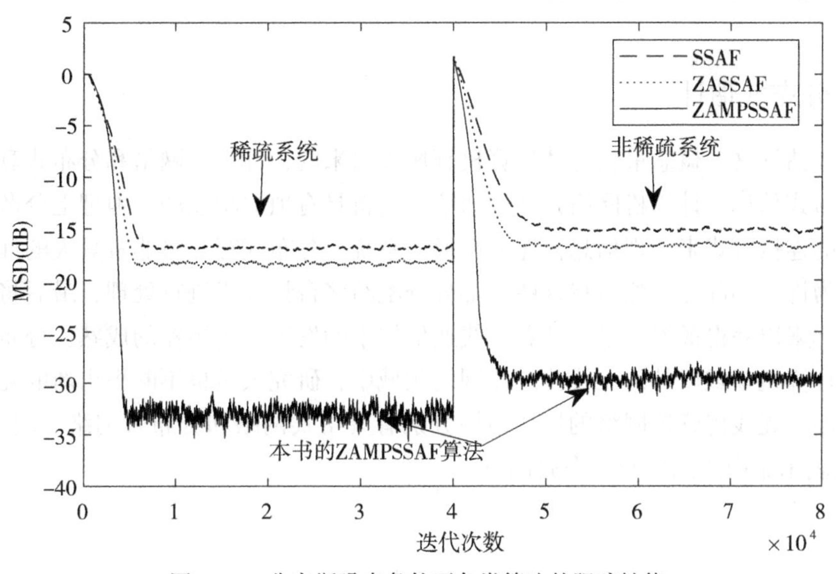

图 3.18　非高斯噪声条件下各类算法的跟踪性能

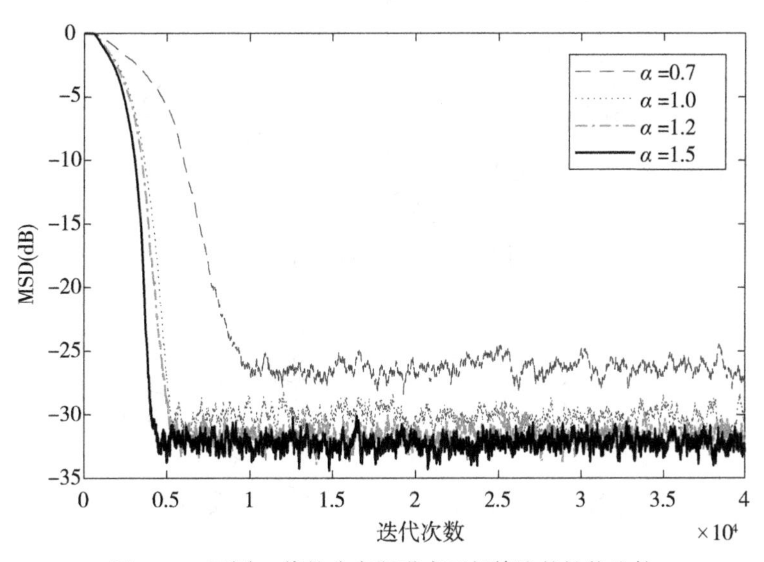

图 3.19　不同 α 值的非高斯噪声下新算法的性能比较

由图 3.19 可以看到，ZAMPSSAF 算法在稀疏信道非高斯噪声干扰下具有较好的收敛性能。不同冲击强度 $\alpha=0.7$，$\alpha=1.0$，$\alpha=1.2$，$\alpha=1.5$ 的非高斯噪声，ZAMPSSAF 算法的收敛速度和稳态误差也不同。α 值越小，表示噪声冲击强度越大，拖尾越严重，算法稳态误差较大；α 值越大，表示噪声冲击强度越小，算法收敛速度越快，稳态误差越小。

3.8　扩散式子带自适应滤波算法

3.8.1　分布式估计

分布式估计这一概念最初是从计算机领域提出来的，计算机网络和分布式算法两部分构成了分布式估计。计算机网络是利用通信链路将具有独立功能的、地理上分散的计算机通过不同的连接方式来实现信息传递和交换的系统。分布式算法将非常具大的计算能力的问题划分为许多小部分，然后将这些小部分分配给多台计算机进行处理，最后将这些计算结果组合起来以获得最终结果。随着无线通信技术的发展、传感器的成熟，分布式估计逐渐发展到计算机领域以外的无线传感器网络领域中，研究人员也不断提出新的无线传感器网络和算法。无线传感器网络的拓扑结构分别有集中式网络和分布式网络。图 3. 20 和图 3. 21 分别表示集中式网络和分布式网络。

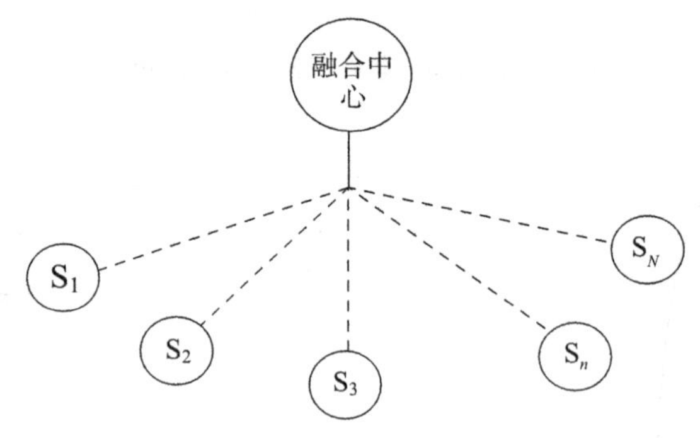

图 3. 20　集中式网络网络

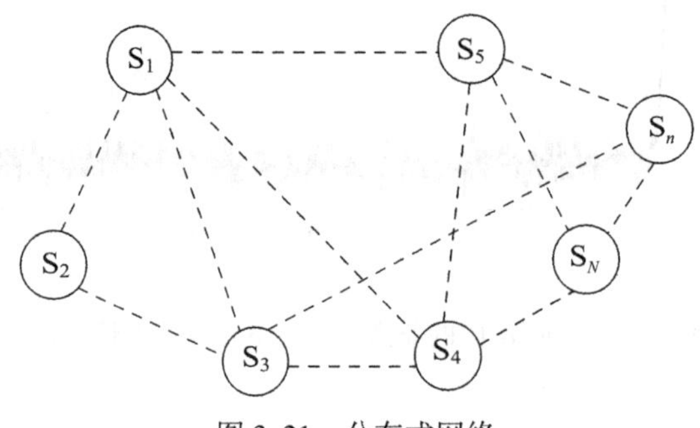

图 3. 21　分布式网络

在图 3. 20 的集中式网络中，该结构是由多个普通节点和中心控制节点构成，每个普通节点的信息传递给中心控制节点，当集中式网络中所有普通节点信息传递到中心控制节点完毕之后才进行数据处理。而分布式网络与集中式网络最大的区别是前者中所有节点地位平等、不存在中心控制节点。在图 3.21 的分布式网络中，分布式网络是通过一个拓扑结构结合节点相连而成，通过局部交互来解决分布式估计和分布式最优化等实时问题。分布式网络中的每个节点地位平等，都具有计算和通信能力，它们通过自身收集到的数据信息单独完成迭代运算，然后与相邻节点进行实时信息交互，最后利用融合到的信息更新自身的估计值。如果网络中某一节点出现问题故障，整个分布式网络依然能够正常工作，相比于分布式网络，集中式网络存在以下缺点：

(1)集中式网络中的中心控制节点需要收集网络中其他所有节点的信息，因此对中心控制节点的存储容量要求更高；

(2)集中式网络中的中心控制节点收集到其他节点信息之后，按照某种需求算法进行迭代运算来更新系统系数。由于在信息传递的过程中，每个节点传递到中心控制节点的时间可能不相同，从而需要控制中心处理器等待信息传输，这大大增加了计算时间；

(3)集中式网络中的某一个节点出现故障导致整个系统瘫痪，因此对网络中节点的容错率要求较高。

本书研究分布式网络中的分布式估计问题，不同的分布式估计由不同的节点之间通信协作模式和不同的自适应滤波算法构成。网络中节点的通信协作模式主要划分为递增式、扩散式和概率扩散式式。图 3.22 为三种不同的拓扑结构。

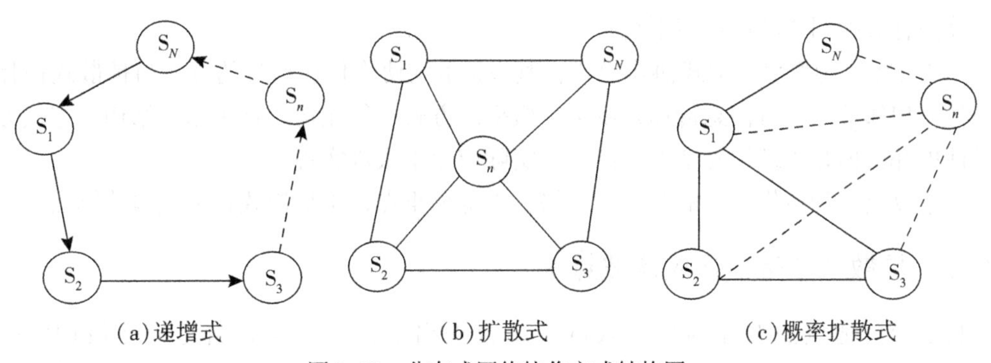

图 3.22　分布式网络协作方式结构图

在图 3.22(a)递增式协作模式中，网络中的所有节点依次进行相连，形成环形结构，前一个节点的信息传递到与之相邻的当前节点，当前节点的信息与之前获得前一个节点信息传递给下一个节点。为了解决有色输入信号在递增式最小均方(LMS)算法中的收敛性受限而提出了递增式仿射投影算法(APA)，该算法利用数据重用方法来加快算法的收敛速度，但是其计算复杂度也随之增大。几种改进递增式 APA 算法不仅具有收敛速度快、稳态误差小的优点，而且具有很低计算复杂度。虽然这种协作模式下的算法往往需要较小的通信量和功耗，但是该拓扑结构中某一个节点发生故障使得整个网络的信息传递即刻终止。因此，递增式拓扑结构对链路故障非常敏感。

在图 3.22(b)扩散式协作模式中，网络中的节点与相连所有节点进行信息交换，相比于递增式拓扑结构，它对通信量要求更高一些。这种协作模式中某一个节点发生故障时，整个网络依然能够正常通信。由于扩散式协作式网络具有较好的稳健性而被广泛研究，因此出现了扩散式最小均方(Diffusion Least Mean Square，DLMS)算法。将DLMS算法中的固定步长修改为变步长，在算法的每一次迭代过程中自动调节步长参数，该算法实现了快速收敛和低稳态。DLMS算法在输入信号为白信号下具有快速的收敛速度，但是在现实生活中，输入信号往往都是呈高度相关，这类输入信号在DLMS算法中收敛性显著减慢。扩散式仿射投影算法(Diffusion Affine Projection Algorithm，DAPA)通过增加输入信号的矩阵维数对数据重组来加快算法的收敛性能。将递归最小二乘算法应用在扩散式网络中，提出了扩散式递归最小二乘(Diffusion Recursive Least Squares，DRLS)算法，该算法相比于DLMS算法具有更快的收敛速度。分别将符号函数应用在DLMS算法和DAPA中，提出的扩散式符号误差LMS(Diffusion Sign Error LMS，DSE-LMS)算法和扩散式仿射投影符号算法(Diffusion Affine Projection Sign Algorithm，DAPSA)来抵御非高斯噪声干扰。有人提出了一种基于两种有效非高斯噪声检测方法的RCDLMS(Robust Competitive DLMS)算法，这两种方法的主要思想是估计噪声方差以确定是否出现非高斯噪声，其中，第一种方法是使用收缩去噪方法来获取噪声的方差；第二种方法是通过估计输入信号和误差信号的互相关来获取噪声的方差，仿真结果表明，所提出的RCDLMS算法具有良好的跟踪能力和较强的抗脉冲噪声性能。将基于窗口的Lorentzian准则作为分布式自适应滤波算法的代价函数，提出的算法有效抑制非高斯噪声干扰。

图3.22(c)为概率扩散式协作模式，概率扩散式协作传递信息的方式与扩散式拓扑网络类似，相邻节点进行信息传递是以某一概率的方式进行相连。这种拓扑结构的连接方式灵活性更好，但是该结构复杂度很高，在实际应用中很难实现。

基于以上三种协作模式的分布式网络，本部分重点讨论扩散式自适应滤波算法。

3.8.2 扩散式子带自适应滤波算法

将子带自适应滤波器与扩散式网络结合提出了扩散式子带自适应滤波(Diffusion Subband Adaptive Filtering，DSAF)算法，该算法的计算复杂度接近于DLMS算法使其被很多国内外学者研究。在DSAF算法的自适应步骤中引入变步长函数，联合步骤中提出新的组合方法来分配联合系数从而提高算法的收敛性能以及稳态误差。针对分布式网络中的声学回声消除提出了一种改进的扩散式子带自适应滤波算法。增强型复数值扩散归一化子带自适应滤波器(Augmented Complex-Valued Diffusion Normalized Subband Adaptive Filter，D-ACNSAF)算法用于处理复数值信号。之后相继出现了分布式网络中基于归一化子带自适应滤波算法簇(Normalized Subband Adaptive Filters，NSAFs)，分别为扩散式归一化子带自适应滤波(Diffusion NSAF，DNSAF)算法、扩散式选择性部分更新归一化子带自适应滤波(Diffusion Selective Partial Update NSAF，DSPU-NSAF)算法、扩散式固定性选择归一化子带自适应滤波(Diffusion Fix Selection NSAF，DFS-NSAF)算法和扩散式动态性选择归一化子带自适应滤波(Diffusion Dynamic Selection NSAF，DDS-NSAF)算法，在稳态与非稳态环境下，通过在收敛速度、稳态误差和算法计算度方面进行实验对比，验证了所提算法的有效性。将符号回归（Signed Regressor，SR）方法应用在归一化子带自适应滤波器（Normalized Subband Adaptive Filter，NSAF）算法中，提出了两种扩散式网络算法，分别为扩散式符号回归归一化子带自适应滤波（Diffusion SR-NSAF，DSR-NSAF）算法和改正的扩散式符号回归归一化子带自适应滤波（Modified DSR-NSAF，MDSR-NSAF）算法，这两种算法相比于 DNSAF 不仅具有较快的收敛速度和较好的稳态误差，而且具有较低的计算复杂度。在扩散式改进的多带结构子带自适应滤波器（DIMSAF）算法的基础之上，为了降低该算法的计算复杂度，又出现了动态选择节点的扩散式改进的多带结构子带自适应滤波器（DIMSAF with Dynamic Selection of Nodes，DIMSAF-DSN）算法。后来又有动态选择回归因子的扩散式改进的多带结构子带自适应滤波（DIMSAF with Dynamic Selection of Regressors，DIMSAF-DSR）算法和动态选择子带的扩散式改进的多带结构子带自适应滤波（DIMSAF with Dynamic Selection of Subbands，DIMSAF-DSS）算法。

图 3.23 是将子带自适应滤波器扩展到分布式网络的结构框图。其中 ↑ 和 ↓ 分别表示插入和抽取符号，输入信号 $\boldsymbol{u}_n(l)$ 和期望信号 $d_n(l)$ 经过分析滤波器 $H_i(z)$ 分割成子带输入信号 $u_{n,i}(l)$ 和子带期望信号 $d_{n,i}(l)$，其中，$i=0, 1, \cdots, I-1$，I 表示子带数目。$u_{n,i}(l)$ 经过子带自适应滤波器 $\hat{W}_n(z)$ 生成子带输出信号 $y_{n,i}(l)$，子带期望信号 $d_{n,i}(l)$ 和子带输出信号 $y_{n,i}(l)$ 进行抽取，得到抽取后的子带期望信号 $d_{n,i,D}(k)$ 和子带输出信号 $y_{n,i,D}(k)$，两者相减之后得到的子带误差信号 $e_{n,i,D}(k)$，然后不断调整自适应滤波器参数来达到最佳的滤波效果。最后，子带误差信号 $e_{n,i,D}(k)$ 经过综合滤波器 $G_i(z)$ 得到全带误差信号 $e_n(l)$。其中，D 为抽取因子并且 $D=I$，l 表示抽样前的时间序列，k 表示抽样后的时间序列，它们的关系为 $l=kI$。

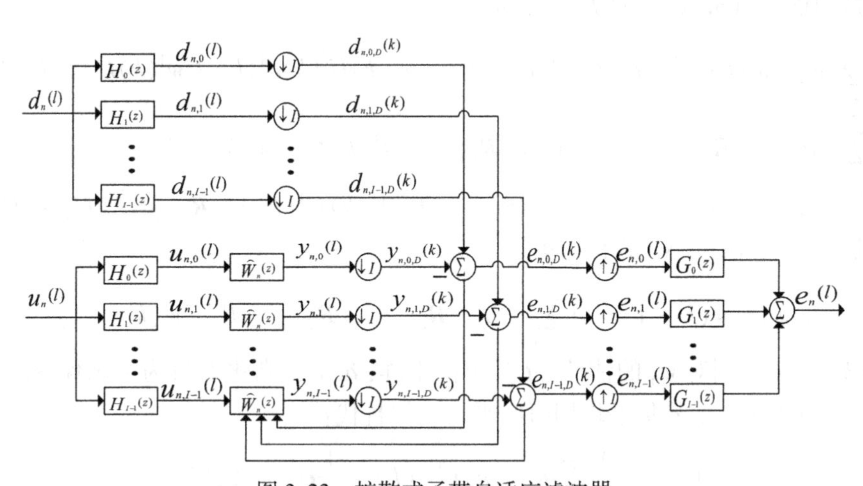

图 3.23　扩散式子带自适应滤波器

如图 3.23 所示，在分布式估计中，节点 n 的子带输入向量为：

$$\boldsymbol{u}_{n,i}(k)=[u_{n,i}(kI),\ u_{n,i}(kI-1),\ \cdots,\ u_{n,i}(kI-M+1)]^{\mathrm{T}} \tag{3.69}$$

抽取前，节点 n 的子带期望向量和子带输入矩阵分别定义为：

$$\boldsymbol{d}_n(k)=[d_{n,0}(k),\ d_{n,1}(k),\ \cdots,\ d_{n,I-1}(k)]^{\mathrm{T}} \tag{3.70}$$

$$\boldsymbol{U}_n(k)=[\boldsymbol{u}_{n,0}(k),\ \boldsymbol{u}_{n,1}(k),\ \cdots,\ \boldsymbol{u}_{n,I-1}(k)] \tag{3.71}$$

则全局期望信号向量和输入信号矩阵为：

$$\boldsymbol{d}(k)=[\boldsymbol{d}_1^{\mathrm{T}}(k),\ \boldsymbol{d}_2^{\mathrm{T}}(k),\ \cdots,\ \boldsymbol{d}_N^{\mathrm{T}}(k)] \tag{3.72}$$

$$\boldsymbol{U}(k)=[\boldsymbol{U}_1(k),\ \boldsymbol{U}_2(k),\ \cdots,\ \boldsymbol{U}_N(k)] \tag{3.73}$$

自适应网络的全局代价函数为：

$$J(k)=E[\ \|\boldsymbol{d}(k)-\boldsymbol{U}^{\mathrm{T}}(k)\boldsymbol{w}(k)\|_2^2] \tag{3.74}$$

上式中的 E 表示期望符号，式(3.13)未知向量 $\boldsymbol{w}_0$ 的最优解满足如下方程：

$$\boldsymbol{R}_{Ud}=\boldsymbol{R}_U\boldsymbol{w}_0 \tag{3.75}$$

其中，$\boldsymbol{R}_{dU}$是 $\boldsymbol{U}(k)$ 和 $\boldsymbol{d}(k)$ 的互相关矩阵且 $\boldsymbol{R}_{Ud}=E[\boldsymbol{U}(k)\boldsymbol{d}(k)]$，$\boldsymbol{R}_U$ 是 $\boldsymbol{U}(k)$ 的自相关矩阵且 $\boldsymbol{R}_U=E[\boldsymbol{U}(k)\boldsymbol{U}(k)^{\mathrm{T}}]$。根据式(3.75)，未知向量 $\boldsymbol{w}^0$ 的解为：

$$\boldsymbol{w}_0=\boldsymbol{R}_U\boldsymbol{R}_{Ud}^{-1} \tag{3.76}$$

若由式(3.76)求未知向量 $\boldsymbol{w}_0$ 的最优解，则需要对矩阵进行求逆运算，这需要统计全局所有节点信息，计算量非常大。因此，采用下列方法求得未知向量 $\boldsymbol{w}_0$ 的最优解。

先定义节点 n 的代价函数：

$$J_n(k)=E[\ \|\boldsymbol{d}_n(k)-\boldsymbol{U}_n^{\mathrm{T}}(k)\boldsymbol{w}(k)\|_2^2] \tag{3.77}$$

由式(3.74)和式(3.77)可知，全局代价函数由 N 个独立的代价函数之和组成。因此，全局代价函数重新表示为：

$$J(k)=\sum_{n=1}^{N}J_n(k) \tag{3.78}$$

将式(3.77)代入式(3.78)并展开，得到：

$$\begin{aligned}J(k)&=\sum_{n=1}^{N}E[\ \|\boldsymbol{d}_n(k)\|_2^2-\boldsymbol{d}_n(k)\boldsymbol{U}_n^{\mathrm{T}}(k)\boldsymbol{w}(k)-\boldsymbol{w}^{\mathrm{T}}(k)\boldsymbol{U}_n(k)\boldsymbol{d}_n^{\mathrm{T}}(k)+\boldsymbol{w}^{\mathrm{T}}(k)\boldsymbol{U}_n(k)U_n^{\mathrm{T}}(k)\boldsymbol{w}(k)]\\&=\sum_{n=1}^{N}[\sigma_{d,n}^2-\boldsymbol{R}_{dU,n}\boldsymbol{w}(k)-\boldsymbol{w}^{\mathrm{T}}(k)\boldsymbol{R}_{Ud,n}+\boldsymbol{w}^{\mathrm{T}}(k)\boldsymbol{R}_{U,n}\boldsymbol{w}(k)]\end{aligned} \tag{3.79}$$

其中，$\sigma_{d,n}^2=E[\ \|\boldsymbol{d}_n(k)\|_2^2]$，$\boldsymbol{R}_{dU,n}=\boldsymbol{R}_{Ud,n}^{\mathrm{T}}=E[\boldsymbol{d}_n(k)\boldsymbol{U}_n^{\mathrm{T}}(k)]$，$\boldsymbol{R}_{U,n}=E[\boldsymbol{U}_n(k)\boldsymbol{U}_n^{\mathrm{T}}(k)]$。采用随机近似牛顿法最小化式(3.79)，得到：

$$\boldsymbol{w}(k)=\boldsymbol{w}(k-1)+\mu\sum_{n=1}^{N}[\delta\boldsymbol{I}+\boldsymbol{R}_{U,n}]^{-1}[\boldsymbol{R}_{dU,n}-\boldsymbol{R}_{U,n}\boldsymbol{w}(k-1)] \tag{3.80}$$

这里，$\boldsymbol{w}(k)$ 是 k 时刻对 $\boldsymbol{w}_0$ 的估计，$\boldsymbol{I}$ 是单位矩阵，δ 是正则化参数为了确保 $\boldsymbol{R}_{U,n}$ 的可逆性。式(3.80)中子带信号集平均用时间平均近似替代：

$$\boldsymbol{R}_{U,n}=\frac{1}{I}\sum_{i=0}^{I-1}\boldsymbol{u}_{n,i}(k)\boldsymbol{u}_{n,i}^{\mathrm{T}}(k)=\frac{1}{I}\boldsymbol{U}_n(k)\boldsymbol{U}_n^{\mathrm{T}}(k) \tag{3.81}$$

$$\boldsymbol{R}_{dU,n}=\frac{1}{I}\sum_{i=0}^{I-1}\boldsymbol{u}_{n,i}(k)d_{n,i,D}(k)=\frac{1}{I}\boldsymbol{U}_n(k)\boldsymbol{d}_{n,D} \tag{3.82}$$

将式(3.81)和式(3.82)代入式(3.80)中，全局子带自适应滤波算法的更新公式为：

$$\boldsymbol{w}(k)=\boldsymbol{w}(k-1)+\mu\sum_{n=1}^{N}\boldsymbol{U}_n(k)\left[\delta\boldsymbol{I}+\boldsymbol{U}_n(k)\boldsymbol{U}_n^{\mathrm{T}}(k)\right]^{-1}\boldsymbol{e}_{n,D}(k) \tag{3.83}$$

其中，μ 为步长参数。误差向量 $\boldsymbol{e}_{n,D}(k)$ 表达式为：

$$\boldsymbol{e}_{n,D}(k)=\boldsymbol{d}_{n,D}(k)-\boldsymbol{U}_n^{\mathrm{T}}(k)\boldsymbol{w}(k-1) \tag{3.84}$$

抽取后的子带期望向量表示为：

$$\boldsymbol{d}_{n,D}(k)=\left[d_{n,0,D}(k),\ d_{n,1,D}(k),\ \cdots,\ d_{n,I-1,D}(k)\right] \tag{3.85}$$

全局子带自适应滤波算法对未知参数进行估计时，需要收集网络中所有节点的信息并传输到中心控制节点，然后再进行迭代运算，这对中心控制处理器提出了较高性能要求。全局子带自适应滤波算法是基于集中式网络推导而来了。在集中式网络中，会遇到很多难以解决的问题，比如网络中的中心控制节点一旦不能工作导致整个网络瘫痪、网络中其他节点的信息传递到中心控制节点的时间不同，这增加了计算时间等。基于集中式网络中所遇到的问题，研究人员提出了分布式网络的估计算法。下面给出扩散式子带自适应滤波算法的推导过程。

在扩散式网络拓扑结构中，一个节点与它附近相连的多个节点进行信息传递，如果自适应网络中某个节点出现故障，其相邻节点之间还可以互相通信使得网络正常工作。扩散式子带自适应滤波(Diffusion Subband Adaptive Filtering，DSAF)算法包括三个节点，分别为自适应阶段、交换阶段和融合阶段。

在自适应阶段，使用测量数据 $\{d_{n,i,D}(k),\ \boldsymbol{u}_{n,i}(k)\}$ 进行算法更新节点 n 在前一时刻获得局部估计值 $\boldsymbol{w}_n(k-1)$，得到了中间估计向量 $\boldsymbol{\varphi}_n(k)$，其更新公式为：

$$\boldsymbol{\varphi}_n(k)=\boldsymbol{w}_n(k-1)+\mu_n\sum_{i=0}^{I-1}\frac{\boldsymbol{u}_{n,i}(k)e_{n,i,D}(k)}{\boldsymbol{u}_{n,i}^{\mathrm{T}}(k)\boldsymbol{u}_{n,i}(k)+\varepsilon} \tag{3.86}$$

其中，$e_{n,i,D}(k)$ 表示为：

$$e_{n,i,D}(k)=d_{n,i,D}(k)-\boldsymbol{u}_{n,i}^{\mathrm{T}}(k)\boldsymbol{w}_n(k-1) \tag{3.87}$$

在交换阶段，节点 n 与其相邻节点 j 交换中间估计值 $\boldsymbol{\varphi}_n(k)$。

在融合阶段，将节点 j 的中间估计值 $\boldsymbol{\varphi}_j(k)$ 进行融合。采用线性组合方式进行融合，得到：

$$\boldsymbol{w}_n(k)=\sum_{j\in N_n}c_{jn}\boldsymbol{\varphi}_j(k) \tag{3.88}$$

采用 ATC 策略，DSAF 算法更新公式为：

$$\begin{cases}\boldsymbol{\varphi}_n(k)=\boldsymbol{w}_n(k-1)+\mu_n\displaystyle\sum_{i=0}^{I-1}\frac{\boldsymbol{u}_{n,i}(k)e_{n,i,D}(k)}{\boldsymbol{u}_{n,i}^{\mathrm{T}}(k)\boldsymbol{u}_{n,i}(k)+\varepsilon}\\ \boldsymbol{w}_n(k)=\displaystyle\sum_{j\in N_n}c_{jn}\boldsymbol{\varphi}_j(k)\end{cases} \tag{3.89}$$

其中，ε 表示一个正则化参数，防止算法中的分母为零。

第 4 章　非高斯噪声下的自适应滤波

多数自适应滤波算法基于二阶统计量的，通常这些算法在高斯噪声的情况下表现良好，但在非高斯情况下表现较差，即信号是在受到非高斯噪声干扰的情况下，例如电子设备中的不同类型的人工噪声，自然现象中的大气噪声和照明尖峰噪声等，基于二阶统计量的分布式自适应滤波算法在这类噪声下会退化甚至失效，因此，本章讨论了适用于非高斯噪声环境下的自适应滤波算法。

4.1　引言

信号处理的基本目标就是从观测数据中将所需要的信息提取出来，但是，几乎所有的观测数据中都会同时存在期望信号和干扰信号即噪声信号。噪声可以通过很多途径来产生：一个系统的相邻信号源中会产生噪声；自然界中的多种形式也会产生噪声；我们在观测数据时同样会产生噪声；当然，噪声也完全可以由人为产生，等等。在大量的信号处理方法中，将背景噪声假设为高斯噪声是非常普遍的，因为这样能够给相应的理论分析带来很大的便捷。

然而人们不断发现，其实在实际应用中有很多信号和噪声往往不是呈现高斯分布的。例如，在语音恢复、雷达、声纳、电话、卫星通信等领域，很多实际环境中的噪声通常都是呈非高斯分布的。这类噪声具有一个共同特征即它们具有较强的冲击性，与高斯噪声相比，此类噪声造成数据大幅度突变的概率会更高。因此，这种非高斯噪声不能继续采用高斯模型来描述，而是需要用一种比高斯分布具有更长拖尾的概率分布来描述。以上冲击噪声的建模方法可以大致包括两类：经验模型和统计模型。经验模型是利用已知函数对观测噪声数据进行拟合，并不考虑噪声的物理产生过程，该缺点导致此模型只能在特定的场合中使用。而统计模型不同，它是通过考虑噪声的产生过程而发展起来的，所以它能够应用到广泛的场所，但是该模型的表示形式很复杂，为冲击噪声的建模带来了不便。综上所述，以上两种模型都不利于信号处理中对非高斯噪声的建模。因此，一种好的冲击噪声模型不仅要满足噪声产生过程的合理假设，还要满足形式更为简单的需求。

4.2　非高斯噪声

对于许多通信问题，高斯噪声的假设是不充分的，通常会有低概率、高振幅的“尖峰”出现，发现这种脉冲性的噪声对众多研究有着重要意义。例如大气噪声，在接收器附近的闪电放电可导致此类尖峰噪声，还有水下问题，如声纳和潜艇通信。除了这些自然的非高斯噪声源外，还有许多人为的非高斯噪声源，如汽车点火和电子设备产生的噪声。非高斯噪声模型通常分为重尾非高斯噪声模型和轻尾非高斯噪声模型。轻尾非高斯噪声主要是均匀分布噪声模型；重尾非高斯噪声主要有柯西噪声模型、拉普拉斯噪声模型。具体如下：

(1)均匀分布模型

其概率密度函数为：

$$f(x)=\begin{cases}\dfrac{1}{b-a}, & a\leqslant n\leqslant b\\ 0, & \text{其他}\end{cases} \tag{4.1}$$

其均值为 $\dfrac{a+b}{2}$，方差为 $\dfrac{(a-b)^2}{12}$。

(2)拉普拉斯分布模型

其概率密度函数为：

$$\begin{aligned}f(x\mid\mu, b)&=\frac{1}{2b}\exp\left(-\frac{x-\mu}{b}\right)\\&=\frac{1}{2b}\begin{cases}\exp\left(-\dfrac{\mu-x}{b}\right), & x<\mu\\ \exp\left(-\dfrac{x-\mu}{b}\right), & x\geqslant\mu\end{cases}\end{aligned} \tag{4.2}$$

其中，μ 为位置参数，$b>0$ 为尺度参数。

(3)柯西分布模型

其概率密度函数为：

$$f(x)=\frac{1}{\pi(1+x^2)} \tag{4.3}$$

(4)α-stable 分布模型

它没有概率密度函数的解析解，只能利用特征函数来描述，其特征函数为

$$g(x)=\exp\{j\delta x-\gamma\,|x|^{\alpha}[1+j\beta\mathrm{sgn}(x)S(x, \alpha)]\} \tag{4.4}$$

其中，

$$S(x, \alpha)=\begin{cases}\tan\dfrac{\alpha\pi}{2}, & \alpha\neq 1\\ \dfrac{2}{\pi}\log|x|, & \alpha=1\end{cases} \tag{4.5}$$

$$\mathrm{sgn}(x)=\begin{cases}1, & x>0\\ 0, & x=0\\ -1, & x<0\end{cases} \tag{4.6}$$

α-stable 稳定分布噪声模型的特征函数由参数 α，β，δ，γ 确定，其中，参数 α 为特征指数；β 为对称参数，当 $\beta=0$ 时，δ 为位置参数，服从 α-stable 分布的随机变量的概率密度函数关于 δ 对称；γ 为分散系数。

(5)伯努利混合模型

它的模型可表示为：

$$v(x)=A(x)+B(x) \tag{4.7}$$

其中，$A(x)$ 服从高斯分布的随机变量，$B(x)$ 为非高斯噪声，$B(x)$ 是是由服从高斯分布的随机变量 $\rho(x)$ 与服从伯努利分布的随机变量 $\beta(x)$ 相乘而得，即：

$$B(x)=\rho(x)\beta(x) \tag{4.8}$$

其中，$\beta(x)$ 的概率密度函数为：

$$P(\beta(x))=\begin{cases}P_r\quad, & \beta(x)=1\\ 1-P_r, & \beta(x)=0\end{cases} \tag{4.9}$$

P_r 表示脉冲干扰的概率。

4.3　基于最小误差熵的仿射投影算法

4.3.1　最小误差熵准则

信息熵(又被称为 Shannon 熵)，作为衡量信息不确定度的量，在信息论中有着重要的地位。在自适应滤波算法迭代的过程中，每一次迭代所产生的误差信号是不确定的随机变量，因此，可以考虑将熵的概念引入其中，即以信息熵作为传统的由二阶统计量构成的目标函数的替代，以此约束滤波器相邻两次迭代产生的误差信号之间的差值，从而保证目标函数能够随着迭代次数的增加而向最优解逐渐收敛。

根据经典信息论的表述可知，对于随机变量 X，它的 Shannon 熵被定义为：

$$H(X)=\sum_{k=1}^{N}P_kI_k \tag{4.10}$$

其中，N 代表数据的个数，P_k 代表第 k 个数据的概率。

由于 Shannon 熵存在表述的局限性，Alfred Renyi 将 Shannon 熵归纳至其提出的 Renyi 熵之下。Renyi 熵作为 Shannon 熵、Hartley 熵、冲突熵和最小熵的拓展，可以通过对参数 α 的调整来改变 Renyi 熵的表达式。当参数 α 趋近于 1 时，Renyi 熵被定义为 Shannon 熵；当参数 α 趋近于 0 时，Renyi 熵被定义为 Hartley 熵；当参数 $\alpha=2$ 时，Renyi 熵被定义为冲突熵(有时也被泛称为 Renyi 熵)；当参数 α 趋于正无穷时，Renyi 熵则为最小熵。从 Shannon 熵推导出的 α 阶 Renyi 熵可表示为：

$$H_\alpha(X)=\frac{1}{1-\alpha}\log\left[\sum_{k=1}^{N}P_k^\alpha\right]=\frac{1}{1-\alpha}\log(V_\alpha(X)) \tag{4.11}$$

其中，$V_\alpha(X)$ 被称为 α 阶信息势能，P_k 表示第 k 个数据集出现的概率，I_k 表示第 k 个数据集所包含的比特信息。在本书中使用的是最为常用的，当 $\alpha=2$ 时的二阶 Renyi 熵(冲突熵)。

$$V_2(X)=E[K^2\sigma(X)] \tag{4.12}$$

但是在一般情况下，通常无法得到准确的概率密度函数。在实际应用中通过 Parzen 窗法得到概率密度函数的估计值。若所定义的数据集为：$\{x_1, x_2, \cdots, x_N\}$，则其概率密度的估计值为：

$$\hat{P}_{x,\sigma}(X)=\frac{1}{N}\sum_{k=1}^{N}K_\sigma(x-x_i) \tag{4.13}$$

其中，$K_\sigma(\cdot)$ 为核函数，σ 为核函数的宽度，是一个可以人为选定的量。核函数宽度控制了核函数的径向作用范围，从而对整个滤波算法的性能造成影响。另外，在实际应用中，核函数种类的选择也会根据实际情况而有所不同。一般来说，常用的核函数有多项式核函数与高斯核函数。在本书中，因考虑到泛用性等因素，选用高斯核函数。其表达式为：

$$K_\sigma(x-x_i)=\frac{1}{\sqrt{2\pi}}\exp\left(-\frac{(x-x_i)^2}{2\sigma^2}\right) \tag{4.14}$$

将其代入 Renyi 二次熵公式可以得到 Renyi 二次熵的估计值：

$$\begin{aligned}\hat{H}_2(X)&=-\log(\hat{V}_{2,\sigma}(X))=-\log\frac{1}{N^2}\int_{-\infty}^{+\infty}\left(\sum_{i=1}^{N}\sum_{j=1}^{N}K_\sigma(x-x_i)K_\sigma(x-x_j)\right)\mathrm{d}x\\&-\log\frac{1}{N^2}\sum_{i=1}^{N}\sum_{j=1}^{N}\int_{-\infty}^{+\infty}[K_\sigma(x-x_i)\cdot K_\sigma(x-x_j)]\mathrm{d}x\end{aligned} \tag{4.15}$$

由于本书中处理的所有数据都是数字信号，因此可以将式(4.15)更改为：

$$\hat{H}_2(X)=-\log\left[\frac{1}{N^2}\sum_{i=1}^{N}\sum_{j=1}^{N}K_{\sqrt{2}\sigma}(x_i-x_j)\right] \tag{4.16}$$

在式(4.16)中，x_i 和 x_j 分别为不同时刻的输入信号。Renyi 二次熵的估计值 $\hat{H}_2(X)$ 即为 x_i 和 x_j 的相关熵。当 x_i 和 x_j 分别为不同时刻的误差 e_i 和 e_j 时，Renyi 二次相关熵 $\hat{H}_2(X)$ 便可以被定义为误差熵 $\hat{H}_2(e)$。$\hat{H}_2(e)$ 越大，表示 e_i 和 e_j 的不确定性越小，即变化越小，这意味着 e_i 和 e_j 之间愈发接近，也就是误差趋于稳定，这正是自适应滤波算法收敛时，误差信号的最佳状态。因此，为消除误差需要引入的信息越多，则熵就越高，反之亦然。当 $\hat{H}_2(e)$ 取最小值时，最小误差熵算法的目标函数可以设为：

$$\begin{aligned}F_{\mathrm{MEE}}&=\min[\hat{H}_2(e)]\\&=\min\left\{-\log\left[\frac{1}{N^2}\sum_{i=1}^{N}\sum_{j=1}^{N}K_{\sqrt{2}\sigma}(x_i-x_j)\right]\right\}=\max[\hat{V}_{2,\sigma}(e)]\\&=\max\left\{\frac{1}{N^2}\sum_{i=1}^{N}\sum_{j=1}^{N}K_{\sqrt{2}\sigma}(x_i-x_j)\right\}\end{aligned} \tag{4.17}$$

这种使误差信号的二次相关熵的估计值 $\hat{H}_2(e)$ 最小来对误差信号进行规范的准则被称为最小相关熵准则。由式(4.16)可知，误差信号的二阶信息势能 $\hat{V}_{2,\sigma}(e)$ 与误差信号的 Renyi

二次相关熵的估计值 $\hat{H}_2(e)$ 成反比。为了去掉 $\hat{H}_2(e)$ 中的对数函数以简化下一步的微商运算，因此将式(4.17)中二次相关熵的最小值转化为二阶信息势能的最大值。熵是一种不确定性的度量，由于高斯核函数的存在，使得最小误差熵的目标函数 F_{MEE} 与基于最小均方误差的目标函数有本质上的不同。这种非二阶统计量的目标函数的原理是使两次计算误差之间的差值的混乱程度最小，使得计算误差 $e(k)$ 逐渐随着迭代次数趋向规律。这样就可以通过一个量来约束误差的混乱程度，从而使每次迭代后进入自适应滤波器的误差反馈可以更加规律地反映每次计算的效果，保证计算误差平稳减小，直到最后无限趋近于零。

4.3.2　基于最小误差熵准则的仿射投影算法

在自适应滤波算法中，牛顿方法及其衍生算法具有收敛速度快，对强相关输入信号(例如语音信号)处理效果较好的特点。设自适应滤波器的抽头系数向量为：$\boldsymbol{W}(k)=[W_1(k),\ W_2(k),\ \cdots,\ W_N(k)]^{\mathrm{T}}$。本书中基于的牛顿方法为：

$$\boldsymbol{W}(k+1)=\boldsymbol{W}(k)-\mu\hat{\boldsymbol{R}}^{-1}(k)\nabla f_{\boldsymbol{W}}(k) \tag{4.18}$$

其中，$\nabla f_w(k)$ 为目标函数对于滤波器抽头系数向量的偏微商。将式(4.17)中的目标函数 F_{MEE} 对滤波器系数 $\boldsymbol{W}$ 求偏微商并代入式(4.18)可得：

$$\begin{aligned}\boldsymbol{W}(k+1)&=\boldsymbol{W}(k)-\mu\hat{\boldsymbol{R}}^{-1}(k)\nabla f_w(k)\\&=\boldsymbol{W}(K)-\frac{\mu}{2\sigma^2N^2}\hat{\boldsymbol{R}}^{-1}(k)\sum_{i=1}^{N}\sum_{j=1}^{N}[K_{\sqrt{2}\sigma}(\Delta\boldsymbol{e}(i,\ j))\Delta\boldsymbol{e}(i,\ j)(\boldsymbol{X}(i)-\boldsymbol{X}(j))]\end{aligned} \tag{4.19}$$

与使用一维数据输入的 LMS 算法不同，APA 算法基于数据重用方法。将输入 $\boldsymbol{X}$ 在数据重用后记为 $\boldsymbol{X}_{ap}$。P 为滤波器的投影阶数。

$$\boldsymbol{X}_{ap}(k)=\begin{bmatrix}X(k) & \cdots & X(k-P)\\ \vdots & & \vdots\\ X(k-N) & \cdots & X(k-P-N)\end{bmatrix} \tag{4.20}$$

因此，误差信号可以被表示为：

$$\boldsymbol{e}_{ap}(k)=\boldsymbol{d}_{ap}(k)-\boldsymbol{y}_{ap}(k)=\boldsymbol{d}(k)-\boldsymbol{X}_{ap}^{\mathrm{T}}(k)\boldsymbol{W}(k) \tag{4.21}$$

由于参数 i 和 j 在计算中与参数 k 同步，因此 i 和 j 的上限也被设置为 k。将式(4.20)和式(4.21)代入等式(4.19)可以得到：

$$\begin{aligned}\boldsymbol{W}(k+1)&=\boldsymbol{W}(k)-\frac{\mu}{2\sigma^2N^2}\hat{\boldsymbol{R}}^{-1}(k)\sum_{i=1}^{k}\sum_{j=1}^{k}[K_{\sqrt{2}\sigma}(\Delta\boldsymbol{e}(i,\ j))\Delta\boldsymbol{e}(i,\ j)(\boldsymbol{X}(i)-\boldsymbol{X}(j))]\\&=\boldsymbol{W}(k)-\frac{\mu}{2\sigma^2N^2}\hat{\boldsymbol{R}}^{-1}(k)\sum_{i=1}^{k}\sum_{j=1}^{k}[K_{\sqrt{2}\sigma}(\Delta\boldsymbol{e}_{ap}(i,\ j))\Delta\boldsymbol{e}_{ap}(i,\ j)(\boldsymbol{X}_{ap}(i)-\boldsymbol{X}_{ap}(j))]\end{aligned} \tag{4.22}$$

对于平稳的输入信号，可以得到其自相关矩阵 $\boldsymbol{R}(k)$ 的估计值为：

$$\hat{\boldsymbol{R}}(k)=\frac{1}{k+1}\sum_{i=1}^{k]}\boldsymbol{X}_{ap}^{\mathrm{T}}(i)\boldsymbol{X}_{ap}(i) \tag{4.23}$$

根据平稳过程的自相关函数的性质，将式(4.23)代入式(4.22)中，分别对 i 和 j 的两个不同的时刻求输入信号的自相关矩阵可得：

$$\begin{aligned}\boldsymbol{W}(k+1)=\boldsymbol{W}(k)-\frac{\mu}{2\sigma^2}\sum_{i=1}^{k}\sum_{j=1}^{k}\Bigg[&\frac{1}{[\boldsymbol{X}_{ap}(i)-\boldsymbol{X}_{ap}(j)]^{\mathrm{T}}[\boldsymbol{X}_{ap}(i)-\boldsymbol{X}_{ap}(j)]}\\&\times K_{\sqrt{2}\sigma}(\Delta\boldsymbol{e}_{ap}(i,j))\Delta\boldsymbol{e}_{ap}(i,j)(\boldsymbol{X}_{ap}(i)-\boldsymbol{X}_{ap}(j))\Bigg]\end{aligned} \tag{4.24}$$

在 MPNLMS 算法中所表述的 μ 率比例系数矩阵 $\boldsymbol{G}(k)$ 利用目标冲击响应的对数函数来对比例步长进行分配，从而使算法在保证合理分配步长的同时有较快的收敛速度，因此将 $\boldsymbol{G}(k)$ 代入式(4.24)可得：

$$\begin{aligned}\boldsymbol{W}(k+1)=\boldsymbol{W}(k)-\frac{\mu}{2\sigma^2}\sum_{i=1}^{k}\sum_{j=1}^{k}\Bigg[&\frac{\boldsymbol{G}(k)}{[\boldsymbol{X}_{ap}(i)-\boldsymbol{X}_{ap}(j)]^{\mathrm{T}}\boldsymbol{G}(k)[\boldsymbol{X}_{ap}(i)-\boldsymbol{X}_{ap}(j)]}\\&\times K_{\sqrt{2}\sigma}(\Delta\boldsymbol{e}_{ap}(i,j))\Delta\boldsymbol{e}_{ap}(i,j)(\boldsymbol{X}_{ap}(i)-\boldsymbol{X}_{ap}(j))\Bigg]\end{aligned} \tag{4.25}$$

因此，MEE-MPAPA-Newton 算法的滤波器系数更新方程为：

$$\begin{aligned}\boldsymbol{W}(k+1)=\boldsymbol{W}(k)-\frac{\mu}{2\sigma^2}\sum_{i=1}^{k}\sum_{j=1}^{k}\Bigg[&\frac{\boldsymbol{G}(k)}{[\boldsymbol{X}_{ap}(i)-\boldsymbol{X}_{ap}(j)]^{\mathrm{T}}\boldsymbol{G}(k)[\boldsymbol{X}_{ap}(i)-\boldsymbol{X}_{ap}(j)]}\\&\times K_{\sqrt{2}\sigma}(\Delta\boldsymbol{e}_{ap}(i,j))\Delta\boldsymbol{e}_{ap}(i,j)(\boldsymbol{X}_{ap}(i)-\boldsymbol{X}_{ap}(j))\Bigg]\end{aligned} \tag{4.26}$$

其中：

$$\boldsymbol{e}_{ap}(k)=\boldsymbol{d}_{ap}(k)-\boldsymbol{y}_{ap}(k)=\boldsymbol{d}_{ap}(k)-\boldsymbol{X}_{ap}^{\mathrm{T}}(k)\boldsymbol{W}(k) \tag{4.27}$$

$$K_{\sigma}(\Delta\boldsymbol{e}_{ap}(i,j))=\frac{1}{\sqrt{2\pi}}\exp\left(-\frac{(\boldsymbol{e}_{ap}(i)-\boldsymbol{e}_{ap}(j))^2}{2\sigma^2}\right) \tag{4.28}$$

$$F(W_n(k))=\ln(1+\mu|W_n(k)|) \tag{4.29}$$

$$L_{\max}=\max\{\delta_p,\ F(W_n(k)),\ \cdots,\ F(W_n(k))\} \tag{4.30}$$

$$\gamma_n(k)=\max\{F(W_n(k)),\ \rho L_{\max}\} \tag{4.31}$$

$$g_n(k)=\frac{\gamma_n(k)}{\dfrac{1}{N}\sum\limits_{i=0}^{N-1}|\gamma_i(k)|} \tag{4.32}$$

其中，$\boldsymbol{G}(k)$ 是一个以 $g_n(k)$ 为主对角线元素的对角矩阵。ε 是一个取值很小的正数，矩阵 $\boldsymbol{I}$ 为单位矩阵，加入 $\varepsilon\boldsymbol{I}$ 项的目的是防止 $\hat{\boldsymbol{R}}(k)$ 在计算过程中出现不满秩的情况。

在基于 MEE 准则的 APA 算法中，采用的方法相比于传统的基于 MSE 的 LMS 算法，有两处主要的变化。首先是使用了数据重用的方法估计输入信号的自相关函数，其次是采用了最小误差熵来替代传统的二阶统计量。对于 LMS 算法来说，可证明其经过多次充分迭代之后，权向量的期望值 $E[\boldsymbol{W}(k)]$ 将收敛于维纳权向量(也称为维纳解) $\boldsymbol{W}^{*}=\boldsymbol{R}^{-1}\boldsymbol{P}$，即是滤波器系数经过多次迭代后达到的最优解，其中 $\boldsymbol{R}$ 为输入信号的自相关矩阵，$\boldsymbol{P}$ 为输入信号与理想信号的互相关矩阵。因为 APA 及其衍生算法都是基于 NLMS 算法得出，所以在 APA 算法中也存在类似形式的最优解。将式(4.17)中基于 MEE 准则的目标函数 F_{MEE}对滤波器的抽头系数矩阵 $\boldsymbol{W}(k)$ 求偏微商可得：

$$\begin{aligned}\nabla\hat{f}_W[\boldsymbol{e}(k)]&=\frac{\partial F_{MEE}}{\partial\boldsymbol{W}(k)}=\frac{\partial}{\partial\boldsymbol{W}(k)}\left\{\frac{1}{N^2}\sum_{i=1}^{N}\sum_{j=1}^{N}K_{\sqrt{2}\sigma}(\boldsymbol{e}_{ap}(i)-\boldsymbol{e}_{ap}(j))\right\}\\&=\frac{\partial}{\partial\boldsymbol{W}(k)}\left\{\frac{1}{N^2}\sum_{i=1}^{N}\sum_{j=1}^{N}K_{\sqrt{2}\sigma}((\boldsymbol{d}_{ap}(i)-\boldsymbol{X}_{ap}^{\mathrm{T}}(i)\boldsymbol{W}(i))-(\boldsymbol{d}_{ap}(j)-\boldsymbol{X}_{ap}^{\mathrm{T}}(j)\boldsymbol{W}(j)))\right\}\end{aligned}\tag{4.33}$$

因此有：

$$\nabla\hat{f}_W[\boldsymbol{e}(k)]=\frac{1}{2\sigma^2N^2}\sum_{i=1}^{N}\sum_{j=1}^{N}[K_{\sqrt{2}\sigma}(\Delta\boldsymbol{e}_{ap}(i,j))\Delta\boldsymbol{e}_{ap}(i,j)(\boldsymbol{X}_{ap}(i)-\boldsymbol{X}_{ap}(j))]\tag{4.34}$$

根据误差信号 $\boldsymbol{e}_{ap}(k)$ 的表达式 $\boldsymbol{e}_{ap}(k)=\boldsymbol{d}_{ap}(k)-\boldsymbol{y}_{ap}(k)=\boldsymbol{d}_{ap}(k)-\boldsymbol{X}_{ap}^{\mathrm{T}}(k)\boldsymbol{W}(k)$，可以将误差信号的差值 $\Delta\boldsymbol{e}_{ap}(i,j)$ 再次展开成如下形式：

$$\begin{aligned}\nabla\hat{f}_W[\boldsymbol{e}(k)]&=\frac{1}{2\sigma^2N^2}\sum_{i=1}^{N}\sum_{j=1}^{N}[K_{\sqrt{2}\sigma}(\Delta\boldsymbol{e}_{ap}(i,j))\Delta\boldsymbol{e}_{ap}(i,j)(\boldsymbol{X}_{ap}(i)-\boldsymbol{X}_{ap}(j))]\\&=\frac{1}{2\sigma^2N^2}\sum_{i=1}^{N}\sum_{j=1}^{N}[K_{\sqrt{2}\sigma}(\Delta\boldsymbol{e}_{ap}(i,j))(\boldsymbol{d}_{ap}(i)-\boldsymbol{d}_{ap}(j))(\boldsymbol{X}_{ap}(i)-\boldsymbol{X}_{ap}(j))]\\&\quad-\frac{1}{2\sigma^2N^2}\sum_{i=1}^{N}\sum_{j=1}^{N}[K_{\sqrt{2}\sigma}(\Delta\boldsymbol{e}_{ap}(i,j))(\boldsymbol{X}_{ap}(i)-\boldsymbol{X}_{ap}(j))(\boldsymbol{X}_{ap}(i)-\boldsymbol{X}_{ap}(j))^{\mathrm{T}}]\end{aligned}\tag{4.35}$$

由式(4.35)可知，目标函数的偏微商 $\nabla\hat{f}_W[\boldsymbol{e}(k)]$ 是一个关于误差信号 $\boldsymbol{e}(k)$ 的函数。并可以借由 $\boldsymbol{e}(k)$ 的表达式将其拆解成两部分，每个部分分别对应维纳解中的自相关矩阵 $\boldsymbol{R}$ 和互相关矩阵 $\boldsymbol{P}$。

$$\nabla\hat{f}_W[\boldsymbol{e}(k)]=\frac{1}{2\sigma^2}\{\boldsymbol{P}_{dX}^{\mathrm{MEE}}-\boldsymbol{R}_{XX}^{\mathrm{MEE}}\}\tag{4.36}$$

其中：

$$\boldsymbol{R}_{XX}^{\mathrm{MEE}}=\frac{1}{N^2}\sum_{i=1}^{N}\sum_{j=1}^{N}[K_{\sqrt{2}\sigma}(\Delta\boldsymbol{e}_{ap}(i,j))(\boldsymbol{X}_{ap}(i)-\boldsymbol{X}_{ap}(j))(\boldsymbol{X}_{ap}(i)-\boldsymbol{X}_{ap}(j))^{\mathrm{T}}]\tag{4.37}$$

$$\boldsymbol{P}_{dX}^{\mathrm{MEE}}=\frac{1}{N^2}\sum_{i=1}^{N}\sum_{j=1}^{N}[K_{\sqrt{2}\sigma}(\Delta\boldsymbol{e}_{ap}(i,j))(\boldsymbol{d}_{ap}(i)-\boldsymbol{d}_{ap}(j))(\boldsymbol{X}_{ap}(i)-\boldsymbol{X}_{ap}(j))^{\mathrm{T}}]\tag{4.38}$$

这样，我们就可以得到一个最优解：

$$\boldsymbol{W}_{\mathrm{MEE}}^{*}=(\boldsymbol{R}_{XX}^{\mathrm{MEE}})^{-1}\boldsymbol{P}_{dX}^{\mathrm{MEE}}\tag{4.39}$$

由式(4.39)可知，基于 MEE 准则的目标函数 F_{MEE}的偏微商会随着滤波器迭代次数的增加最终会收敛到一个形式与维纳解类似的最优解 $\boldsymbol{W}_{\mathrm{MEE}}^{*}$。此最优解由两部分构成，一部分是基于 MEE 准则的输入信号自相关函数 $\boldsymbol{R}_{XX}^{\mathrm{MEE}}$，另一部分是基于 MEE 准则的输入信号与期望信号之间的互相关函数 $\boldsymbol{P}_{dX}^{\mathrm{MEE}}$。

如同 LMS 及其衍生算法一样，基于 MEE 准则代价函数的自适应滤波算法同样是收敛的，也同样收敛于类维纳最优解 $\boldsymbol{W}_{\text{MEE}}^{*}$ 处。因为该最优解是经过滤波器系数的更新方程 $\boldsymbol{W}(k+1)=f(\boldsymbol{W}(k+1))$ 反复迭代后得到的，所以可将其记为不动点方程：

$$f(\boldsymbol{W})=(\boldsymbol{R}_{XX}^{\text{MEE}})^{-1}\boldsymbol{P}_{dX}^{\text{MEE}} \tag{4.40}$$

根据收缩映射定理可知，如果存在 $\beta>0$ 且存在 $0<\alpha<1$ 使滤波器初始权重 $\|\boldsymbol{W}_0\|_p\leqslant\beta$，且对任意的 $\boldsymbol{W}\in\mathbb{R}^m$，有 $\|\boldsymbol{W}\|_p\leqslant\beta$，从而使：

$$\begin{cases}\|f(\boldsymbol{W})\|_p\leqslant\beta\\ \|\nabla_{\boldsymbol{W}}f(\boldsymbol{W})\|_p=\left\|\dfrac{\partial f(\boldsymbol{W})}{\partial\boldsymbol{W}^{\text{T}}}\right\|_p\leqslant\alpha\end{cases} \tag{4.41}$$

其中，$\|\cdot\|_p$ 表示由 $\|A\|_p=\max\limits_{\|X\|_p\neq0}\left\{\dfrac{\|AX\|_p}{\|X\|_p}\right\}$ 定义的 l_p 范数，且 $p\geqslant1$，$A\in\mathbb{R}^{m\times m}X\in\mathbb{R}^{m\times l}$，$\nabla_{\boldsymbol{W}}f(\boldsymbol{W})$ 为由 $\nabla_{\boldsymbol{W}}f(\boldsymbol{W})=\left\{\dfrac{\partial f(\boldsymbol{W})}{\partial\boldsymbol{W}_1},\dfrac{\partial f(\boldsymbol{W})}{\partial\boldsymbol{W}_1},\cdots,\dfrac{\partial f(\boldsymbol{W})}{\partial\boldsymbol{W}_m}\right\}$ 给出的 $f(\boldsymbol{W})$ 的 Jacobian 行列式。其中：

$$\begin{aligned}\frac{\partial}{\partial W_s}f(\boldsymbol{W})&=\frac{\partial}{\partial W_s}[(\boldsymbol{R}_{XX}^{\text{MEE}})^{-1}\boldsymbol{P}_{dX}^{\text{MEE}}]=-[(\boldsymbol{R}_{XX}^{\text{MEE}})^{-1}]\left[\frac{\partial}{\partial W_s}\boldsymbol{R}_{XX}^{\text{MEE}}\right][(\boldsymbol{R}_{XX}^{\text{MEE}})^{-1}]\\&=-[(\boldsymbol{R}_{XX}^{\text{MEE}})^{-1}]\left\{\frac{1}{N^2}\sum_{i=1}^{N}\sum_{j=1}^{N}\frac{\partial}{\partial W_s}[K_{\sqrt{2}\sigma}(\Delta\boldsymbol{e}(i,j))(\boldsymbol{X}_{qp}(i)-\boldsymbol{X}_{ap}(j))(\boldsymbol{X}_{ap}(i)-\boldsymbol{X}_{ap}(j))^{\text{T}}]\right\}f(\boldsymbol{W})\\&\quad+[(\boldsymbol{R}_{XX}^{\text{MEE}})^{-1}]\left\{\frac{1}{N^2}\sum_{i=1}^{N}\sum_{j=1}^{N}\frac{\partial}{\partial W_s}[K_{\sqrt{2}\sigma}(\Delta\boldsymbol{e}(i,j))(\boldsymbol{d}_{ap}(i)-\boldsymbol{d}_{ap}(j))(\boldsymbol{X}_{ap}(i)-\boldsymbol{X}_{ap}(j))]\right\}\end{aligned} \tag{4.42}$$

将式(4.42)中误差信号的核函数对于任意时刻 s 的滤波器系数向量 $\boldsymbol{W}_s$ 求偏微商可得：

$$\begin{aligned}\frac{\partial}{\partial\boldsymbol{W}_s}f(\boldsymbol{W})=&-[(\boldsymbol{R}_{XX}^{\text{MEE}})^{-1}]f(\boldsymbol{W})\times\left\{\frac{1}{2\sigma^2N^2}\sum_{i=1}^{N}\sum_{j=1}^{N}(\boldsymbol{e}_{ap}(i)-\boldsymbol{e}_{ap}(j))(\boldsymbol{X}_s(i)\right.\\&\left.-\boldsymbol{X}_s(j))K_{\sqrt{2}\sigma}(\Delta\boldsymbol{e}(i,j))(\boldsymbol{X}_{ap}(i)-\boldsymbol{X}_{ap}(j))(\boldsymbol{X}_{ap}(i)-\boldsymbol{X}_{ap}(j))^{\text{T}}\right\}\\&+[(\boldsymbol{R}_{XX}^{\text{MEE}})^{-1}]\left\{\frac{1}{2\sigma^2N^2}\sum_{i=1}^{N}\sum_{j=1}^{N}(\boldsymbol{e}_{ap}(i)-\boldsymbol{e}_{ap}(j))(\boldsymbol{X}_s(i)\right.\\&\left.-\boldsymbol{X}_s(j))K_{\sqrt{2}\sigma}(\Delta\boldsymbol{e}(i,j))(\boldsymbol{d}_{ap}(i)-\boldsymbol{d}_{ap}(j))(\boldsymbol{X}_{ap}(i)-\boldsymbol{X}_{ap}(j))\right\}\end{aligned} \tag{4.43}$$

按照收缩映射原理，只有 $f(\boldsymbol{W})$ 满足式(4.43)中的两个取值范围，基于 MEE 准则的目标函数 F_{MEE} 才会依据收缩映射定理收敛到最优解。所以分下面两个部分来证明。

对于所有的 $\boldsymbol{W}\in\{\boldsymbol{W}\in\mathbb{R}^m:\|\boldsymbol{W}\|_1\leqslant\beta\}$，均有 $\|f(\boldsymbol{W})\|_1\leqslant\beta$。

证明：

对式(4.40)两边取 l_1 范数可得：

$$\|f(\boldsymbol{W})\|_1=\|(\boldsymbol{R}_{XX}^{\text{MEE}})^{-1}\boldsymbol{P}_{dX}^{\text{MEE}}\|_1\leqslant\|(\boldsymbol{R}_{XX}^{\text{MEE}})^{-1}\|_1\|\boldsymbol{P}_{dX}^{\text{MEE}}\|_1 \tag{4.44}$$

其中 $\|(\boldsymbol{R}_{XX}^{\mathrm{MEE}})^{-1}\|_1$ 为逆矩阵 $(\boldsymbol{R}_{XX}^{\mathrm{MEE}})^{-1}$ 的 l_1 范数。根据矩阵理论，以下不等式成立：

$$\|(\boldsymbol{R}_{XX}^{\mathrm{MEE}})^{-1}\|_1 \leqslant \sqrt{m}\ \|(\boldsymbol{R}_{XX}^{\mathrm{MEE}})^{-1}\|_2 = \sqrt{m}\lambda_{\max}[(\boldsymbol{R}_{XX}^{\mathrm{MEE}})^{-1}] \tag{4.45}$$

$\|(\boldsymbol{R}_{XX}^{\mathrm{MEE}})^{-1}\|_2$ 为逆矩阵 $(\boldsymbol{R}_{XX}^{\mathrm{MEE}})^{-1}$ 的 l_2 范数，即求该矩阵的最大特征值。由于总存在一个滤波器系数 $\|\boldsymbol{W}\|_1$ 的上界 β，所以根据误差信号、输入信号和理想信号之间的关系可知：

$$\begin{aligned}
|\boldsymbol{e}_{ap}(i)-\boldsymbol{e}_{ap}(j)| &= |\boldsymbol{d}_{ap}(i)-\boldsymbol{d}_{ap}(j)-\boldsymbol{W}^{\mathrm{T}}(\boldsymbol{X}_{ap}(i)-\boldsymbol{X}_{ap}(j))| \\
&\leqslant \|\boldsymbol{W}\|_1\ \|\boldsymbol{X}_{ap}(i)-\boldsymbol{X}_{ap}(j)\|_1 + |\boldsymbol{d}_{ap}(i)-\boldsymbol{d}_{ap}(j)| \\
&\leqslant \beta\ \|\boldsymbol{X}_{ap}(i)-\boldsymbol{X}_{ap}(j)\|_1 + |\boldsymbol{d}_{ap}(i)-\boldsymbol{d}_{ap}(j)|
\end{aligned} \tag{4.46}$$

由式(4.45)和式(4.46)可得：

$$\begin{aligned}
\lambda_{\max}[(\boldsymbol{R}_{XX}^{\mathrm{MEE}})^{-1}] &= \frac{1}{\lambda_{\min}[\boldsymbol{R}_{XX}^{\mathrm{MEE}}]} \\
&= \frac{N^2}{\lambda_{\min}\left[\sum_{i=1}^{N}\sum_{j=1}^{N}K_{\sqrt{2}\sigma}(\boldsymbol{e}_{ap}(i)-\boldsymbol{e}_{ap}(j))[\boldsymbol{X}_{ap}(i)-\boldsymbol{X}_{ap}(j)][\boldsymbol{X}_{ap}(i)-\boldsymbol{X}_{ap}(j)]^{\mathrm{T}}\right]} \\
&\leqslant \frac{N^2}{\lambda_{\min}\left[\sum_{i=1}^{N}\sum_{j=1}^{N}K_{\sqrt{2}\sigma}(\beta\ \|\boldsymbol{X}_{ap}(i)-\boldsymbol{X}_{ap}(j)\|_1+|\boldsymbol{d}_{ap}(i)-\boldsymbol{d}_{ap}(j)|)[\boldsymbol{X}_{ap}(i)-\boldsymbol{X}_{ap}(j)][\boldsymbol{X}_{ap}(i)-\boldsymbol{X}_{ap}(j)]^{\mathrm{T}}\right]}
\end{aligned} \tag{4.47}$$

根据高斯核函数的性质，对于任意随机变量 $\boldsymbol{X}$，都有 $K_{\sqrt{2}\sigma}(\boldsymbol{X}) \leqslant \frac{1}{2\sigma\sqrt{\pi}}$，所以同理可得：

$$\begin{aligned}
\|\boldsymbol{P}_{dX}^{\mathrm{MEE}}\|_1 &= \left\|\frac{1}{N^2}\sum_{i=1}^{N}\sum_{j=1}^{N}[K_{\sqrt{2}\sigma}(\boldsymbol{e}_{ap}(i)-\boldsymbol{e}_{ap}(j))(\boldsymbol{d}_{ap}(i)-\boldsymbol{d}_{ap}(j))(\boldsymbol{X}_{ap}(i)-\boldsymbol{X}_{ap}(j))]\right\|_1 \\
&\leqslant \frac{1}{N^2}\sum_{i=1}^{N}\sum_{j=1}^{N}\ \|K_{\sqrt{2}\sigma}(\boldsymbol{e}_{ap}(i)-\boldsymbol{e}_{ap}(j))[\boldsymbol{d}_{ap}(i)-\boldsymbol{d}_{ap}(j)][\boldsymbol{X}_{ap}(i)-\boldsymbol{X}_{ap}(j)]\|_1 \\
&\leqslant \frac{1}{2\sigma N^2\sqrt{\pi}}\sum_{i=1}^{N}\sum_{j=1}^{N}|\boldsymbol{d}_{ap}(i)-\boldsymbol{d}_{ap}(j)|\times\|\boldsymbol{X}_{ap}(i)-\boldsymbol{X}_{ap}(j)\|_1
\end{aligned} \tag{4.48}$$

根据式(4.45)～式(4.48)可得：

$$\begin{aligned}
\|f(\boldsymbol{W})\|_1 &\leqslant \frac{\frac{1}{2\sigma}\sqrt{\frac{m}{\pi}}\sum_{i=1}^{N}\sum_{j=1}^{N}|\boldsymbol{d}_{ap}(i)-\boldsymbol{d}_{ap}(j)|\times\|\boldsymbol{X}_{ap}(i)-\boldsymbol{X}_{ap}(j)\|_1}{\lambda_{\min}\left[\sum_{i=1}^{N}\sum_{j=1}^{N}K_{\sqrt{2}\sigma}(\beta\ \|\boldsymbol{X}_{ap}(i)-\boldsymbol{X}_{ap}(j)\|_1+|\boldsymbol{d}_{ap}(i)-\boldsymbol{d}_{ap}(j)|)[\boldsymbol{X}_{ap}(i)-\boldsymbol{X}_{ap}(j)][\boldsymbol{X}_{ap}(i)-\boldsymbol{X}_{ap}(j)]^{\mathrm{T}}\right]} \\
&= \frac{\sqrt{m}\sum_{i=1}^{N}\sum_{j=1}^{N}|\boldsymbol{d}_{ap}(i)-\boldsymbol{d}_{ap}(j)|\times\|\boldsymbol{X}_{ap}(i)-\boldsymbol{X}_{ap}(j)\|_1}{\lambda_{\min}\left[\sum_{i=1}^{N}\sum_{j=1}^{N}\exp\left(-\frac{(\beta\ \|\boldsymbol{X}_{ap}(i)-\boldsymbol{X}_{ap}(j)\|_1+|\boldsymbol{d}_{ap}(i)-\boldsymbol{d}_{ap}(j)|)^2}{4\sigma^2}\right)[\boldsymbol{X}_{ap}(i)-\boldsymbol{X}_{ap}(j)][\boldsymbol{X}_{ap}(i)-\boldsymbol{X}_{ap}(j)]^{\mathrm{T}}\right]}
\end{aligned}$$

$$= \varphi(\sigma) \tag{4.49}$$

由此可见，$\| f(\boldsymbol{W}) \|_1$ 是一个只与核宽度 σ 有关的函数，将其记为 $\varphi(\sigma)$。显然，函数 $\varphi(\sigma)$ 对自变量 σ 是连续且单调下降的，并且满足：

$$\lim_{\sigma \to 0_+} \varphi(\sigma) = \infty \tag{4.50}$$

$$\lim_{\sigma \to \infty} \varphi(\sigma) = \xi \tag{4.51}$$

其中，ξ 为一常数。当 $\beta > \xi$ 时，方程 $\varphi(\sigma) = \beta$ 有唯一解 σ^*。且当 $\sigma \geqslant \sigma^*$ 时，$\varphi(\sigma) \leqslant \beta$，即 $\| f(\boldsymbol{W}) \|_1 \leqslant \beta$。

因此，综上可以证得：

如果有：

$$\beta > \xi = \frac{\sqrt{m} \sum_{i=1}^{N} \sum_{j=1}^{N} | \boldsymbol{d}_{ap}(i) - \boldsymbol{d}_{ap}(j) | \times \| \boldsymbol{X}_{ap}(i) - \boldsymbol{X}_{ap}(j) \|_1}{\lambda_{\min} \left[\sum_{i=1}^{N} \sum_{j=1}^{N} [\boldsymbol{X}_{ap}(i) - \boldsymbol{X}_{ap}(j)] [\boldsymbol{X}_{ap}(i) - \boldsymbol{X}_{ap}(j)]^{\mathrm{T}} \right]} \tag{4.52}$$

且 $\sigma \geqslant \sigma^*$ 时，方程：

$$\varphi(\sigma) = \frac{\sqrt{m} \sum_{i=1}^{N} \sum_{j=1}^{N} | \boldsymbol{d}_{ap}(i) - \boldsymbol{d}_{ap}(j) | \times \| \boldsymbol{X}_{ap}(i) - \boldsymbol{X}_{ap}(j) \|_1}{\lambda_{\min} \left[\sum_{i=1}^{N} \sum_{j=1}^{N} \exp\left(-\frac{(\beta \| \boldsymbol{X}_{ap}(i) - \boldsymbol{X}_{ap}(j) \|_1 + | \boldsymbol{d}_{ap}(i) - \boldsymbol{d}_{ap}(j) |)^2}{4\sigma^2} \right) [\boldsymbol{X}_{ap}(i) - \boldsymbol{X}_{ap}(j)][\boldsymbol{X}_{ap}(i) - \boldsymbol{X}_{ap}(j)]^{\mathrm{T}} \right]}$$

$$= \beta \tag{4.53}$$

$\sigma \in (0, \infty)$ 有唯一解 σ^*。所以，对于所有的 $\boldsymbol{W} \in \{ \boldsymbol{W} \in \mathbb{R}^m : \| \boldsymbol{W} \|_1 \leqslant \beta \}$，均有 $\| f(\boldsymbol{W}) \|_1 \leqslant \beta$，即保证算法收敛的第一个条件得证。

对于所有的 $\boldsymbol{W} \in \{ \boldsymbol{W} \in \mathbb{R}^m : \| \boldsymbol{W} \|_1 \leqslant \beta \}$，均有 $\| \nabla_{\boldsymbol{W}} f(\boldsymbol{W}) \|_1 = \left\| \frac{\partial f(\boldsymbol{W})}{\partial \boldsymbol{W}^{\mathrm{T}}} \right\|_1 \leqslant \alpha$。

证明：

对式(4.53)两边同时取 1 范数可得：

$$\begin{aligned}
&\left\| \frac{\partial}{\partial \boldsymbol{W}_s} f(\boldsymbol{W}) \right\|_1 \\
&= \Bigg\| -[(\boldsymbol{R}_{\boldsymbol{XX}}^{\mathrm{MEE}})^{-1}] \left\{ \frac{1}{2\sigma^2 N^2} \sum_{i=1}^{N} \sum_{j=1}^{N} (\boldsymbol{e}_{ap}(i) - \boldsymbol{e}_{ap}(j))(\boldsymbol{X}_s(i) - \boldsymbol{X}_s(j)) K_{\sqrt{2}\sigma}(\Delta \boldsymbol{e}(i,j))(\boldsymbol{X}_{ap}(i) - \boldsymbol{X}_{ap}(j))(\boldsymbol{X}_{ap}(i) - \boldsymbol{X}_{ap}(j))^{\mathrm{T}} \right\} f(\boldsymbol{W}) \\
&\quad + [(\boldsymbol{R}_{\boldsymbol{XX}}^{\mathrm{MEE}})^{-1}] \left\{ \frac{1}{2\sigma^2 N^2} \sum_{i=1}^{N} \sum_{j=1}^{N} (\boldsymbol{e}_{ap}(i) - \boldsymbol{e}_{ap}(j))(\boldsymbol{X}_s(i) - \boldsymbol{X}_s(j)) K_{\sqrt{2}\sigma}(\Delta \boldsymbol{e}(i,j))(\boldsymbol{d}_{ap}(i) - \boldsymbol{d}_{ap}(j))(\boldsymbol{X}_{ap}(i) - \boldsymbol{X}_{ap}(j)) \right\} \Bigg\|_1 \\
&\leqslant \left\| [(\boldsymbol{R}_{\boldsymbol{XX}}^{\mathrm{MEE}})^{-1}] \left\{ \frac{1}{2\sigma^2 N^2} \sum_{i=1}^{N} \sum_{j=1}^{N} (\boldsymbol{e}_{ap}(i) - \boldsymbol{e}_{ap}(j))(\boldsymbol{X}_s(i) - \boldsymbol{X}_s(j)) K_{\sqrt{2}\sigma}(\Delta \boldsymbol{e}(i,j))(\boldsymbol{X}_{ap}(i) - \boldsymbol{X}_{ap}(j))(\boldsymbol{X}_{ap}(i) - \boldsymbol{X}_{ap}(j))^{\mathrm{T}} \right\} f(\boldsymbol{W}) \right\|_1 \\
&\quad + \left\| [(\boldsymbol{R}_{\boldsymbol{XX}}^{\mathrm{MEE}})^{-1}] \left\{ \frac{1}{2\sigma^2 N^2} \sum_{i=1}^{N} \sum_{j=1}^{N} (\boldsymbol{e}_{ap}(i) - \boldsymbol{e}_{ap}(j))(\boldsymbol{X}_s(i) - \boldsymbol{X}_s(j)) K_{\sqrt{2}\sigma}(\Delta \boldsymbol{e}(i,j))(\boldsymbol{d}_{ap}(i) - \boldsymbol{d}_{ap}(j))(\boldsymbol{X}_{ap}(i) - \boldsymbol{X}_{ap}(j)) \right\} \right\|_1
\end{aligned} \tag{4.54}$$

由式(4.54)中的第一项可以推得：

$$\left\|\left[(\boldsymbol{R}_{XX}^{\mathrm{MEE}})^{-1}\right]\left\{\frac{1}{2\sigma^2N^2}\sum_{i=1}^{N}\sum_{j=1}^{N}(\boldsymbol{e}_{ap}(i)-\boldsymbol{e}_{ap}(j))(\boldsymbol{X}_s(i)-\boldsymbol{X}_s(j))K_{\sqrt{2}\sigma}(\Delta\boldsymbol{e}(i,j))(\boldsymbol{X}_{ap}(i)-\boldsymbol{X}_{ap}(j))(\boldsymbol{X}_{ap}(i)-\boldsymbol{X}_{ap}(j))^{\mathrm{T}}\right\}f(\boldsymbol{W})\right\|_1$$
$$\leqslant\frac{1}{2\sigma^2N^2}\|(\boldsymbol{R}_{XX}^{\mathrm{MEE}})^{-1}\|_1\left\|\sum_{i=1}^{N}\sum_{j=1}^{N}(\boldsymbol{e}_{ap}(i)-\boldsymbol{e}_{ap}(j))(\boldsymbol{X}_s(i)-\boldsymbol{X}_s(j))K_{\sqrt{2}\sigma}(\Delta\boldsymbol{e}(i,j))[\boldsymbol{X}_{ap}(i)-\boldsymbol{X}_{ap}(j)][\boldsymbol{X}_{ap}(i)-\boldsymbol{X}_{ap}(j)]^{\mathrm{T}}\right\|_1\|f(\boldsymbol{W})\|_1 \tag{4.55}$$

根据 l_1 范数的性质，并且 $\|f(\boldsymbol{W})\|_1\leqslant\beta$，可由式(4.55)推得：

$$\frac{1}{2\sigma^2N^2}\|(\boldsymbol{R}_{XX}^{\mathrm{MEE}})^{-1}\|_1\left\|\sum_{i=1}^{N}\sum_{j=1}^{N}(\boldsymbol{e}_{ap}(i)-\boldsymbol{e}_{ap}(j))(\boldsymbol{X}_s(i)-\boldsymbol{X}_s(j))K_{\sqrt{2}\sigma}(\Delta\boldsymbol{e}(i,j))\right.$$
$$\left.[\boldsymbol{X}_{ap}(i)-\boldsymbol{X}_{ap}(j)][\boldsymbol{X}_{ap}(i)-\boldsymbol{X}_{ap}(j)]^{\mathrm{T}}\right\|_1\|f(\boldsymbol{W})\|_1$$
$$\leqslant\frac{\beta}{2\sigma^2N^2}\|(\boldsymbol{R}_{XX}^{\mathrm{MEE}})^{-1}\|_1\left\{\sum_{i=1}^{N}\sum_{j=1}^{N}\|(\boldsymbol{e}_{ap}(i)-\boldsymbol{e}_{ap}(j))(\boldsymbol{X}_s(i)-\boldsymbol{X}_s(j))K_{\sqrt{2}\sigma}(\Delta\boldsymbol{e}(i,j))\right.$$
$$\left.[\boldsymbol{X}_{ap}(i)-\boldsymbol{X}_{ap}(j)][\boldsymbol{X}_{ap}(i)-\boldsymbol{X}_{ap}(j)]^{\mathrm{T}}\|_1\right\} \tag{4.56}$$

由期望信号与误差信号之间的关系及不等式性质可知：

$$|(\boldsymbol{e}_{ap}(i)-\boldsymbol{e}_{ap}(j))(\boldsymbol{X}_s(i)-\boldsymbol{X}_s(j))|$$
$$\leqslant(\beta\|\boldsymbol{X}_{ap}(i)-\boldsymbol{X}_{ap}(j)\|_1+|\boldsymbol{d}_{ap}(i)-\boldsymbol{d}_{ap}(j)|)\|\boldsymbol{X}_{ap}(i)-\boldsymbol{X}_{ap}(j)\|_1 \tag{4.57}$$

并且对于任意 $\boldsymbol{X}$，都有 $K_{\sqrt{2}\sigma}(\boldsymbol{X})\leqslant\dfrac{1}{2\sigma\sqrt{\pi}}$。可由式(4.57)推得：

$$\frac{\beta}{2\sigma^2N^2}\|(\boldsymbol{R}_{XX}^{\mathrm{MEE}})^{-1}\|_1\left\{\sum_{i=1}^{N}\sum_{j=1}^{N}\|(\boldsymbol{e}_{ap}(i)-\boldsymbol{e}_{ap}(j))(\boldsymbol{X}_s(i)-\boldsymbol{X}_s(j))K_{\sqrt{2}\sigma}(\Delta\boldsymbol{e}(i,j))\right.$$
$$\left.[\boldsymbol{X}_{ap}(i)-\boldsymbol{X}_{ap}(j)][\boldsymbol{X}_{ap}(i)-\boldsymbol{X}_{ap}(j)]^{\mathrm{T}}\|_1\right\}$$
$$\leqslant\frac{\beta}{4\sigma^3N^2\sqrt{\pi}}\|(\boldsymbol{R}_{XX}^{\mathrm{MEE}})^{-1}\|_1\left\{\sum_{i=1}^{N}\sum_{j=1}^{N}(\beta\|\boldsymbol{X}_s(i)-\boldsymbol{X}_s(j)\|_1\right.$$
$$\left.+|\boldsymbol{d}_{ap}(i)-\boldsymbol{d}_{ap}(j)|)\|\boldsymbol{X}_{ap}(i)-\boldsymbol{X}_{ap}(j)\|_1\|[\boldsymbol{X}_{ap}(i)-\boldsymbol{X}_{ap}(j)][\boldsymbol{X}_{ap}(i)-\boldsymbol{X}_{ap}(j)]^{\mathrm{T}}\|_1\right\} \tag{4.58}$$

同理，由式(4.54)中的第二项可以推得：

$$\left\|\left[(\boldsymbol{R}_{XX}^{\mathrm{MEE}})^{-1}\right]\left\{\frac{1}{2\sigma^2N^2}\sum_{i=1}^{N}\sum_{j=1}^{N}(\boldsymbol{e}_{ap}(i)-\boldsymbol{e}_{ap}(j))(\boldsymbol{X}_s(i)-\boldsymbol{X}_s(j))K_{\sqrt{2}\sigma}(\Delta\boldsymbol{e}(i,j))(\boldsymbol{d}_{ap}(i)-\boldsymbol{d}_{ap}(j))(\boldsymbol{X}_{ap}(i)-\boldsymbol{X}_{ap}(j))\right\}\right\|_1$$
$$\leqslant\frac{1}{2\sigma^2N^2}\|(\boldsymbol{R}_{XX}^{\mathrm{MEE}})^{-1}\|_1\left\{\sum_{i=1}^{N}\sum_{j=1}^{N}\|(\boldsymbol{e}_{ap}(i)-\boldsymbol{e}_{ap}(j))(\boldsymbol{X}_s(i)-\boldsymbol{X}_s(j))K_{\sqrt{2}\sigma}(\Delta\boldsymbol{e}(i,j))\right.$$

$$[\boldsymbol{d}_{ap}(i)-\boldsymbol{d}_{ap}(j)][\boldsymbol{X}_{ap}(i)-\boldsymbol{X}_{ap}(j)]\|_1\Big\}$$

$$\leqslant\frac{1}{4\sigma^3N^2\sqrt{\pi}}\|(\boldsymbol{R}_{XX}^{\mathrm{MEE}})^{-1}\|_1\Big\{\sum_{i=1}^{N}\sum_{j=1}^{N}(\beta\|\boldsymbol{X}_{ap}(i)-\boldsymbol{X}_{ap}(j)\|_1$$

$$+|\boldsymbol{d}_{ap}(i)-\boldsymbol{d}_{ap}(j)|)\times|\boldsymbol{d}_{ap}(i)-\boldsymbol{d}_{ap}(j)|\times\|\boldsymbol{X}_{ap}(i)-\boldsymbol{X}_{ap}(j)\|_1^2\Big\}\tag{4.59}$$

结合式(4.35)、式(4. 37)、式(4.54)、式(4.58)、式(4.59)得:

$$\left\|\frac{\partial}{\partial W_s}f(\boldsymbol{W})\right\|_1\leqslant\frac{\beta}{4N^2\sigma^3\sqrt{\pi}}\|(\boldsymbol{R}_{XX}^{\mathrm{MEE}})^{-1}\|_1$$

$$\times\Big\{\sum_{i=1}^{N}\sum_{j=1}^{N}(\beta\|\boldsymbol{X}_{ap}(i)-\boldsymbol{X}_{ap}(j)\|_1+|\boldsymbol{d}_{ap}(i)-\boldsymbol{d}_{ap}(j)|)\|\boldsymbol{X}_{ap}(i)-\boldsymbol{X}_{ap}(j)\|_1$$

$$\|[\boldsymbol{X}_{ap}(i)-\boldsymbol{X}_{ap}(j)][\boldsymbol{X}_{ap}(i)-\boldsymbol{X}_{ap}(j)]^{\mathrm{T}}\|_1\Big\}$$

$$+\frac{1}{4N^2\sigma^3\sqrt{\pi}}\|(\boldsymbol{R}_{XX}^{\mathrm{MEE}})^{-1}\|_1\Big\{\sum_{i=1}^{N}\sum_{j=1}^{N}(\beta\|\boldsymbol{X}_{ap}(i)-\boldsymbol{X}_{ap}(j)\|_1+|\boldsymbol{d}_{ap}(i)-\boldsymbol{d}_{ap}(j)|)$$

$$\times|\boldsymbol{d}_{ap}(i)-\boldsymbol{d}_{ap}(j)|\times\|\boldsymbol{X}_{ap}(i)-\boldsymbol{X}_{ap}(j)\|_1^2\Big\}$$

$$\leqslant\frac{\gamma\sqrt{m/\pi}}{4\sigma^3\lambda_{\min}\left[\sum_{i=1}^{N}\sum_{j=1}^{N}(\beta\|\boldsymbol{X}_{ap}(i)-\boldsymbol{X}_{ap}(j)\|_1+|\boldsymbol{d}_{ap}(i)-\boldsymbol{d}_{ap}(j)|)[\boldsymbol{X}_{ap}(i)-\boldsymbol{X}_{ap}(j)][\boldsymbol{X}_{ap}(i)-\boldsymbol{X}_{ap}(j)]^{\mathrm{T}}\right]}$$

$$=\frac{\gamma\sqrt{m}}{2\sigma^2\lambda_{\min}\left[\sum_{i=1}^{N}\sum_{j=1}^{N}\exp\left(-\frac{(\beta\|\boldsymbol{X}_{ap}(i)-\boldsymbol{X}_{ap}(j)\|_1+|\boldsymbol{d}_{ap}(i)-\boldsymbol{d}_{ap}(j)|)^2}{4\sigma^2}\right)[\boldsymbol{X}_{ap}(i)-\boldsymbol{X}_{ap}(j)][\boldsymbol{X}_{ap}(i)-\boldsymbol{X}_{ap}(j)]^{\mathrm{T}}\right]}$$

$$=\psi(\sigma)\tag{4.60}$$

显然,$\psi(\sigma)$ 是一个关于 σ, 且单调下降的函数。并且 $\psi(\sigma)$ 满足:

$$\lim_{\sigma\to\infty}\psi(\sigma)=\infty\tag{4.61}$$

$$\lim_{\sigma\to\infty}\psi(\sigma)=0\tag{4.62}$$

因此, 对于 $0<\alpha<1$, 方程 $\psi(\sigma)=\alpha$ 有唯一解 $\sigma^{\dagger}$, 当 $\sigma\geqslant\sigma^{\dagger}$ 时, 均有 $\psi(\sigma)\leqslant\alpha$。

综上可以证得:

如果有

$$\beta>\xi=\frac{\sqrt{m}\sum_{i=1}^{N}\sum_{j=1}^{N}|\boldsymbol{d}_{ap}(i)-\boldsymbol{d}_{ap}(j)|\times\|\boldsymbol{X}_{ap}(i)-\boldsymbol{X}_{ap}(j)\|_1}{\lambda_{\min}\left[\sum_{i=1}^{N}\sum_{j=1}^{N}[\boldsymbol{X}_{ap}(i)-\boldsymbol{X}_{ap}(j)][\boldsymbol{X}_{ap}(i)-\boldsymbol{X}_{ap}(j)]^{\mathrm{T}}\right]}\tag{4.63}$$

且 $\sigma\geqslant\max\{\sigma^*,\sigma^{\dagger}\}$ 时, 方程

$$\psi(\sigma)=\frac{\gamma\sqrt{m}}{2\sigma^2\lambda_{\min}\left[\sum_{i=1}^{N}\sum_{j=1}^{N}\exp\left(-\frac{(\beta\|X_{ap}(i)-X_{ap}(j)\|_1+|d_{ap}(i)-d_{ap}(j)|)^2}{4\sigma^2}\right)[X_{ap}(i)-X_{ap}(j)][X_{ap}(i)-X_{ap}(j)]^{\mathrm{T}}\right]}$$
$$=\alpha \tag{4.64}$$

当 $\sigma\in(0,\infty)$ 时，有唯一解 $\sigma^{\dagger}$。

综合以上两部分证明的结论，对于所有的 $\boldsymbol{W}\in\{\boldsymbol{W}\in\mathbb{R}^m:\|\boldsymbol{W}\|_1\leqslant\beta\}$，均有 $\|f(\boldsymbol{W})\|_1\leqslant\beta$，且同时保证 $\|\nabla_{\boldsymbol{W}}f(\boldsymbol{W})\|_1\leqslant\alpha$。所以，满足了式(4.41)中的两个条件，由收缩映射定理可知，$\boldsymbol{W}_{\mathrm{MEE}}^{*}=(\boldsymbol{R}_{XX}^{\mathrm{MEE}})^{-1}\boldsymbol{P}_{dX}^{\mathrm{MEE}}$ 为 MEE 算法的最优解，从而证明了 MEE 算法的收敛性。

由于在本书的实验仿真中，输入的随机变量 $\boldsymbol{X}_{ap}$ 是平稳过程，所以输入信号的自相关函数的估计值 $\hat{\boldsymbol{R}}^{-1}(k)$ 只与时间差有关，即：

$$\hat{\boldsymbol{R}}^{-1}(k)=\sum_{i=1}^{k}\sum_{j=1}^{k}\{[\boldsymbol{X}_{ap}(i)-\boldsymbol{X}_{ap}(j)]^{\mathrm{T}}[\boldsymbol{X}_{ap}(i)-\boldsymbol{X}_{ap}(j)]\}^{-1} \tag{4.65}$$

根据平稳随机过程的自相关函数的性质可知：

$$|\hat{\boldsymbol{R}}_{XX}(i,j)|\leqslant\hat{\boldsymbol{R}}_{XX}(0) \tag{4.66}$$

即 $\hat{\boldsymbol{R}}_{XX}(k)$ 存在最大值 $\hat{\boldsymbol{R}}_{XX}(0)$，也就是说尽管引入了牛顿方法，但由于 $\hat{\boldsymbol{R}}_{XX}(k)$ 存在着一个上限，并不影响本书所提出的 MEE-MPAPA-Newton 算法的收敛性。综上所述，可以得出结论基于最小误差熵准则，并结合牛顿方法、仿射投影方法和系数比例方法得出的 MEE-MPAPA-Newton 算法收敛。

综上所述，算法总结如表 4.1 所示。

表 4.1　**MEE-MPAPA-Newton 算法总结**

MEE-MPAPA-Newton 算法
初始化：$\boldsymbol{W}(0)=0,\ \mu=0.02$
参数设置：$\varepsilon=0.01,\ P=4,\ L=120,\ SNR=10$
for　$k=1:N$
迭代过程：$\boldsymbol{W}(k)=[W(k),\ W(k-1),\ \cdots,\ W(k-L+1)]^{\mathrm{T}}$
for　$l=1:L$
$F(W_l(k))=\ln(1+\mu\lvert W_l(k)\rvert)$
$L_{\max}=\max\{\delta_p,\ F(W_l(k)),\ \cdots,\ F(W_l(k))\}$
$\gamma_l(k)=\max\{F(W_l(k)),\ \rho L_{\max}\}$
$g_n(k)=\dfrac{\gamma_l(k)}{\frac{1}{N}\sum_{i=0}^{N-1}\lvert\gamma_i(k)\rvert}$

续表

MEE-MPAPA-Newton 算法
$G(n) = \text{diag}\{g_0(n) \cdots g_{L-1}(n)\}$
end
$e_{ap}(k) = d(k) - X_{ap}(k)W_{ap}(k)$
$K_\sigma(\Delta e_{ap}(i,j)) = \frac{1}{\sqrt{2\pi}}\exp\left(-\frac{(e_{ap}(i) - e_{ap}(j))^2}{2\sigma^2}\right)$
$\hat{R}_{XX}(k) = \frac{1}{k+1}\sum_{i=0}^{k} X_{ap}^{\mathrm{T}}(i)X_{ap}(i)$
$W(k+1) = W(k) - \frac{\mu}{2\sigma^2}\sum_{i=1}^{N}\sum_{j=1}^{N}\left[\frac{G(k)}{\varepsilon I + G(k)\hat{R}_{XX}(k)}K_{\sqrt{2}\sigma}(\Delta e_{ap}(i,j))\Delta e_{ap}(i,j)(X_{ap}(i) - X_{ap}(j))\right]$

4.4 凸组合最小误差熵仿射投影算法

4.4.1 算法推导

凸组合滤波器的一般结构如图 4.1 所示。由图可知，凸组合滤波器由两个对称的滤波器构成，其中每个滤波器独立计算误差信号并向滤波算法进行反馈。并自行根据误差信号的反馈来实时调整滤波器抽头系数。图 4.1 中上半部分为基于标准 APA 算法的滤波器，下半部分为基于最小误差熵准则算法的滤波器。两个滤波器的输出 $y_1(k)$ 和 $y_2(k)$ 经由一个混合系数调整后 $\vartheta(k)$ 按如下准则重组：

$$y(k) = \vartheta(k)y_1(k) + (1 - \vartheta(k))y_2(k) \tag{4.67}$$

重组后得到滤波器的总输出 $y(k)$，并与期望信号 $d(k)$ 求差值得出总误差信号 $e(k)$，$e(k)$ 的表达式为：

$$e(k) = d(k) - y(k) \tag{4.68}$$

误差信号 $e(k)$ 分两路分别反馈给混合系数 $\vartheta(k)$。$\vartheta(k)$ 的取值范围为(0, 1)，其定义为：

$$\vartheta(k) = \text{sgm}[\xi(k)] = \frac{1}{1 - e(k)^{-\xi(k)}} \tag{4.69}$$

其中，sgm[·]为 Sigmoidal 函数，误差信号 $e(k)$ 与参数 $\xi(k)$ 同时对混合系数 $\vartheta(k)$ 进行更新。

混合系数 $\vartheta(k)$ 作为凸组合滤波器的关键，承担着整合两种不同类型滤波器系数的任务。在本书提出的 CMEEAPA 算法中，经过混合系数整合后的总滤波器权向量系数为：

$$W(k) = \vartheta(k)W_1(k) + (1 - \vartheta(k))W_2(k) \tag{4.70}$$

其中 $\vartheta(k)$ 为混合系数，$W_1(k)$、$W_2(k)$ 分别代表 APA 滤波器和 MEE 滤波器的权向量。在凸组合理论下，两种算法的更新方程分别为：

$$\boldsymbol{W}_1(k+1)=\boldsymbol{W}_1(k)+\mu_1\boldsymbol{X}_{ap}(k)\left(\lambda\boldsymbol{I}+\boldsymbol{X}_{ap}^{\mathrm{T}}(k)\boldsymbol{X}_{ap}(k)\right)^{-1}\boldsymbol{e}_1(k) \tag{4.71}$$

$$W_2(k+1)=\alpha\left\{W_2(k)+\frac{\mu_2}{2L^2\sigma^2}\sum_{i=k-L+1}^{k}\sum_{j=k-L+1}^{k}\left[K_{\sigma\sqrt{2}}(\Delta\boldsymbol{e}_2(i,j))\Delta\boldsymbol{e}_2(i,j)(X_{ap}(i)-X_{ap}(j))\right]\right\}+(1-\alpha)\boldsymbol{W}_1(k) \tag{4.72}$$

其中，L 为滤波器的长度。$\boldsymbol{I}$ 为单位矩阵，λ 为一个很小的正数，$\lambda\boldsymbol{I}$ 项的引入是为了防止分子部分的自相关矩阵出现不满秩的情况。K 为核函数，在最小误差熵准则中选用的是高斯核函数，σ 为核函数的宽度。μ_1 和 μ_2 分别为两种算法的步长参数。$\boldsymbol{e}_1(k)$ 和 $\boldsymbol{e}_2(k)$ 分别为两种算法的误差信号。α 为平滑参数，取值范围为(0，1)。在 MEE 算法的更新方程中引入平滑参数 α 的目的是使每次迭代在两种更新方程之间得以平滑过渡，避免由两种子算法的更新方程之间差异过大导致凸组合算法出现波动。由于凸组合滤波算法中有 APA 算法的存在，所以相应的输入信号应基于仿射投影理论做出相应处理。其中 $\boldsymbol{X}_{ap}(k)$ 为仿射投影算法中经过数据重用后的输入信号，其表达式为：

$$\boldsymbol{X}_{ap}(k)=\begin{bmatrix} X(k) & \cdots & X(k-P) \\ \vdots & & \vdots \\ X(k-N) & \cdots & X(k-P-N) \end{bmatrix} \tag{4.73}$$

由图 4.1 可以看出，基于凸组合理论的自适应滤波算法实际上是由四个自适应结构组合而成的，其中包括两个滤波器的权向量 $\boldsymbol{W}_1(k)$、$\boldsymbol{W}_2(k)$ 和两组自适应的混合系数 $\vartheta(k)$、$1-\vartheta(k)$。其中两个权向量 $\boldsymbol{W}_1(k)$、$\boldsymbol{W}_2(k)$ 分别由各自算法的误差信号 $\boldsymbol{e}_1(k)$ 和 $\boldsymbol{e}_2(k)$ 提供反馈，并由各自不同的更新方程进行迭代更新。而两组混合系数 $\vartheta(k)$、$1-\vartheta(k)$ 由总误差信号 $\boldsymbol{e}(k)$ 提供反馈，并借由参数 $\xi(k)$ 进行迭代更新。

参数 $\xi(k)$ 是混合系数更新的关键。基于梯度理论，采用最小误差熵准则来替代最小均方误差准则作为目标函数，从而可以得到参数 $\xi(k)$ 的更新方程。

$$\xi(k+1)=\xi(k)+\mu_\xi\frac{\partial F_{\mathrm{MEE}}(\boldsymbol{e})}{\partial\xi(k)} \tag{4.74}$$

其中 μ_ξ 表示参数 $\xi(n)$ 的步长。$\boldsymbol{e}(k)$ 为总误差信号。同时，参数 ρ 的表达式为：

$$\rho=(y_1(i)-y_2(i))\vartheta(i)(1-\vartheta(i))-(y_1(j)-y_2(j))\vartheta(j)(1-\vartheta(j)) \tag{4.75}$$

另外，为了防止 $\vartheta(k)(\vartheta(1-k))$ 在迭代过程中出现为 0 的情况，从而导致算法的更新停止，参数 $\xi(n)$ 的值常常被限制在某一固定区域。

由上述理论推导可知，本书提出的凸组合滤波算法由两个不同原理、不同性能的子算法构成。在算法工作的初始阶段，步长较大的子算法(APA)起主导作用，优先保证算法在初始时刻有较快的收敛速度。当算法逐渐向稳态靠近时，主导的子算法变为步长较小的 MEE 算法。此时算法依靠 MEE 准则对于误差信号约束的优势，使得算法进入稳态之后可以维持一个较小的稳态误差。因此，CMEEAPA 算法可以充分利用两种子算法的优势，弥补单一算法的缺陷。

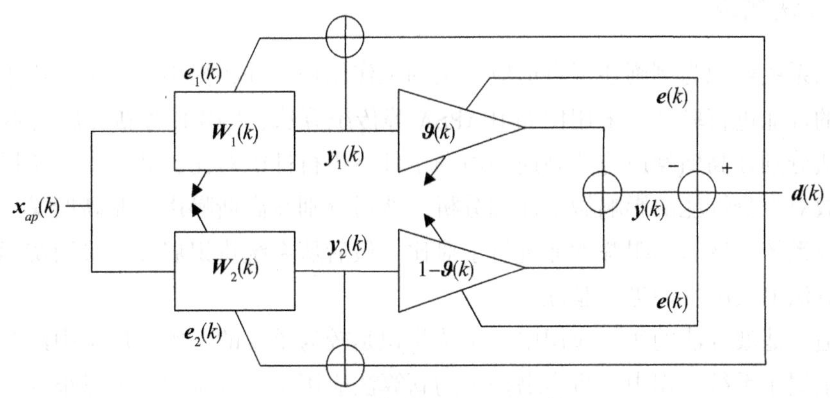

图 4.1 凸组合滤波器的结构

综上所述，本章的 CMEEAPA 算法总结如表 4.2 所示。

表 4.2 **CMEEPAPA 算法总结**

CMEEAPA 算法

初始化：$\boldsymbol{W}_1(0)=0$，$\boldsymbol{W}_2(0)=0$，$\mu_1=0.025$，$\mu_2=0.01$，$\alpha=0.9$

参数设置：$\varepsilon=0.01$，$P=4$，$L=120$，$SNR=10$

for $k=1:N$

迭代过程：$\boldsymbol{W}(k)=[W(k),W(k-1),\cdots,W(k-L+1)]^{\mathrm{T}}$

$$X_{ap}(k)=\begin{bmatrix} X(k) & \cdots & X(k-P) \\ \vdots & & \vdots \\ X(k-N) & \cdots & X(k-P-N) \end{bmatrix}$$

$$\boldsymbol{e}_1(k)=\boldsymbol{d}(k)-\boldsymbol{X}_{ap}(k)\boldsymbol{W}_1(k)$$

$$\boldsymbol{e}_2(k)=\boldsymbol{d}(k)-\boldsymbol{X}_{ap}(k)\boldsymbol{W}_2(k)$$

$$\boldsymbol{e}(k)=\boldsymbol{d}(k)-(\vartheta(k)y_1(k)+(1-\vartheta(k))\,y_2(k))$$

$$\vartheta(k)=\mathrm{sgm}[\xi(k)]=\frac{1}{1-e\,(k)^{-\xi(k)}}$$

$$\xi(k+1)=\xi(k)+\frac{\mu_\xi}{2L^2\sigma^2}\sum_{i=n-L+1}^{k}\sum_{j=n-L+1}^{k}[K_{\sqrt{2}\sigma}(\Delta e(i,j))(\Delta e(i,j))\rho]$$

$$\rho=(\boldsymbol{y}_1(i)-\boldsymbol{y}_2(i))\vartheta(i)(1-\vartheta(i))-(\boldsymbol{y}_1(j)-\boldsymbol{y}_2(j))\vartheta(j)(1-\vartheta(j))$$

$$\boldsymbol{W}_1(k+1)=\boldsymbol{W}_1(k)+\mu_1\boldsymbol{X}_{ap}(k)\,(\boldsymbol{\lambda I}+\boldsymbol{X}_{ap}^{\mathrm{T}}(k)\boldsymbol{X}_{ap}(k))^{-1}\boldsymbol{e}_1(k)$$

$$\boldsymbol{W}_2(k+1)=\alpha\left\{\boldsymbol{W}_2(k)+\frac{\mu_2}{2L^2\sigma^2}\sum_{i=k-L+1}^{k}\sum_{j=k-L+1}^{k}[K_{\sigma\sqrt{2}}(\Delta\boldsymbol{e}_2(i,j))\Delta\boldsymbol{e}_2(i,j)(\boldsymbol{X}_{qp}(i)-\boldsymbol{X}_{ap}(j))]\right\}+(1-\alpha)\boldsymbol{W}_1(k)$$

end

4.4.2　算法仿真

首先以系统辨识为例阐述了自适应算法的工作原理，并将提出的算法应用于系统辨识来对算法的性能进行验证，采用例如 IPAPSA 等传统算法、PMEE 等新算法与本书提出的两种新算法分别在高斯噪声与非高斯噪声的条件下进行性能对比，并对本书所提出的新算法中的参数对自身性能的影响做了详细分析。然后分别在高斯噪声与非高斯噪声的条件下对各算法在系统突变时的跟踪性能进行了对比。最后从系统辨识展开，采用实际的语音信号输入对算法的实际性能进行验证。

在自适应滤波算法的实际应用中，系统辨识是较为重要的一类。后文中涉及的回声消除系统也隶属于系统辨识中。将本书提出的新算法应用于系统辨识，可以很好地验证算法的性能。系统辨识的原理如图 4.2 所示。

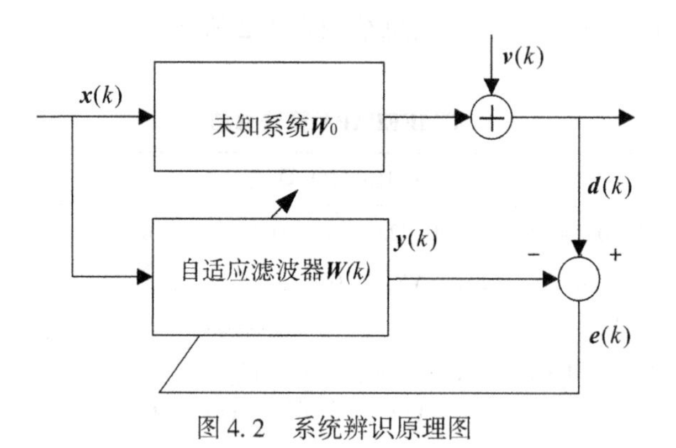

图 4.2　系统辨识原理图

图中，$\boldsymbol{x}(k)$ 表示输入信号，同时作用于未知系统和自适应滤波器，待辨识的未知系统为有限长度的线性时不变系统。假设输出端加入的噪声 $\boldsymbol{v}(k)$ 与输入信号无关，则未知系统的期望响应信号为：

$$\boldsymbol{d}(k) = \sum_{i=0}^{L-1} \boldsymbol{W}_0(i)\boldsymbol{x}(k-i) + \boldsymbol{v}(k) \tag{4.76}$$

L 为自适应滤波器的长度，k 表示滤波算法的迭代次数。假设未知系统的长度与自适应滤波器的长度相同均为 L，则滤波器的输出信号可以表示为：

$$\boldsymbol{y}(k) = \sum_{i=0}^{L-1} \boldsymbol{W}(i)\boldsymbol{x}(k-i) \tag{4.77}$$

系统辨识的最终目的是使输出信号经过若干次迭代计算之后向期望信号无限趋近，使误差信号 $e(k)$ 逐渐趋近于零。此时 $\boldsymbol{W}(k) \approx \boldsymbol{W}_0(k)$，使滤波器的系数能够对未知系统进行准确跟踪，从而达到系统辨识的目的。

在本书的仿真实验中，自适应滤波器的长度和未知系统的长度均设为 $L = 120$ 阶，仿射投影算法的投影阶数 $P = 4$。仿真结果在 20 次独立蒙特卡罗运行中取平均值，每次运行有 40000 次迭代。

为了验证算法在系统突变时的稳定性，设置两种不同的稀疏系统。两种稀疏系统 $h_1(k_1)$ 和 $h_2(k_2)$ 分别由式(4.57)和式(4.58)产生，稀疏度分别为 0.05833 和 0.10833。

$$h_1(k_1)=\frac{1}{k_1}\exp\left[-\frac{(k_1-15)^2}{5}\right]\times\sin\left[\pi\left(\frac{k_1-1}{6}\right)\right],\quad k_1=1:L \tag{4.78}$$

$$h_2(k_2)=\frac{1}{k_2}\exp\left[-\frac{(k_2-6)^2}{20}\right]\times\sin\left[\pi\left(\frac{k_2-1}{6}\right)\right],\quad k_2=1:L \tag{4.79}$$

当 $L=120$ 时，两种稀疏系统分别如图 4.3(a)和图 4.3(b)所示。

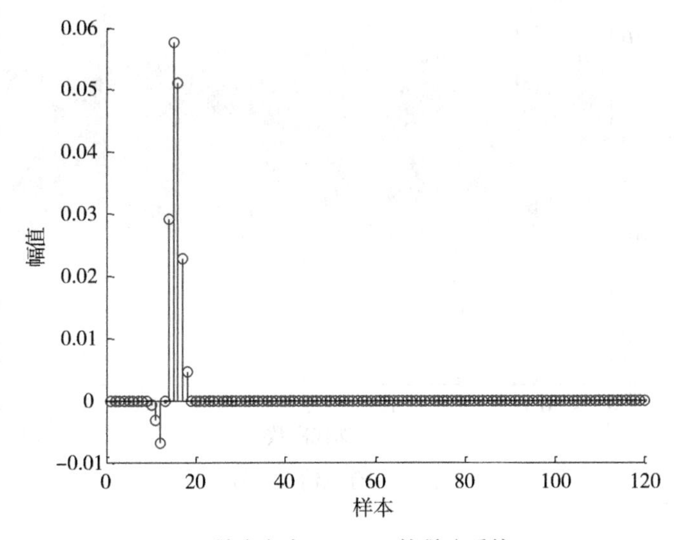

(a)稀疏度为 0.05833 的稀疏系统

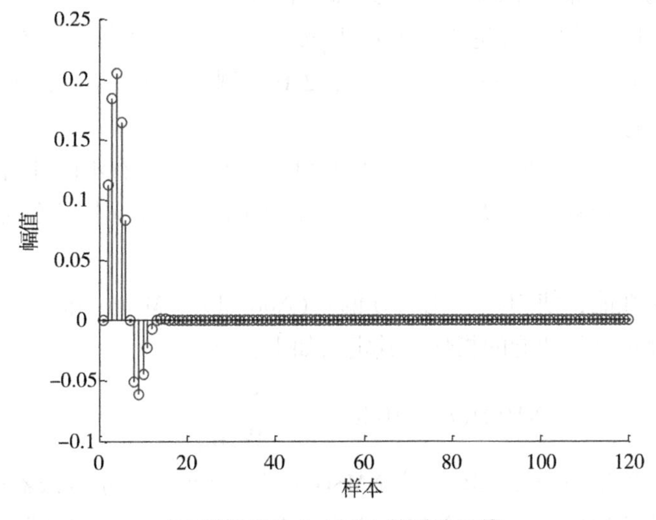

(b)稀疏度为 0.10833 的稀疏系统

图 4.3 仿真使用的稀疏系统

实验中的两种输入信号分别为零均值的高斯白噪声和有色信号，其中有色信号由均值为零的高斯白噪声通过 5 阶 AR 系统产生：

$$G(z) = \frac{1}{1 - 0.95z^{-1} - 0.19z^{-2} - 0.09z^{-3} + 0.5z^{-4}} \tag{4.80}$$

输入的有色信号如图 4.4 所示。

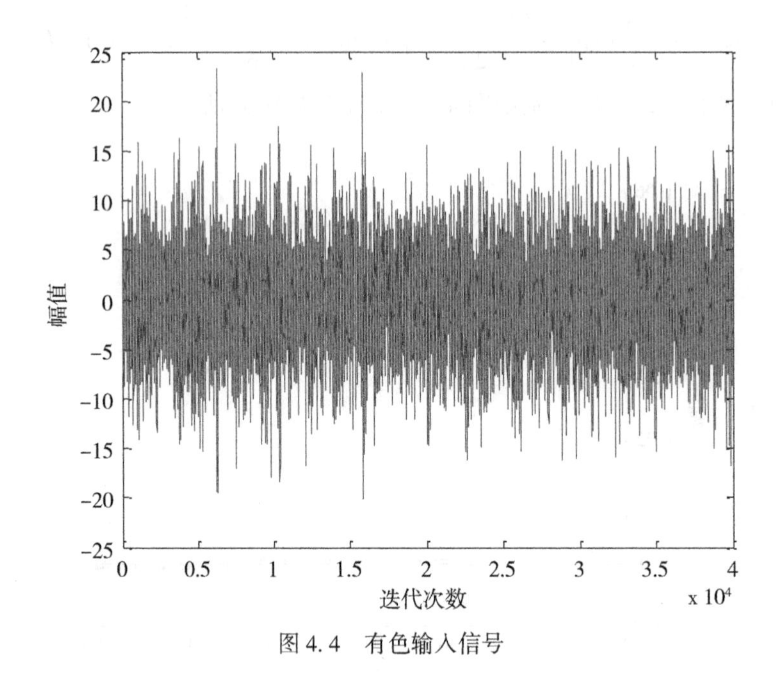

图 4.4　有色输入信号

本书利用 α 稳定分布产生高斯噪声与非高斯噪声。当 $\alpha = 2$ 时，产生的噪声服从高斯分布。当 $\alpha < 2$ 时，α 的取值越小，非高斯噪声的冲击性就越强。在图 4.5 中，(a)、(b)、(c)、(d)分别以 $\alpha = 0.75$，1.2，1.8，2.0 为例，列出了 α 在不同取值时由稳定分布所产生的噪声图像。

在仿真实验中，分别选取 $\alpha = 0.75$，1.2，1.8，2.0 等具有不同冲击程度的 α 稳定分布噪声作为非高斯干扰噪声，以验证各类算法在不同类型和冲击程度的噪声干扰下的有效性。

为对比各算法性能，使用归一化均方偏差(Normalized Mean Square Deviation，NMSD)的收敛曲线作为评价算法性能的指标，其定义如下：

$$\mathrm{NMSD}(i) = 10\lg_{10}\left(\frac{E\parallel \boldsymbol{W}_i - \boldsymbol{W}_0 \parallel}{\boldsymbol{W}_0^{\mathrm{T}}\boldsymbol{W}_0}\right) \tag{4.81}$$

归一化均方偏差的单位为分贝(dB)。当 NMSD 的值越小时，表示滤波器的系数 $\boldsymbol{W}_i$ 在经过迭代之后与滤波器的初始系数 $\boldsymbol{W}_0$ 之间的偏差越小，说明自适应滤波器与未知系统之间的逼近程度越高，并可以据此判断自适应滤波算法对于目标系统的跟踪性能。

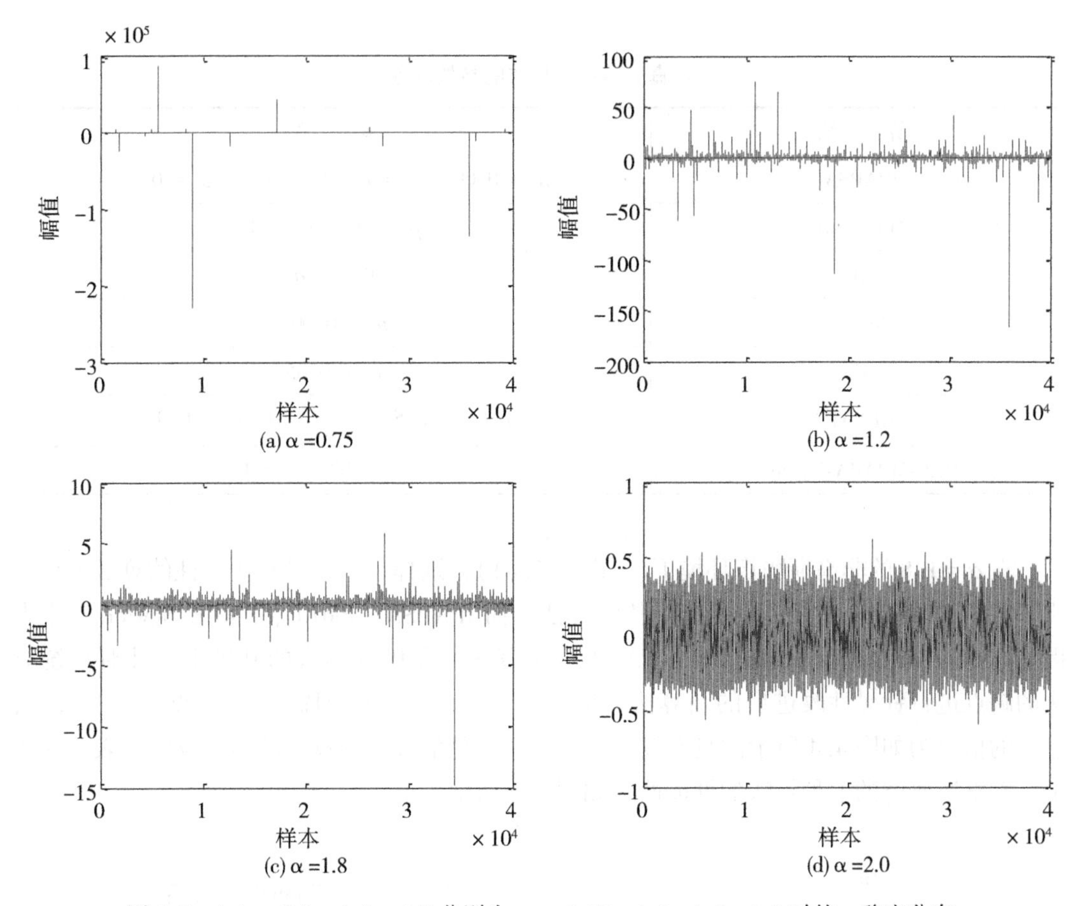

图 4.5 (a)、(b)、(c)、(d)分别为 $\alpha = 0.75,\ 1.2,\ 1.8,\ 2.0$ 时的 α 稳定分布

在仿真实验中，各种噪声均为加性噪声，信噪比(SNR)为 10dB。在高斯噪声的条件下，信噪比(SNR)的定义为：

$$\mathrm{SNR} = 10\lg_{10}\left(\frac{E[\boldsymbol{y}^2(k)]}{E[\boldsymbol{v}^2(k)]}\right) \tag{4.82}$$

$$\boldsymbol{y}(k) = \boldsymbol{X}^{\mathrm{T}}(k)\boldsymbol{W}_0(k) \tag{4.83}$$

由于非高斯的稳定分布不存在二阶统计量，所以适用于高斯噪声的、以传统方式定义的信噪比无法使用。适用于非高斯稳定分布噪声环境下的广义信噪比(Generalized Signal-Noise Ratio, GNR)为：

$$\mathrm{GNR} = 10\lg_{10}\left(\frac{\sigma_s^2}{\gamma}\right) \tag{4.84}$$

其中，σ_s^2 为输入信号的方差，γ 为稳定分布的分散系数，在实验中，将广义信噪比设置为 GNR = 10dB。

实验中各算法的参数如表 4.3 所示。

表 4.3　**仿真实验中各算法的参数设置**

算　法	参　数
IPAPSA	$\mu=0.003\quad\delta=0\quad\theta=-0.5\quad\varepsilon=0.01$
PMEE-Newton	$\mu=0.7\quad\sigma=1$
PMEE	$\mu=0.02\quad\sigma=1$
NLMS	$\mu=0.002$
APA	$\mu=0.05$
CMEEAPA	$\mu_1=0.025\quad\mu_2=0.01\quad\alpha=0.9$
MEE-MPAPA-Newton	$\mu=0.02\quad\sigma=1$

在 $\alpha=1.8$ 的非高斯噪声环境下(见图 4.5(c))，选择了六种具有代表性的算法进行对比，其中 NLMS 和 APA 为较基础的传统算法，而 IPAPSA、PMEE、PMEE-Newton 和本书提出的 MEE-MPAPA-Newton 算法、CMEEAPA 算法均在传统算法的基础上，针对传统算法的缺点进行针对性改进后的新算法。信道为式(5.3)产生的稀疏系统(见图 4.4(a))，输入的信号为如图 4.4 所示的具有较强相关性的有色信号，各算法的参数设置如表 4.3 所示。本书所研究的七种算法的性能曲线如图 4.6 所示。

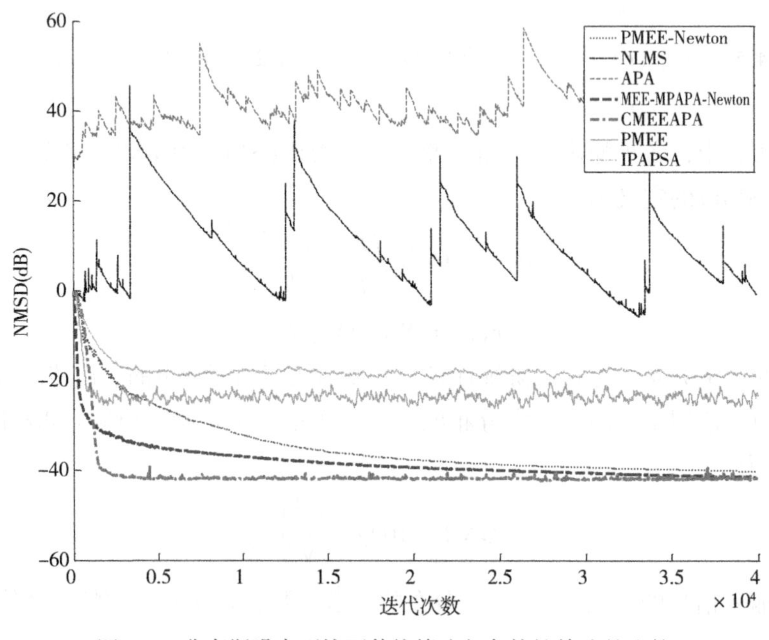

图 4.6　非高斯噪声环境下传统算法与鲁棒性算法的比较

由图 4.6 可知，在非高斯噪声和稀疏系统的影响下，传统的 NLMS 算法和 APA 算法均完全失效。这是因为 NLMS 和 APA 这两种传统算法，建立在二阶统计量基础之上，所以对于非高斯冲击噪声的鲁棒性较差。同时 NLMS 算法和 APA 算法中也没有引入可以使算法适用于稀疏系统的系数比例矩阵。基于以上两点原因，在稀疏系统和非高斯噪声的双重影响下，传统算法的性能会下降甚至失效。

本书主要解决的两大问题即是非高斯噪声和稀疏系统对于自适应滤波算法的干扰，而以 NLMS 和 APA 为代表的传统算法显然不能满足需求。在其余五种算法中，IPAPSA 算法采用量化误差的方法来抵御非高斯噪声，并且引入改进的比例系数矩阵来加强算法对稀疏系统的鲁棒性；而 PMEE 算法和 PMEE-Newton 算法均基于非二阶统计量构建，对于非高斯噪声有良好的适应性；本书提出的新算法 CMEEAPA 基于凸组合原理，综合了 MEE 和 APA 两种算法的优点，在抵御非高斯噪声的冲击同时也具有较快的收敛速度和较小的稳态误差；本书提出的另一种新算法 MEE-MPAPA-Newton 则综合了以上算法的优点，在削弱非高斯噪声对算法影响的同时，对稀疏系统具有良好的适应能力。

由于传统算法在非高斯噪声和稀疏系统的同时作用下完全失效，和新算法之间不构成对比，所以在以下的仿真中只选取 IPAPSA、PMEE、PMEE-Newton、CMEEAPA 和 MEE-MPAPA-Newton 五种算法来进行对比实验。

当 $\alpha=2$ 时，稳定分布产生的噪声符合高斯分布。在这种高斯噪声的环境下，IPAPSA、PMEE、PMEE-Newton 三种算法和本书提出的 CMEEAPA、MEE-MPAPA-Newton 两种新算法的 NMSD 收敛曲线如图 4.7 所示，其中信道为如图 5.2(a)所示的稀疏信道，输入的信号为如图 4.4 所示的有色信号，各算法的参数设置如表 4.3 所示。

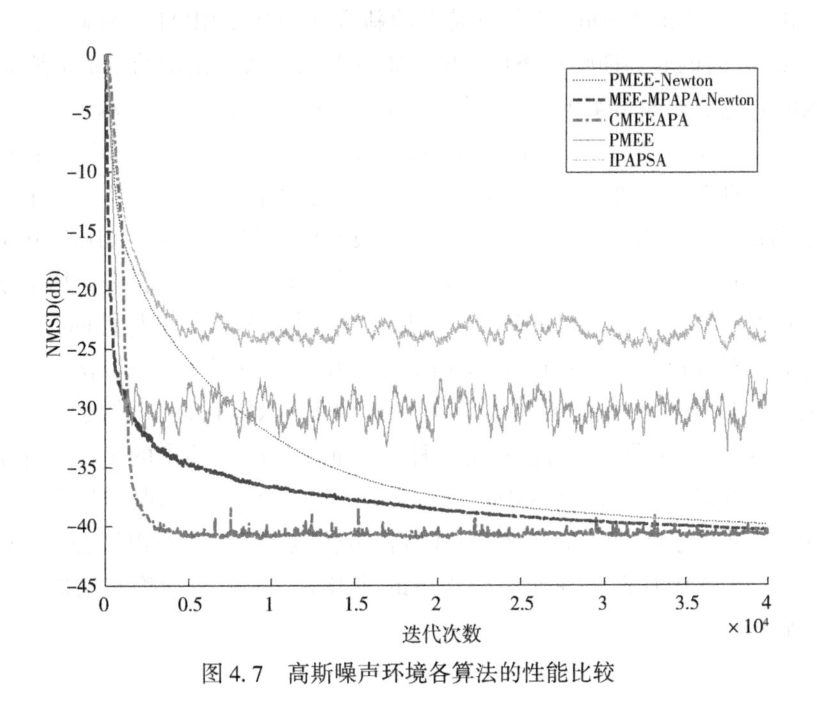

图 4.7 高斯噪声环境各算法的性能比较

由图 4.7 可以看出，在高斯噪声的环境下，CMEEAPA、PMEE-Newton 和 MEE-MPAPA-Newton 算法收敛后的稳态误差大致相同，均为−40dB 左右，并且 NMSD 曲线较为平稳。对于 PMEE 算法，由于没有引入牛顿方法，当有色输入信号呈现较强的相关性时，算法的 NMSD 曲线进入收敛状态后波动较为明显。而对于 IPAPSA 算法，由于采用了符号函数对误差信号进行量化，使得误差函数的取值大幅受限，虽然其曲线波动较之 PMEE 算法相对平稳，但是由于误差信号缺少足够多的信息向更新方程进行反馈，所以其收敛后的稳态误差也较大，维持在−23dB 左右。PMEE-Newton 算法和 PMEE 算法初始的收敛速度大体相当，但由于 PMEE-Newton 算法采用了牛顿方法对输入信号的自相关函数进行了估计，所以在输入信号相关性较强时，算法的稳定性更好，并且有更小的稳态误差，但由于对输入信号的自相关运算的计算量较大，所以 PMEE-Newton 算法进入收敛状态的速度比 PMEE 算法更慢。对于本书提出的 CMEEAPA 算法，由于采用了 MEE 和 APA 两种不同算法的凸组合，兼顾了二者的优点，且由于采用了最小误差熵准则的代价函数构建算法，其性能要大大好于同为 APA 衍生算法的 IPAPSA 算法。而对于本书提出的另一种算法 MEE-MPAPA-Newton，在高斯噪声中有着五种算法中最快的收敛速度，并且有着和 PMEE-Newton 算法类似的稳定性，这主要是因为在二者中皆引入了牛顿方法，在处理相关性较强的信号时，算法的稳定性要优于其他三种算法。另外，同样是基于牛顿方法的 MEE-MPAPA-Newton 算法和 PMEE-Newton 算法，由于前者基于仿射投影原理和系数比例方法，稳态误差大致相同，但其收敛速度要快于后者，即 MEE-MPAPA-Newton 算法同时具有较快的收敛速度和较高的稳定性。

当 $\alpha < 2$ 时，由 α 稳定分布产生的噪声为非高斯噪声。图 4.8(a)、图 4.8(b)分别为 IPAPSA、PMEE、PMEE-Newton 和本书提出的新算法(MEE-MPAPA-Newton、CMEEAPA)在 $\alpha = 1.2$，0.75 时的非高斯噪声条件下的 NMSD 收敛曲线。使用的稀疏信道如图 4.3(a)所示，输入的有色信号如图 4.4 所示，各算法的参数设置如表 4.3 所示。

由图 4.8(a)可知，在 $\alpha = 1.2$ 的非高斯噪声下，较之 $\alpha = 1.8$ 的非高斯噪声(如图 4.5 所示)，各算法的 NMSD 曲线的波动均有不同程度的增幅。但可以明显看出，PMEE-Newton 和本书提出的 MEE-MPAPA-Newton 算法波动幅度最小，其中 MEE-MPAPA-Newton 算法只有极个别时刻出现 NMSD 曲线的波动。因为在以上两种算法中，均基于最小误差熵准则构建并引入牛顿方法，使得算法在对非高斯噪声有较好的鲁棒性同时，也对相关性较强的有色信号有着较强的处理能力。PMEE 算法由于没有引入牛顿方法，并且只采用标准的比例系数矩阵，其在较强的非高斯噪声影响下，NMSD 曲线波动增幅较大。对于 IPAPSA 算法，由于量化误差的方法只是一种缓解非高斯噪声冲击的手段，并不能彻底地解决非高斯噪声的影响，所以其 NMSD 曲线波动较大，并且稳态误差较高。而本书提出的 CMEEAPA 算法由于同时集 MEE 和 APA 算法的优点于一身，所以稳态误差较低且初始收敛速度较快，但 NMSD 曲线在非高斯噪声的冲击加大时，波动略有增加，且稳态误差增大较为明显。

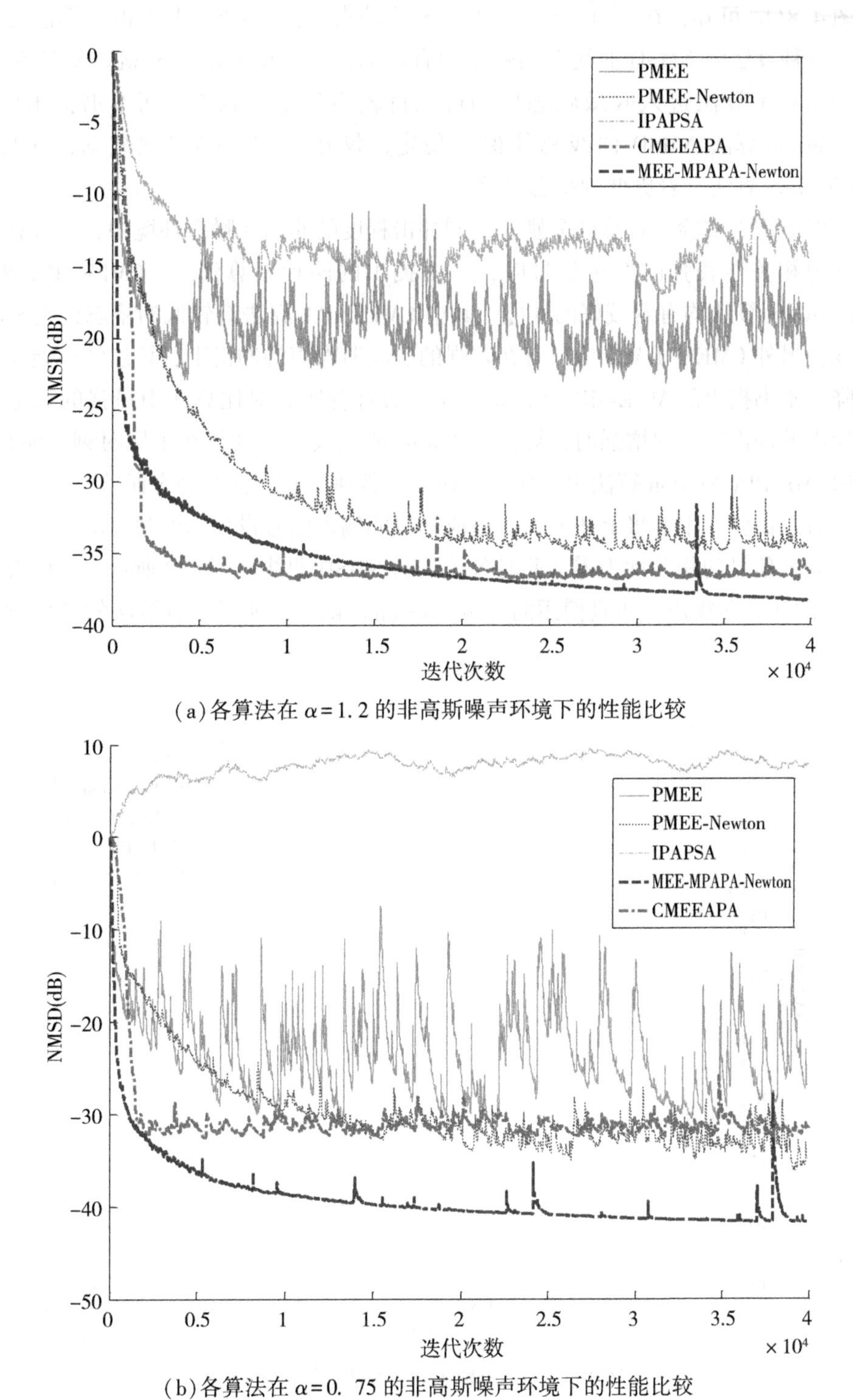

(a)各算法在 $\alpha=1.2$ 的非高斯噪声环境下的性能比较

(b)各算法在 $\alpha=0.75$ 的非高斯噪声环境下的性能比较

图 4.8

由图4.8(b)可知，在$\alpha=0.75$的非高斯噪声冲击下，IPAPSA和PMEE算法已完全失效。其余三种算法的NMSD曲线波动幅度均有增加，但其中PMEE-Newton算法和本书提出的CMEEAPA算法进入收敛状态后仍可保持较为稳定的状态，而本书提出的MEE-MPAPA-Newton算法NMSD曲线总体保持稳定，仅在个别时刻出现波动，并且MEE-MPAPA-Newton算法有着更低的稳态误差。

综合以上仿真实验，各算法分别在不同冲击程度的非高斯噪声环境中，并且算法的输入信号均为相关性较强的有色信号时，本书提出的两种新算法——CMEEAPA和MEE-MPAPA-Newton算法均有着较好的性能。其中CMEEAPA算法有较低的稳态误差和较快的收敛速度，另外CMEEAPA算法只有在较强的非高斯噪声的冲击下，算法的性能才会出现明显下降。本书提出的MEE-MPAPA-Newton算法有着所有对比算法中最强的稳定性，在非高斯噪声的冲击性大幅增强时，算法的NMSD曲线波动幅度仅在个别时刻有明显增加，同时MEE-MPAPA-Newton算法也能保持较快的收敛速度和较低的稳态误差。

作为对照试验，本节将上述五种自适应算法的输入信号设为未经过AR系统的高斯白噪声时，输入信号的相关性为零，此时各算法的NMSD曲线如图4.9所示。其中背景噪声为$\alpha=1.8$的非高斯噪声。仿真使用的稀疏信道如图4.3(a)所示。各算法的参数设置如表4.3所示。

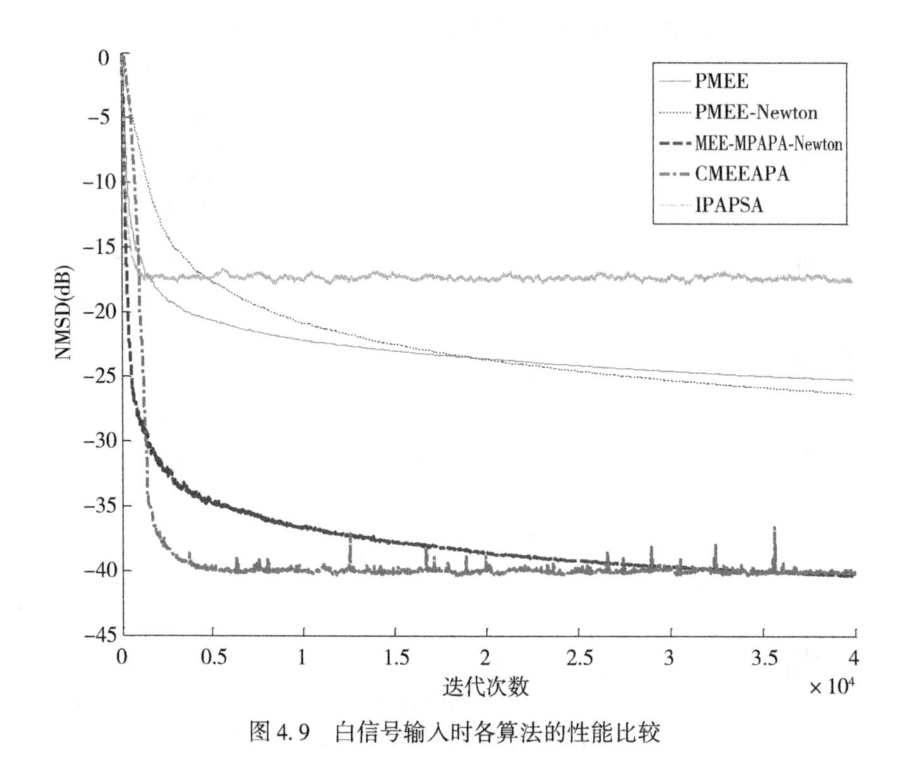

图4.9　白信号输入时各算法的性能比较

由图4.9可知，当输入信号为无相关性的高斯白噪声时，各算法的性能均表现良好。

对于 IPAPSA 算法，当输入信号为高斯白噪声时，其收敛速度较之由强相关性的输入信号时明显加快，NMSD 曲线的稳定性也有显著上升。但是由于工作在非高斯噪声环境下，算法的稳态误差只能达到-17dB 左右，与其他几种算法有显著差距。对于 PMEE 和 PMEE-Newton 算法，由于后者是在前者的基础上引入牛顿方法，而牛顿方法主要解决的是强相关性的输入信号对于算法性能的影响。所以当输入信号的相关性为零时，PMEE 和 PMEE-Newton 算法的稳态误差大致相同，均在-25dB 左右。但是因为 PMEE-Newton 算法需要输入信号自相关矩阵的估计值，所以计算复杂度比 PMEE 算法高，在图中表现为 NMSD 曲线的收敛速度变慢。对于本书提出的 CMEEAPA 算法和 MEE-MPAPA-Newton 算法，由于输入信号没有相关性，后者中的牛顿方法失去存在意义，反而 CMEEAPA 算法得到了更快的收敛速度，并且二者的稳态误差大致相近，均在-40dB 左右。

由以上仿真结果可知，本书提出的 CMEEAPA 算法和 MEE-MPAPA-Newton 算法在高斯白信号输入时，比其他对比算法有更加快速的收敛速度和更低的稳态误差。二者相比，MEE-MPAPA-Newton 算法的稳定性更高，但 CMEEAPA 算法的收敛速度更快。

本书提出的新算法 CMEEAPA 和 MEE-MPAPA-Newton，其参数对于算法本身存在一定影响。如 CMEEAPA 算法的核函数宽度的选择和 MEE-MPAPA-Newton 算法的步长选择。

1. 核函数宽度的选择对于 CMEEAPA 的影响

仿真中使用的稀疏信道如图 4.3(a)所示，输入信号为高斯白噪声，背景噪声为如图 4.5(c)所示的 $\alpha=1.8$ 的非高斯噪声。在相同的实验条件下，选择不同的核函数宽度对于 CMEEAPA 算法的影响如图 4.10 所示。

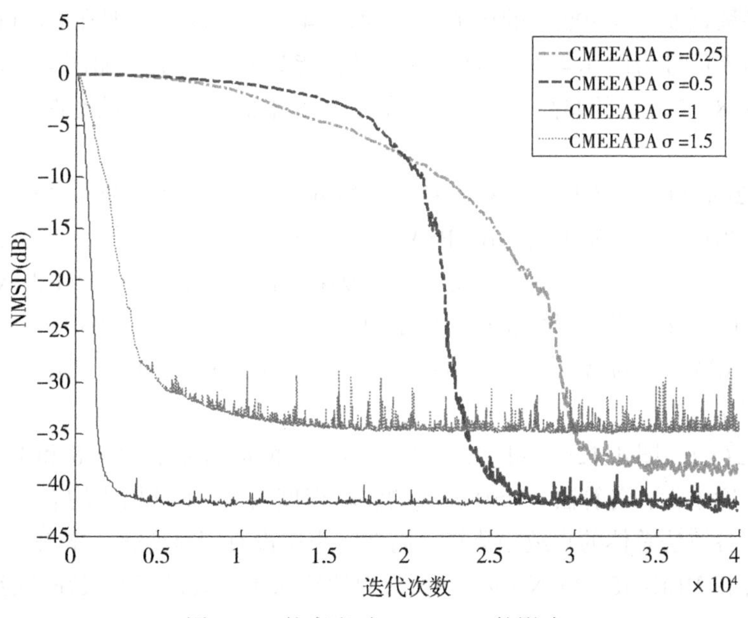

图 4.10 核宽度对 CMEEAPA 的影响

由图 4.10 可知，在固定的实验条件下，核宽度的选择存在最优值。当 σ 取值为 0.5 和 0.25 时，CMEEAPA 算法的收敛速度慢并且稳态误差较大。当 σ 取值分别为 1 和 1.5 时，$\sigma=1$ 的 NMSD 曲线的收敛速度较快，且算法的稳态误差较低。本书出于泛用性的考虑，选用高斯核作为二阶信息势能中的核函数，且高斯核函数中核宽度数值的选择会极大地影响算法的性能。所以综合以上考虑，当噪声为 $\alpha=1.8$ 的非高斯噪声时，将核宽度设置为 $\sigma=1$ 可以较好地保证算法的性能。

2. 步长参数的选择对于 MEE-MPAPA-Newton 的影响

仿真中使用的稀疏信道如图 4.3(a)所示，输入信号为如图 4.4 所示的有色信号，背景噪声为如图 4.5(c)所示的 $\alpha=1.8$ 的非高斯噪声。由于自适应滤波算法的 NMSD 曲线在算法进入平稳状态前存在波动，并不能充分说明算法的偏差。所以在实验中引入稳态归一化均方偏差的概念来说明算法在进入平稳状态后的偏差值。稳态 NMSD 是取在算法进入平稳状态后的 4000 点的 NMSD 均值。在相同的实验条件下，选择不同的步长参数对于 MEE-MPAPA-Newton 算法的影响如图 4.11 所示。

由图 4.11(a)可知，本书提出的算法 MEE-MPAPA-Newton 在 $\alpha=1.8$ 的非高斯噪声环境中，可以取得最优的步长，并且算法的步长参数取值在区间(0.02，0.025)的范围内时，算法的性能均可以达到最优。由图 4.11(b)可知，当算法的步长参数 $\mu=0.0225$ 时，算法的稳态 NMSD 最低。从而印证了算法的最优步长取值范围的准确性。

在实际应用中，信道往往不是恒定不变的，信道的突变也会给算法带来一定的影响。实验中所选用的两种稀疏信道分别由式(4.57)和式(4.58)产生。当样本点 $k\leqslant 20000$ 时，使用的信道是稀疏度为 0.05833 的稀疏信道(如图 4.3(a)所示)，当样本点 $k>20000$ 时，使用的信道是稀疏度为 0.10833 的稀疏信道(如图 4.3(b)所示)，即在 $k=20000$ 时，发生信道突变。输入信号为图 4.4 所示的有色信号，背景噪声分别为如图 4.5 所示的当 $\alpha=0.75$，1.2，1.8，2.0 时的非高斯噪声。各算法在发生信道突变时的跟踪性能比较图如图 4.12 所示。

由图 4.12(a)可知，当稳定分布的特征指数 $\alpha=2$ 时，由稳定分布产生的噪声信号服从高斯分布。当信道突变发生后，IPAPSA 算法的收敛速度略微减慢，但是 NMSD 曲线整体仍能保持平稳。PMEE 算法在突变发生后收敛速度有大幅度减慢。PMEE-Newton 算法在突变发生后的收敛速度没有明显变化，但是稳态误差增大明显。本书提出的 CMEEAPA 算法和 MEE-MPAPA-Newton 算法的跟踪性能较好，同时有较低的稳态误差和较快的收敛速度。

由图 4.12(b)、图 4.12(c)可知，当特征指数 α 的取值分别为 1.8 和 1.2 时，非高斯噪声的冲击程度增大，各算法 NMSD 曲线的波动程度与 $\alpha=2$ 时相比均有增加。但在信道突变发生后，各算法总体的收敛趋势较之高斯噪声中没有明显变化。本书提出的两种新算法 CMEEAPA 和 MEE-MPAPA-Newton 在所有对比算法中有着最好的跟踪性能。

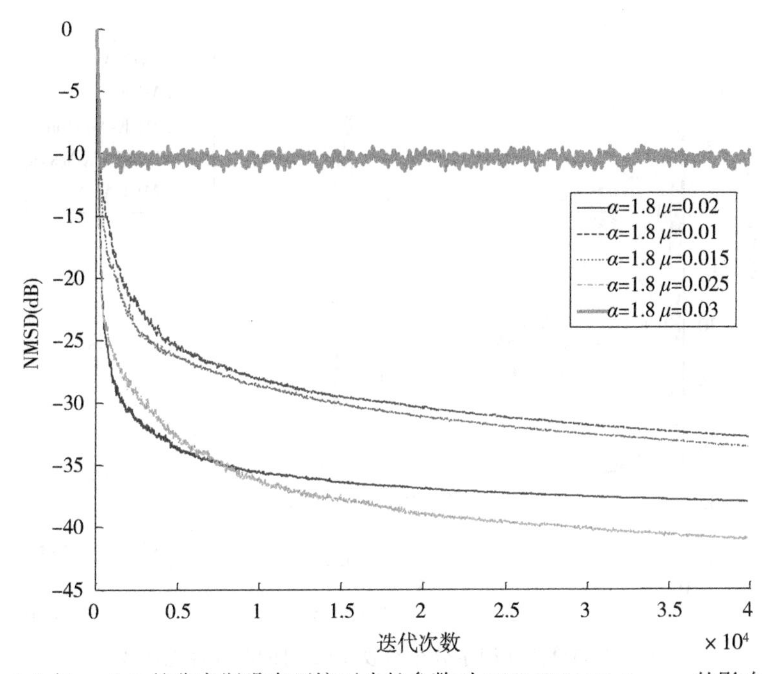

(a)在 $\alpha=1.8$ 的非高斯噪声环境下步长参数对 MEE-MPAPA-Newton 的影响

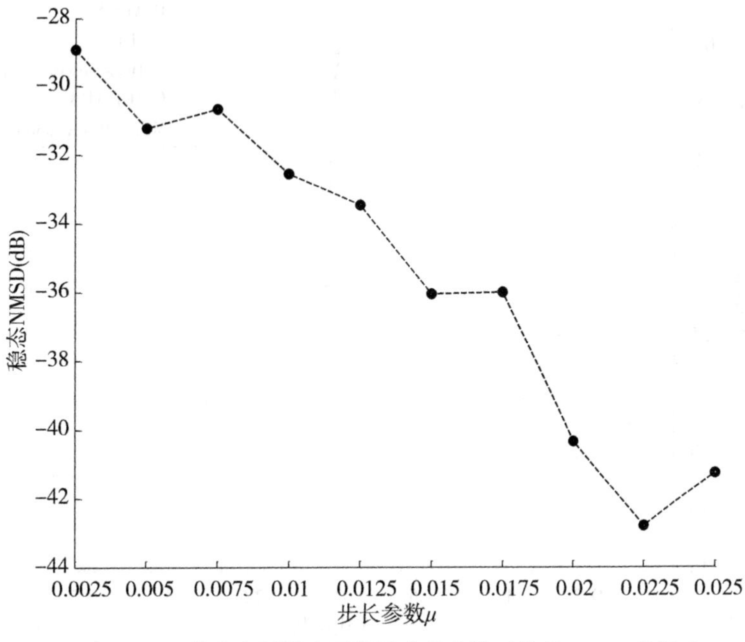

(b)在 $\alpha=1.8$ 的非高斯噪声环境下步长参数对稳态 NMSD 的影响

图 4.11

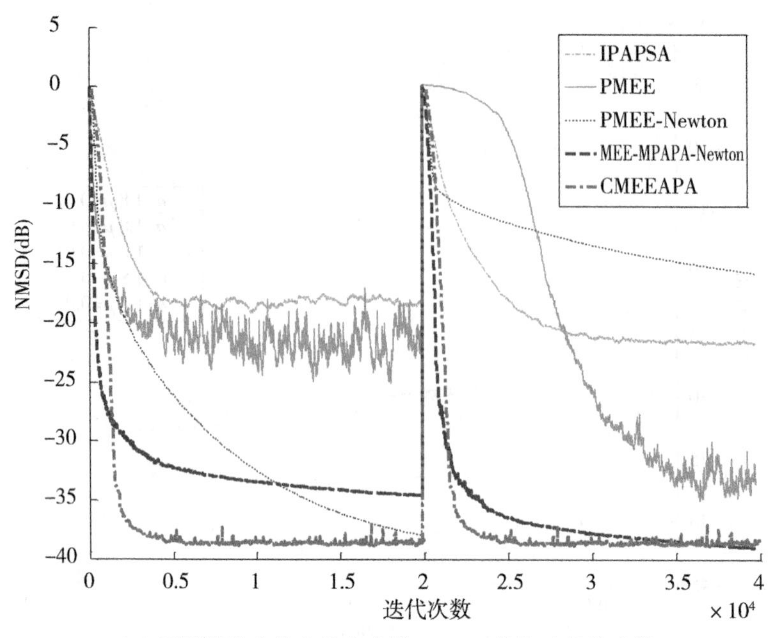

(a)不同算法在稳定分布参数 $\alpha=2$ 时的跟踪性能比较

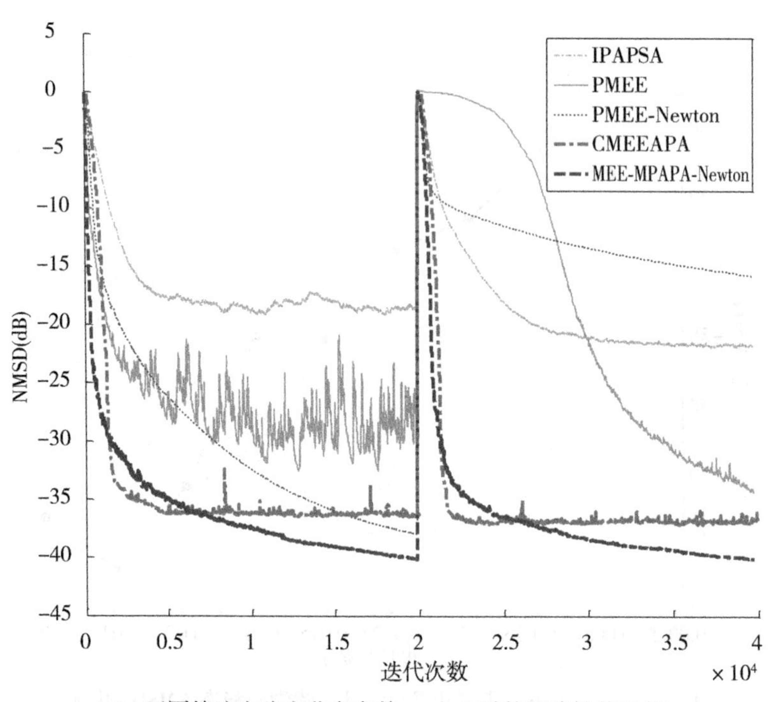

(b)不同算法在稳定分布参数 $\alpha=1.8$ 时的跟踪性能比较

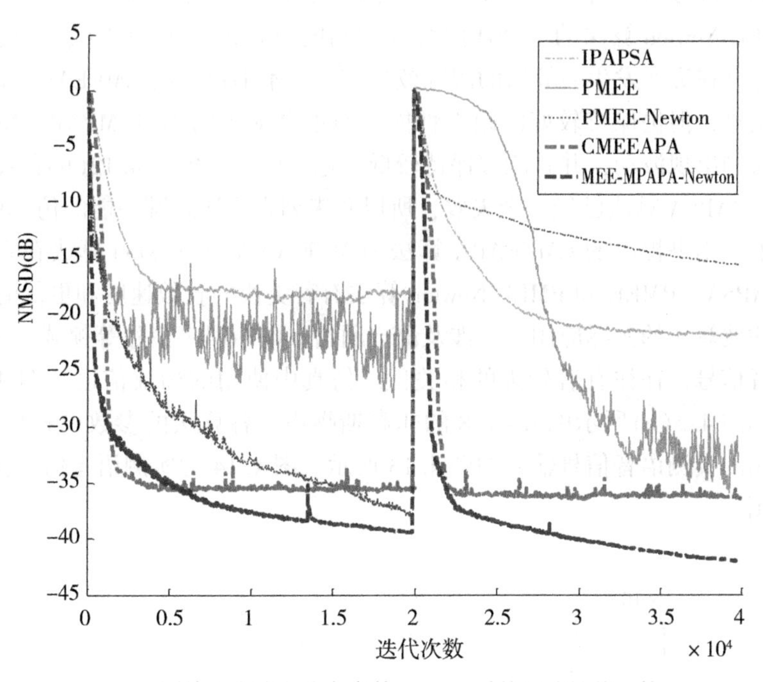

(c)不同算法在稳定分布参数 $\alpha=1.2$ 时的跟踪性能比较

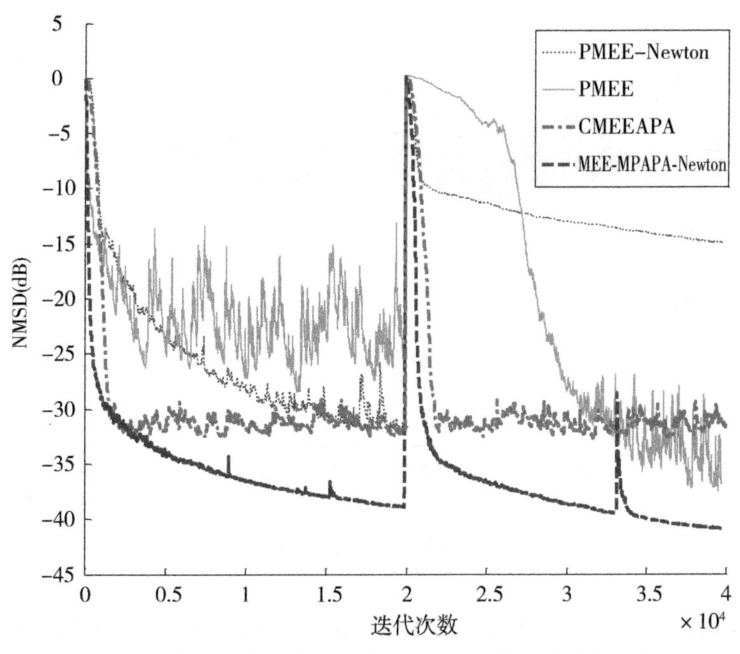

(d)不同算法在稳定分布参数 $\alpha=0.75$ 时的跟踪性能比较

图 4.12

由图 4.12(d)可知，当特征指数 α 的取值为 0.75 时，非高斯噪声有很强的冲击性。PMEE 和 PMEE-Newton 算法的 NMSD 曲线波动幅度与 α 的取值为 2.0、1.8、1.2 时相比均有增大，并且在突变发生后算法的跟踪效果较差。本书提出的 CMEEAPA 算法的稳态误差增加较为明显，但仍保持较好的跟踪性能。而本书提出的 MEE-MPAPA-Newton 算法只有个别迭代时刻出现波动，并且能够保持较低的稳态误差。由图 4.12(b)的结果可知，当 $\alpha=0.75$ 时，IPAPSA 算法已经完全失效，所以并未列入算法跟踪性能的仿真中。

综合以上，本书提出的 CMEEAPA 算法和 MEE-MPAPA-Newton 算法在系统突变发生时，均比 IPAPSA、PMEE 和 PMEE-Newton 算法有着更快的收敛速度和更低的稳态误差。

自适应滤波算法的实际应用往往涉及语音通信、电话回声消除等领域。此时输入信号为实际的语音信号，往往有着较强的相关性。仿真中使用的稀疏信道如图 4.3(a)所示，背景噪声为如图 4.5(c)所示的 $\alpha=1.8$ 的非高斯噪声。各算法的参数设置如表 4.3 所示。在仿真中采用的实测语音信号输入如图 4.13 所示。图 4.14 为实测语音信号输入时各算法的性能比较图。

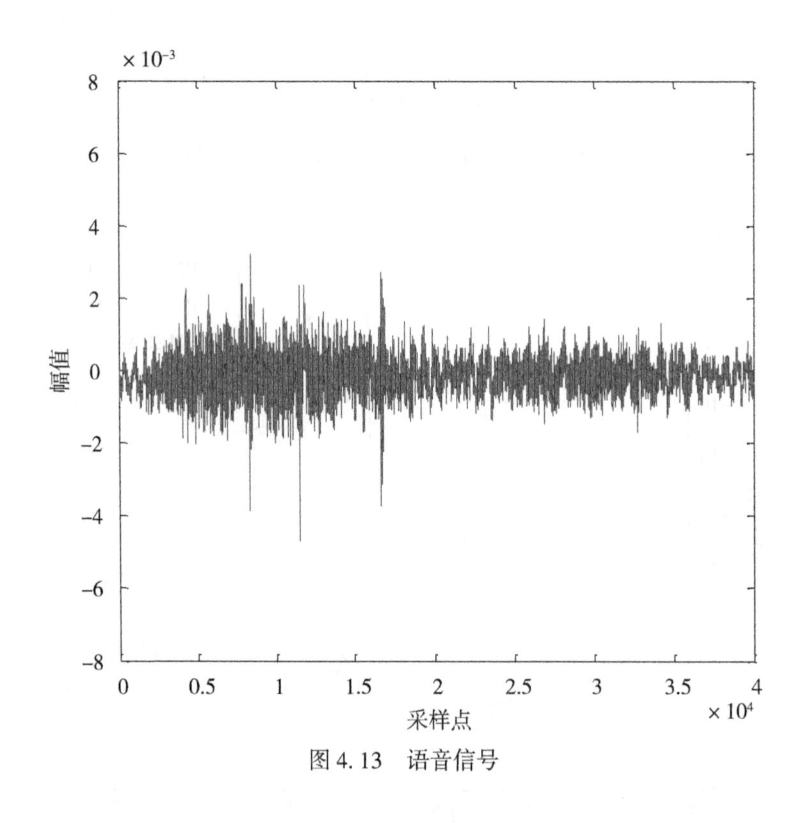

图 4.13　语音信号

由图 4.14 可知，当采用实测语音信号输入时，PMEE-Newton 算法由于引入了牛顿方法，所以 NMSD 曲线收敛较为平稳并且收敛速度较快。而 PMEE 算法由于缺少对于强相关输入信号有效的处理手段，导致算法的 NMSD 曲线波动剧烈。IPAPSA 算法收敛速度相对较慢，NMSD 曲线波动同样较为剧烈。本书提出的 CMEEAPA 算法和 MEE-MPAPA-

Newton 算法相对于其他对比算法有着更快的收敛速度和更低的稳态误差。其中 MEE-MPAPA-Newton 算法的收敛速度更快并且更为平稳。

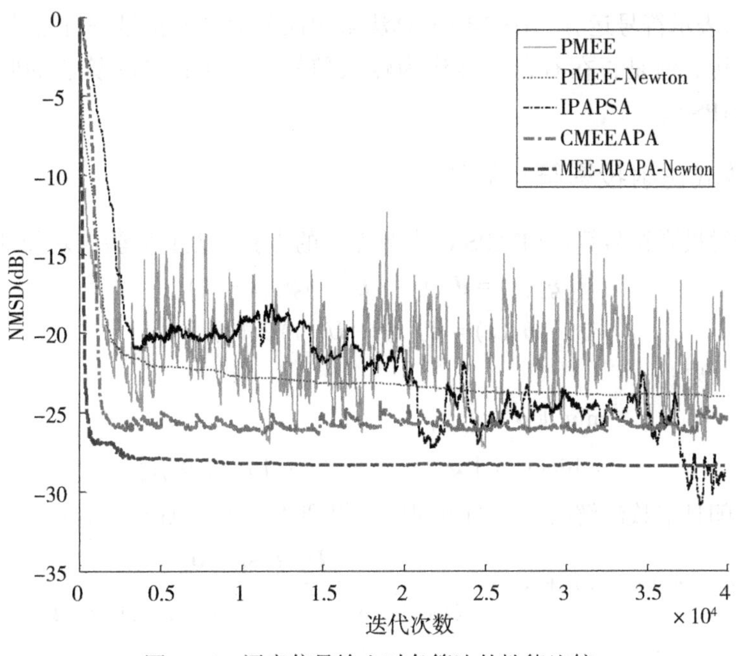

图 4.14 语音信号输入时各算法的性能比较

综上所述，本书提出的 CMEEAPA 算法和 MEE-MPAPA-Newton 算法在实测语音信号输入时，相比于 IPAPSA、PMEE、PMEE-Newton 算法有着更低的稳态误差和更快的收敛速度并且 NMSD 曲线更加稳定，进一步验证了两种新算法的稳定性和有效性。

4.5 非高斯噪声下稳健扩散式自适应滤波算法

4.5.1 扩散式符号误差 LMS 算法

自然界存在的非高斯噪声往往呈现出很强的脉冲性，DLMS 算法受到这类信号干扰会使误差信号增大，严重影响算法的稳态性能。扩散式符号 LMS(DSE-LMS)算法是将 DLMS 算法与符号函数进行结合，并且能够抑制非高斯噪声干扰的一种算法。该算法的主要思想是误差信号受非高斯噪声影响而增大时，符号函数作用在误差信号使误差信号只与符号的正负有关，与误差信号大小无关。

DSE-LMS 算法通过将 DLMS 算法中的误差信号进行符号运算，采用这种方式可以有效抑制非高斯噪声对 DLMS 算法的干扰。DSE-LMS 算法的更新公式为：

$$\begin{cases}\boldsymbol{\varphi}_n(k)=\boldsymbol{w}_n(k-1)+\mu_n\boldsymbol{u}_n(k)\operatorname{sgn}[e_n(k)]\\ \boldsymbol{w}_n(k)=\sum_{j\in N_n}c_{jn}\boldsymbol{\varphi}_j(k)\end{cases}\tag{4.85}$$

其中，sgn[·]表示符号运算。DSE-LMS 算法采用误差信号的符号进行滤波器更新来抑制非高斯噪声干扰。但是，在有色信号作为输入信号时，DSE-LMS 算法的收敛性能极差，因此引出了 DAPSA。

4.5.2　扩散式仿射投影符号算法

扩散式仿射投影符号算法(DAPSA)中节点 n 的先验误差和后验误差分别定义为：

$$\boldsymbol{\xi}_n(t)=\boldsymbol{d}_n(t)-\boldsymbol{U}_n^{\mathrm{T}}(t)\boldsymbol{\varphi}_n(t-1)\tag{4.86}$$

$$\boldsymbol{\rho}_n(t)=\boldsymbol{d}_n(t)-\boldsymbol{U}_n^{\mathrm{T}}(t)\boldsymbol{\varphi}_n(t)\tag{4.87}$$

首先建立如下约束：

$$\begin{aligned}&\min\ \|\boldsymbol{\rho}_n(t)\|_1\\&\text{subject to}\ \|\boldsymbol{\varphi}_n(t)-\boldsymbol{w}_n(t-1)\|_2^2\leqslant\mu_n^2\end{aligned}\tag{4.88}$$

采用拉格朗日乘数法解决上述约束问题，得到 ATC 型 DAPSA 的更新公式：

$$\begin{cases}\boldsymbol{\varphi}_n(t)=\boldsymbol{w}_n(t-1)+\mu_n\dfrac{\boldsymbol{U}_n(t)\operatorname{sgn}[\boldsymbol{\rho}_n(t)]}{\sqrt{\{\boldsymbol{U}_n(t)\operatorname{sgn}[\boldsymbol{e}_n(t)]\}^{\mathrm{T}}\{\boldsymbol{U}_n(t)\operatorname{sgn}[\boldsymbol{e}_n(t)]\}+\varepsilon}}\\ \boldsymbol{w}_n(t)=\sum_{j\in N_n}c_{jn}\boldsymbol{\varphi}_j(t)\end{cases}\tag{4.89}$$

由式(4.67)可以看出，在自适应步骤之前无法获取 $\boldsymbol{\varphi}_n(t)$ 值，后验误差 $\boldsymbol{\rho}_n(t)$ 值也获取不到。$\boldsymbol{e}_n(t)=\boldsymbol{d}_n(t)-\boldsymbol{U}_n^{\mathrm{T}}(t)\boldsymbol{w}_n(t-1)$ 作为 $\boldsymbol{\rho}_n(t)$ 近似值代入式(4.90)，则可以得到：

$$\begin{cases}\boldsymbol{\varphi}_n(t)=\boldsymbol{w}_n(t-1)+\mu_n\dfrac{\boldsymbol{U}_n(t)\operatorname{sgn}[\boldsymbol{e}_n(t)]}{\sqrt{\{\boldsymbol{U}_n(t)\operatorname{sgn}[\boldsymbol{e}_n(t)]\}^{\mathrm{T}}\{\boldsymbol{U}_n(t)\operatorname{sgn}[\boldsymbol{e}_n(t)]\}+\varepsilon}}\\ \boldsymbol{w}_n(t)=\sum_{j\in N_n}c_{jn}\boldsymbol{\varphi}_j(t)\end{cases}\tag{4.90}$$

DAPSA 抑制非高斯噪声干扰的原理与 DSE-LMS 算法相同。但是在有色信号作为输入时，DSE-LMS 收敛性能变差，DAPSA 通过数据重用方式来加快算法的收敛速度，但其计算复杂度也增大。

4.5.3　扩散式符号子带自适应滤波算法

扩散式符号子带自适应滤波(DSSAF)算法中节点 n 的中间子带先验误差和后验误差分别定义为：

$$\boldsymbol{\xi}_{n,D}(k)=\boldsymbol{d}_{n,D}(k)-\boldsymbol{U}_n^{\mathrm{T}}(k)\boldsymbol{\varphi}_n(k-1)\tag{4.91}$$

$$\boldsymbol{\rho}_{n,D}(k)=\boldsymbol{d}_{n,D}(k)-\boldsymbol{U}_n^{\mathrm{T}}(k)\boldsymbol{\varphi}_n(k)\tag{4.92}$$

DSSAF 算法更新公式可由如下约束最优化获得：

$$\begin{aligned}&\min \ \|\boldsymbol{\rho}_{n,D}(k)\|_1 \\ &\text{subject to } \|\boldsymbol{\varphi}_n(k)-\boldsymbol{w}_n(k-1)\|_2^2 \leqslant \mu_n^2\end{aligned} \tag{4.93}$$

利用拉格朗日乘子的方法来解决上述约束优化问题，DSSAF算法的更新公式为：

$$\begin{cases}\boldsymbol{\varphi}_n(k)=\boldsymbol{w}_n(k-1)+\mu_n\dfrac{\boldsymbol{U}_n(k)\operatorname{sgn}[\boldsymbol{e}_{n,D}(k)]}{\sqrt{\operatorname{sgn}[\boldsymbol{e}_{n,D}^{\mathrm{T}}(k)]\boldsymbol{U}_n^{\mathrm{T}}(k)\boldsymbol{U}_n(k)\operatorname{sgn}[\boldsymbol{e}_{n,D}(k)]+\varepsilon}}\\ \boldsymbol{w}_n(k)=\sum\limits_{j\in N_n}c_{jn}\boldsymbol{\varphi}_j(k)\end{cases} \tag{4.94}$$

其中，$\boldsymbol{e}_{n,D}(k)=\boldsymbol{d}_{n,D}(k)-\boldsymbol{U}_n^{\mathrm{T}}(k)\boldsymbol{w}_n(k-1)$ 作为 $\boldsymbol{\rho}_{n,D}(k)$ 近似值代入迭代公式，得到DSSAF算法更新公式。DSSAF算法采用滤波器组对有色信号进行子带分割来加快算法收敛速度，并且其计算复杂度低于DAPSA。

4.5.4 单独加权因子的扩散式符号子带自适应滤波算法

单独加权因子的扩散式符号子带自适应滤波(IWF-DSSAF)算法是在DSSAF算法基础上加以改进的。DSSAF算法中每个子带的同一加权因子替换为单独的加权因子而获得的IWF-DSSAF算法改善了收敛速度。IWF-DSSAF算法的推导过程如下：

对于全局估计，通过使全局代价函数最小化来获得未知向量 $\boldsymbol{w}_0$ 的最优解：

$$J^{\mathrm{glob}}(k)=\sum_{n=1}^{N}\sum_{i=0}^{I-1}\gamma_{n,i}\left|d_{n,i,D}(k)-\boldsymbol{u}_{n,i}^{\mathrm{T}}(k)\boldsymbol{w}_n(k)\right| \tag{4.95}$$

其中，$\gamma_{n,i}$ 表示节点 n 的第 i 个子带的加权因子。

为了充分利用子带自适应滤波器的优势，需要考虑以下两个规则：第一，每个节点 n 应该分配一个单独的加权因子 $\gamma_{n,i}$；第二，每个单独加权因子 $\gamma_{n,i}$ 只与相应的子带输入信号有关。根据以上两个规则，单独加权因子定义为：

$$\gamma_{n,i}=\frac{1}{\sqrt{\boldsymbol{u}_{n,i}^{\mathrm{T}}(k)\boldsymbol{u}_{n,i}(k)+\varepsilon}} \tag{4.96}$$

式(4.95)采用最陡下降法，得到：

$$\boldsymbol{w}_n(k)=\boldsymbol{w}_n(k-1)+\mu_n\sum_{n=1}^{N}\sum_{i=0}^{I-1}\frac{\boldsymbol{u}_{n,i}(k)\operatorname{sgn}[d_{n,i,D}(k)-\boldsymbol{u}_{n,i}^{\mathrm{T}}(k)\boldsymbol{w}_n(k)]}{\sqrt{\boldsymbol{u}_{n,i}^{\mathrm{T}}(k)\boldsymbol{u}_{n,i}(k)+\varepsilon}} \tag{4.97}$$

对于局部估计，通过利用以下局部代价函数推导出IWF-DSSAF算法：

$$J_n^{\mathrm{local}}(k)=\sum_{i=0}^{I-1}\gamma_{n,i}\left|d_{n,i,D}(k)-\boldsymbol{u}_{n,i}^{\mathrm{T}}(k)\boldsymbol{w}_n(k)\right| \tag{4.98}$$

局部代价函数中的单独加权因子与全局代价函数的单独加权因子一样，如式(4.96)。

全局代价函数和局部代价函数的关系如下：

$$J^{\mathrm{glob}}(k)=\sum_{n=1}^{N}J_n^{\mathrm{local}}(k) \tag{4.99}$$

从上式可以看出，网络中的每一节点可以获取网络中所有节点信息。换言之，网络中节点信息交换需要大量的能量和通信资源。为了降低网络中的资源开销，采用一种基于扩散式策略的分布式方案来解决上述问题。这里，ATC 方案步骤如下：

$$\begin{cases}\boldsymbol{\varphi}_n(k)=\boldsymbol{w}_n(k-1)-\mu_n\dfrac{\partial J_n^{\mathrm{local}}(k)}{\partial \boldsymbol{w}_n(k)}\\ \boldsymbol{w}_n(k)=\sum\limits_{j\in N_n}c_{jn}\boldsymbol{\varphi}_j(k)\end{cases}\tag{4.100}$$

将式(4.98)代入式(4.100)的自适应步骤中，得到：

$$\begin{aligned}\boldsymbol{\varphi}_n(k)&=\boldsymbol{w}_n(k-1)-\mu_n\frac{\partial\sum\limits_{i=0}^{I-1}\gamma_{n,i}\left|d_{n,i,D}(k)-\boldsymbol{u}_{n,i}^{\mathrm{T}}(k)\boldsymbol{w}_n(k)\right|}{\partial\boldsymbol{w}_n(k)}\\&=\boldsymbol{w}_n(k-1)+\mu_n\sum_{i=0}^{I-1}\gamma_{n,i}\boldsymbol{u}_{n,i}(k)\operatorname{sgn}\left[d_{n,i,D}(k)-\boldsymbol{u}_{n,i}^{\mathrm{T}}(k)\boldsymbol{w}_n(k)\right]\end{aligned}\tag{4.101}$$

通过式(4.98)和式(4.101)，得到：

$$\boldsymbol{\varphi}_n(k)=\boldsymbol{w}_n(k-1)+\mu_n\sum_{i=0}^{I-1}\frac{\boldsymbol{u}_{n,i}(k)\operatorname{sgn}\left[d_{n,i,D}(k)-\boldsymbol{u}_{n,i}^{\mathrm{T}}(k)\boldsymbol{w}_n(k)\right]}{\sqrt{\boldsymbol{u}_{n,i}^{\mathrm{T}}(k)\boldsymbol{u}_{n,i}(k)+\varepsilon}}\tag{4.102}$$

根据以上推导，IWF-DSSAF 算法的更新公式为：

$$\begin{cases}\boldsymbol{\varphi}_n(k)=\boldsymbol{w}_n(k-1)+\mu_n\sum\limits_{i=0}^{I-1}\dfrac{\boldsymbol{u}_{n,i}(k)\operatorname{sgn}\left[d_{n,i,D}(k)-\boldsymbol{u}_{n,i}^{\mathrm{T}}(k)\boldsymbol{w}_n(k)\right]}{\sqrt{\boldsymbol{u}_{n,i}^{\mathrm{T}}(k)\boldsymbol{u}_{n,i}(k)+\varepsilon}}\\ \boldsymbol{w}_n(k)=\sum\limits_{j\in N_n}c_{jn}\boldsymbol{\varphi}_j(k)\end{cases}\tag{4.103}$$

从式(4.103)式可以看出，IWF-DSSAF 算法中节点 n 的每个子带的单独加权因子 $\gamma_{n,i}$ 与相应的子带输入信号方差平方根成反比，这意味着输入信号方差的平方根较小的子带具有较大的权重。因此，相比于 DSSAF 算法，IWF-DSSAF 算法在收敛性能上有显著提高。

4.5.5　扩散式最大相关熵自适应滤波算法

相关熵作为一种可以测量任意两个随机变量 X 和之间 Y 的相关性的方法，其定义为：

$$C(X,Y)=E[\kappa_\sigma(X-Y)]=\iint\kappa_\sigma(x-y)f_{X,Y}(x,y)\,\mathrm{d}x\mathrm{d}y\tag{4.104}$$

其中，$\kappa_\sigma(\cdot)$ 表示 Mercer 核函数，$f_{X,Y}(x,y)$ 表示联合概率密度函数。Mercer 核函数一般选择高斯核函数，其定义为：

$$\kappa_\sigma(x-y)=\frac{1}{\sigma\sqrt{2\pi}}\exp\left(-\frac{(x-y)^2}{2\sigma^2}\right)\tag{4.105}$$

其中，σ 表示核宽。将相关熵应用在分布式自适应滤波算法中，其代价函数为：

$$J^{\mathrm{local}}(k)=\sum_{j\in N_n}c_{jn}\left(\frac{1}{\sigma\sqrt{2\pi}}\exp\left(-\frac{e_n^2(k)}{2\sigma^2}\right)\right)\tag{4.106}$$

将分布式自适应滤波算法中的输出信号 $y_n(k)$ 和期望信号 $d_n(k)$ 看作两个随机变量。最大相关熵的目标是求式(4.106)最大值。式(4.106)采用最陡上升法，使用 ATC 策略，得到 DMCC 算法更新公式：

$$\begin{cases}\boldsymbol{\varphi}_n(k)=\boldsymbol{w}_n(k-1)+\dfrac{\mu_n}{\sigma^3\sqrt{2\pi}}\exp\left(-\dfrac{e_n^2(k)}{2\sigma^2}\right)e_n(k)\\ \boldsymbol{w}_n(k)=\sum\limits_{j\in N_n}c_{jn}\boldsymbol{\varphi}_j(k)\end{cases}\tag{4.107}$$

DMCC 算法在高斯核函数作用下有效抑制非高斯噪声干扰，并且具有良好的收敛性能以及稳态性能。

4.5.6 算法仿真及分析

在本实验中，网络由 20 个节点组成，联合参数 c_{jn} 由 Metropolis 准则获取，具体的网络拓扑结构如图 4.15 所示，区域范围为[0, 1.2]×[0, 1.2]。

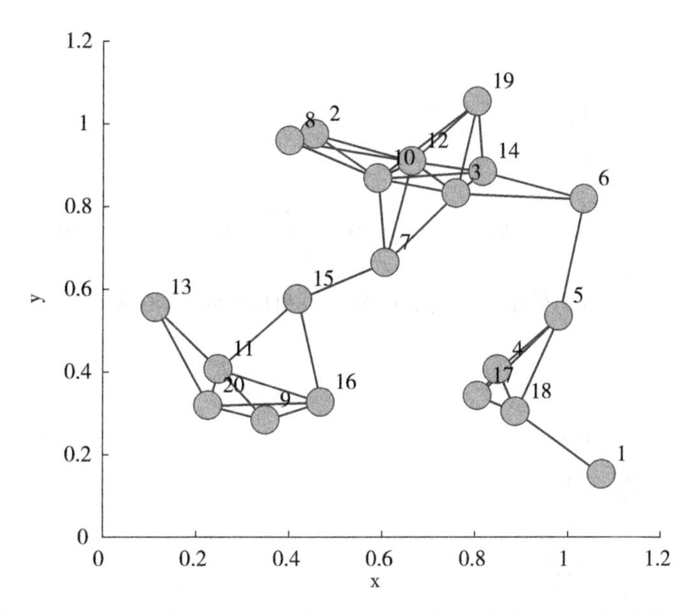

图 4.15 区域范围为[0, 1.2]×[0, 1.2]的 20 节点的扩散网络拓扑

另外，本部分算法使用 4 子带余弦调制滤波器组，分别对均值为零、方差为 $\sigma_{u,n}^2$ 的白信号和有色输入信号进行研究。有色信号 $\boldsymbol{u}_n(l)$ 是由高斯白色随机信号通过一阶系统 $H(z)=1/(1-0.95z^{-1})$ 产生的。为验证算法性能，本部分将所有算法应用到系统辨识系统。仿真中所用信道如图 4.16 所示，信道稀疏度的计算公式为：

$$\zeta(\boldsymbol{w}_0)=\frac{M}{M-\sqrt{M}}\left(1-\frac{\|\boldsymbol{w}_0\|_1}{\sqrt{M}\|\boldsymbol{w}_0\|_2}\right)\tag{4.108}$$

每个节点噪声 $\boldsymbol{\eta}_n(l)$ 由 $v_n(l)$ 和 $z_n(l)$ 两部分组成且 $\boldsymbol{\eta}_n(l)=v_n(l)+z_n(l)$，$v_n(l)$ 是均值为零、方差为 $\sigma_{v,n}^2$ 的高斯白噪声，$z_n(l)$ 为非高斯噪声，由伯努利过程和高斯过程产生的。伯努利过程表达式为 $z_n(l)=q_n(l)\varphi_n(l)$，$q_n(l)$ 是均值为零的高斯白噪声，$\varphi_n(l)$ 满足伯努利条件，其概率密度函数 $P\{\varphi_n=0\}=1-P_r$，$P\{\varphi_n=1\}=P_r$。P_r 表示脉冲干扰发生的概率。在本书实验中 P_r 设为不同的值，分别为 0.01 和 0.1，对应的非高斯噪声如图 4.17 所示。

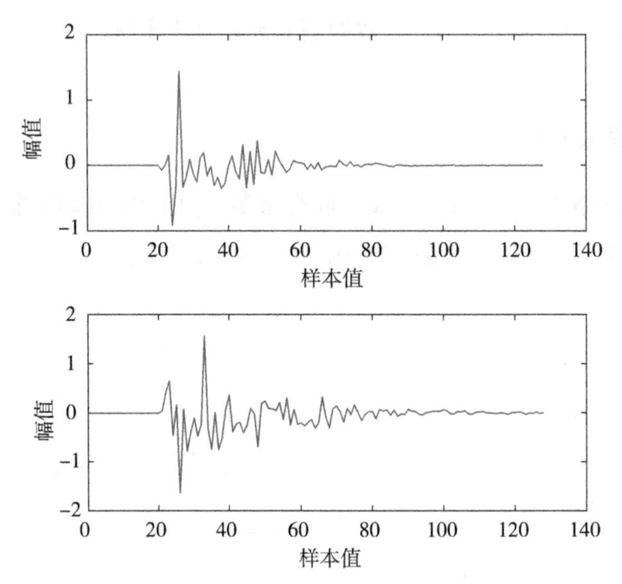

图 4.16　稀疏度分别为 0.751(上)和 0.595(下)的稀疏信道

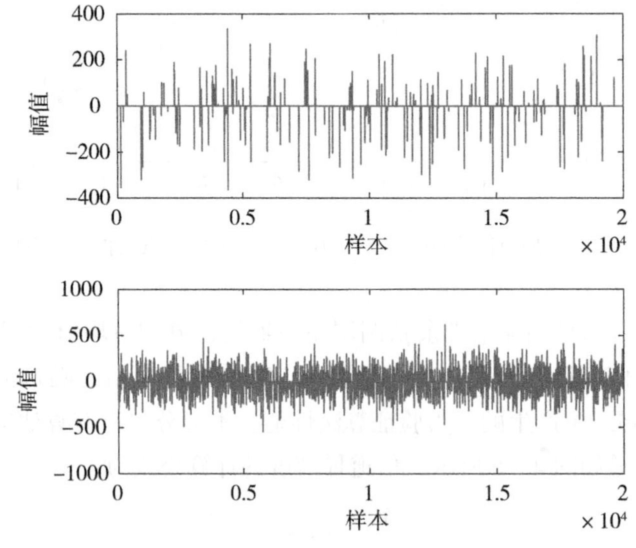

图 4.17　$P_r=0.01$(上)和 $P_r=0.1$(下)的非高斯噪声

图 4.18 分别表示各节点输入信号方差 $\sigma_{u,n}^2$ 和高斯白噪声方差 $\sigma_{v,n}^2$。为了验证算法在不同噪声的收敛性能，分别定义信噪比(Signal-to-Noise Ratio，SNR)和信号干扰比(Signal-to-Interference Ratio，SIR)。

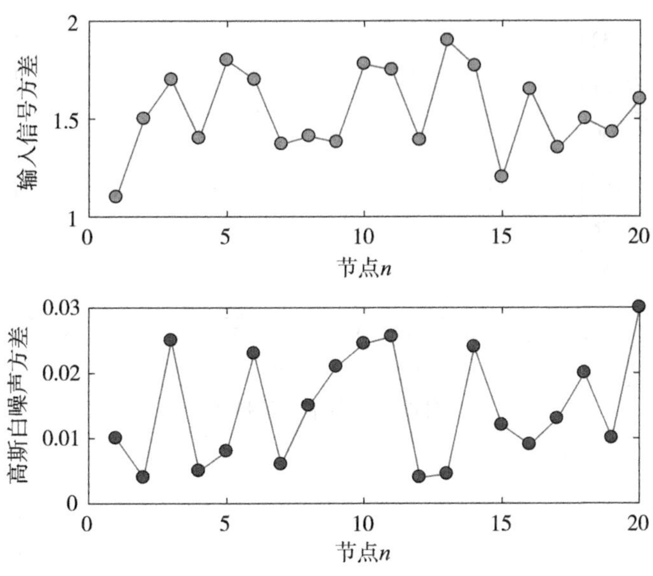

图 4.18 输入信号和高斯噪声的方差

SNR 定义为：

$$\mathrm{SNR} = 10\log\frac{\sigma_{d,n}^2}{\sigma_{v,n}^2} \tag{4.109}$$

SIR 定义为：

$$\mathrm{SIR} = 10\log\frac{\sigma_{d,n}^2}{\sigma_{z,n}^2} \tag{4.110}$$

其中，$\sigma_{d,n}^2$，$\sigma_{v,n}^2$ 和 $\sigma_{z,n}^2$ 分别为 $\boldsymbol{u}_n^{\mathrm{T}}(l)\boldsymbol{w}_0$，$v_n(l)$ 和 $z_n(l)$ 的方差，$\sigma_{z,n}^2 = 1000E[[\boldsymbol{u}_n^{\mathrm{T}}(l)\boldsymbol{w}_0]^2]$。图 4.19 所示为各节点的信噪比(SNR)，图 4.20 分别表示 $P_r = 0.01$ 和 $P_r = 0.1$ 的各节点信号干扰比(SIR)。

本实验采用网络均方误差(Network Mean Square Deviation，NMSD)作为算法收敛性能的衡量标准。

$$\mathrm{NMSD} = \frac{1}{N}\sum_{n=1}^{N} 10\log\frac{\|\boldsymbol{w}_n - \boldsymbol{w}_0\|^2}{\|\boldsymbol{w}_0\|^2} \tag{4.111}$$

NMSD 的值越小意味着自适应滤波器越逼近未知系统。为了更加方便比较不同算法之间的差异，学习曲线为 30 次独立仿真后使其取平均的结果。算法中有关参数设置为 $\iota = 0.01$，$\varepsilon = \varepsilon_1 = 0.01$，$\delta = 0.01$，$\alpha = 0.5$。未知信道和滤波器长度为 $M = 128$。

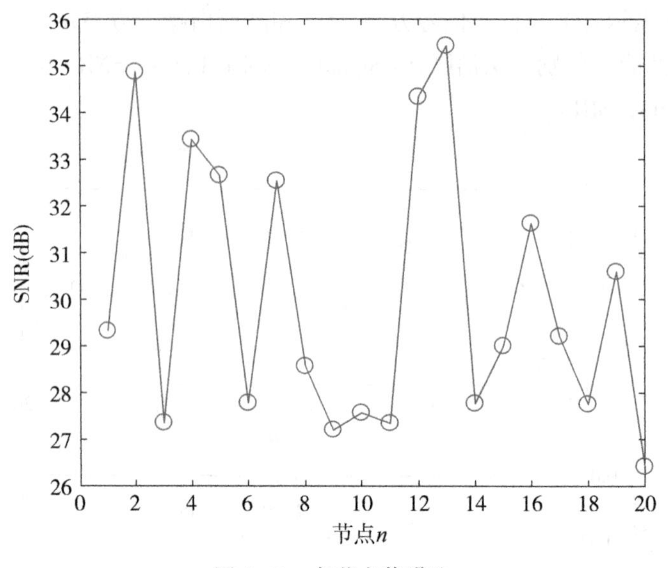

图4.19 各节点信噪比

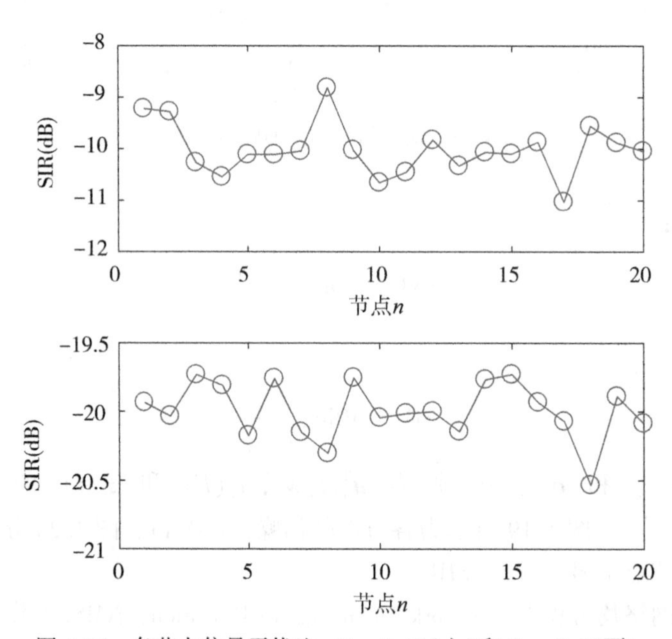

图4.20 各节点信号干扰比，$P_r=0.01$(上)和$P_r=0.1$(下)

图4.21为DLMS算法、DAPA和DSAF算法在高斯条件下，有色信号作为输入信号的NMSD收敛曲线图。实验仿真中所用稀疏信道如图4.16(上)所示，信噪比如图4.19所示。DAPA的仿射投影阶数为4。DLMS算法的步长参数为0.0003，DAPA的步长参数为0.09，DSAF算法的步长为0.9。

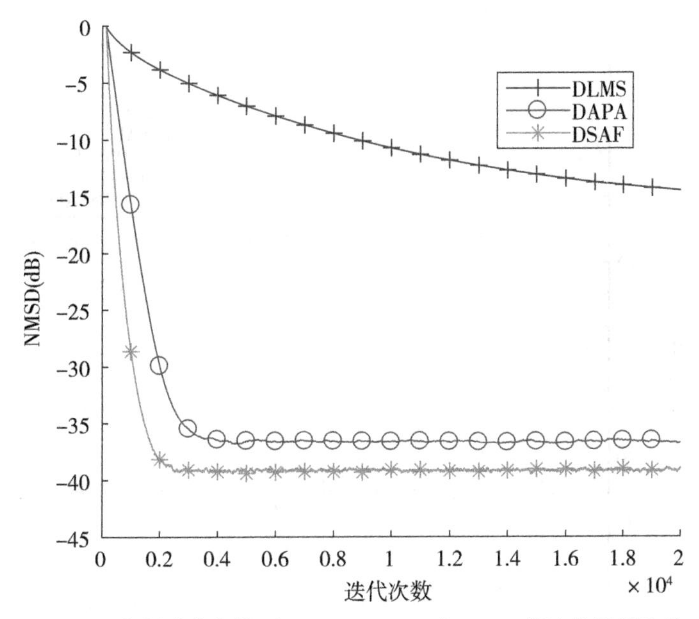

图 4.21　高斯噪声条件下 DLMS、DAPA 和 DSAF 算法的性能比较

由图 4.21 可以看出，在高斯噪声环境下并且有色信号作为输入时，DLMS 算法的收敛性能及稳态性能效果非常差。DAPA 通过数据重用来达到算法的稳定性和收敛性，DSAF 算法通过滤波器组对有色信号进行分割使其收敛性和稳定性优于 DAPA。

(1) $P_r = 0.01$ 的非高斯噪声条件下，白信号作为输入的 DSAF 算法、DSSAF 算法、IWF-DSSAF 算法、IPDSSAF 算法和 IWF-IPDSSAF 算法性能比较。

如图 4.22 所示为 $P_r = 0.01$ 的非高斯噪声条件下白信号作为输入信号的 DSAF 算法、DSSAF 算法、IWF-DSSAF 算法、IPDSSAF 算法和 IWF-IPDSSAF 算法的 NMSD 收敛曲线。实验仿真中所用稀疏信道如图 4.16(上)所示，非高斯噪声如图 4.17(上)所示。信噪比如图 4.19 所示，信号干扰比如图 4.20(上)所示。DSAF 算法的步长参数为 0.5，DSSAF 算法的步长参数为 0.14，IWF-DSSAF 算法的步长参数为 0.07，IPDSSAF 算法的步长参数为 0.02，IWF-IPDSSAF 算法的步长参数为 0.08。

由图 4.22 可以看出，在非高斯噪声条件下，DSAF 算法收敛以及稳态性能很差。由于符号函数对非高斯噪声有一定抑制作用，其他四种算法在非高斯噪声环境下有很好的稳健性和收敛性。将其他算法的收敛速度保持一致时，IPDSSAF 算法和 IWF-IPDSSAF 算法的稳态误差优于 DSSAF 算法和 IWF-DSSAF 算法，是由于自适应增益矩阵的优势改善了算法的收敛性能。DSSAF 算法和 IWF-DSSAF 算法以及 IPDSSAF 算法、IWF-IPDSSAF 算法收敛速度和稳态误差分别几乎相同，这是因为 IWF-DSSAF 算法和 IWF-IPDSSAF 算法分别是 DSSAF 算法和 IPDSSAF 算法的子带变体，而子带分割白信号在一般强度非高斯噪声干扰不起作用。

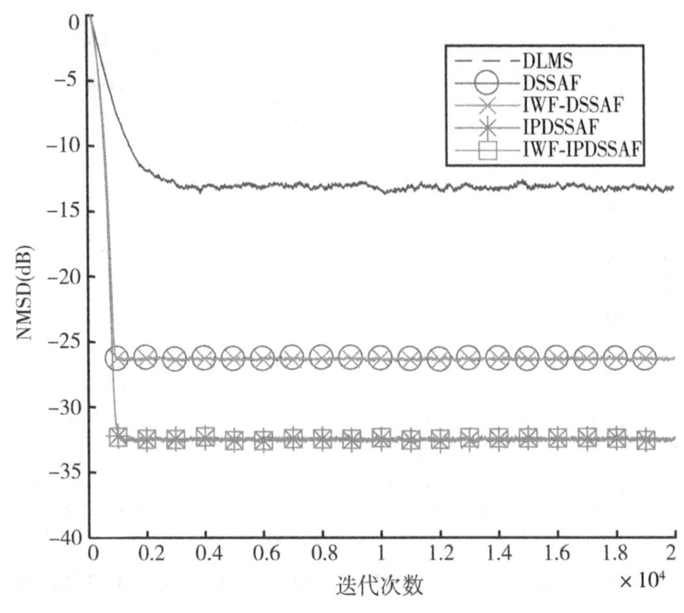

图 4.22　P_r = 0.01 的非高斯噪声条件下白信号作为输入信号的各类算法的性能比较

(2) P_r = 0.1 的非高斯噪声条件下，白信号作为输入的 DSAF 算法、DSSAF 算法、IWF-DSSAF 算法、IPDSSAF 算法和 IWF-IPDSSAF 算法性能比较。

如图 4.23 所示为 P_r = 0.1 的非高斯噪声条件下白信号作为输入信号的 DSAF 算法、DSSAF 算法、IWF-DSSAF 算法、IPDSSAF 算法和 IWF-IPDSSAF 算法的 NMSD 收敛曲线。实验仿真中所用稀疏信道如图 4.16(上)所示，非高斯噪声如图 4.17(下)所示。信噪比如图 4.19 所示，信号干扰比如图 4.20(下)所示。DSAF 算法的步长参数为 0.25，DSSAF 算法的步长参数为 0.7，IWF-DSSAF 算法的步长参数为 0.34，IPDSSAF 算法的步长参数为 0.065，IWF-IPDSSAF 算法的步长参数为 0.4。

由图 4.23 可以看出，将 P_r 的值从 0.01 增大到 0.1，DSAF 算法已经完成失效，不在适用于非高斯噪声环境。DSSAF 算法与 IWF-DSSAF 算法的收敛性能和稳态性能几乎相近。保持一致的稳态误差，IPDSSAF 算法和 IWF-IPDSSAF 算法的稳态误差性能由于自适应增益矩阵的优势完全优于 DSSAF 算法与 IWF-DSSAF 算法，IWF-IPDSSAF 算法的稳态误差达到−16dB 左右，IPDSSAF 算法的稳态误差达到−15dB 左右，两种算法的稳态性能非常接近。相比于图 3.9，所有算法的收敛性能和稳态误差都变差。

(3) P_r = 0.01 的非高斯噪声条件下，有色信号作为输入的 DSAF 算法、DSSAF 算法、IWF-DSSAF 算法、IPDSSAF 算法和 IWF-IPDSSAF 算法性能比较。

如图 4.24 所示为 P_r = 0.01 的非高斯噪声条件下有色信号作为输入信号的 DSAF 算法、DSSAF 算法、IWF-DSSAF 算法、IPDSSAF 算法和 IWF-IPDSSAF 算法的 NMSD 收敛曲线。实验仿真中所用稀疏信道如图 4.16(上)所示，非高斯噪声如图 4.17(上)所示。信噪比如

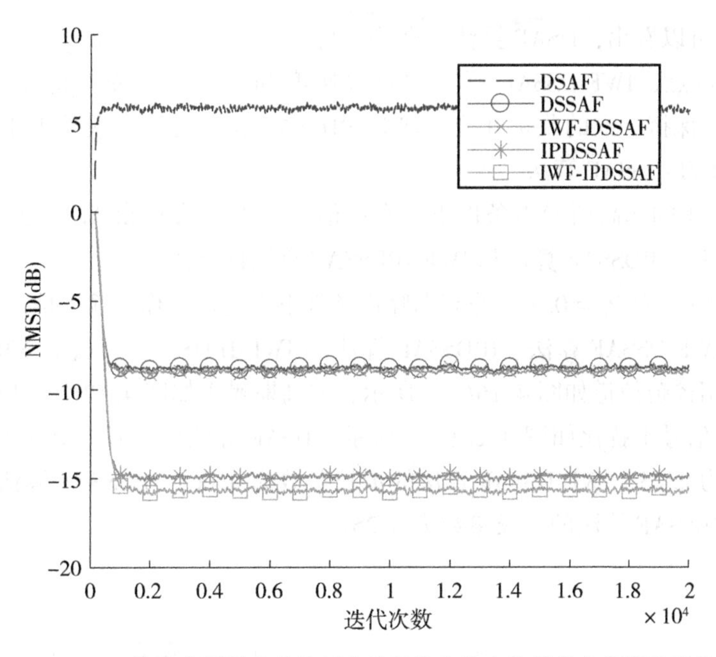

图 4.23　$P_r = 0.1$ 的非高斯噪声条件下白信号作为输入信号的各类算法的性能比较

图 4.19 所示，信号干扰比如图 4.20(上)所示。DSAF 算法的步长参数为 0.1，DSSAF 算法的步长参数为 0.42，IWF-DSSAF 算法的步长参数为 0.055，IPDSSAF 算法的步长参数为 0.0158，IWF-IPDSSAF 算法的步长参数为 0.3。

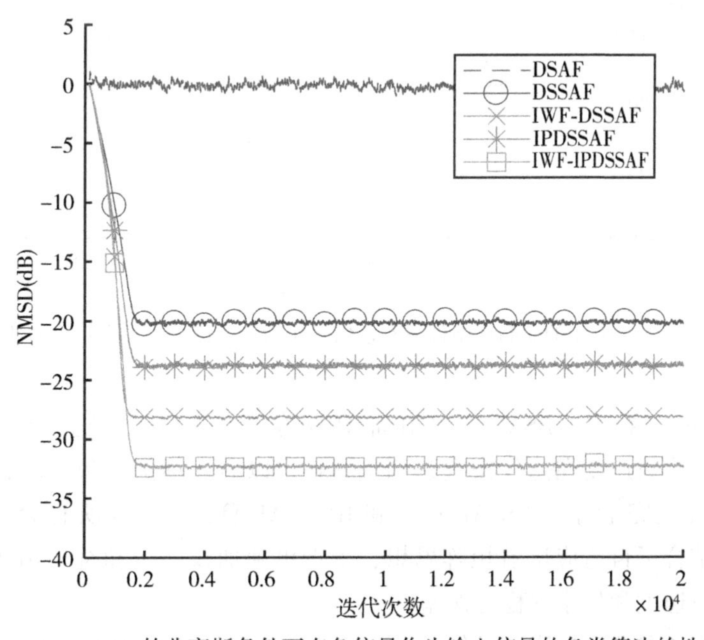

图 4.24　$P_r = 0.01$ 的非高斯条件下有色信号作为输入信号的各类算法的性能比较

由图 4.24 可以看出，DSAF 算法在非高斯噪声干扰下已经失效。充分利用子带的单独加权因子的特点，IWF-DSSAF 算法的收敛速度和稳态误差完全优于 DSSAF 算法和 IPDSSAF 算法。保持一致的收敛速度，IWF-IPDSSAF 算法的稳态误差由于自适应增益矩阵的优势小于 IWF-DSSAF 算法。

(4) $P_r=0.1$ 的非高斯噪声条件下，有色信号作为输入的 DSAF 算法、DSSAF 算法、IWF-DSSAF 算法、IPDSSAF 算法和 IWF-IPDSSAF 算法性能比较。

如图 4.25 所示为 $P_r=0.1$ 的非高斯噪声条件下有色信号作为输入信号的 DSAF 算法、DSSAF 算法、IWF-DSSAF 算法、IPDSSAF 算法和 IWF-IPDSSAF 算法的 NMSD 收敛曲线。实验仿真中所用稀疏信道如图 4.16(上)所示，非高斯噪声如图 4.17(下)所示。信噪比如图 4.19 所示，信号干扰比如图 4.20(下)所示。DSAF 算法的步长参数为 0.1，DSSAF 算法的步长参数为 0.25，IWF-DSSAF 算法的步长参数为 0.06，IPDSSAF 算法的步长参数为 0.021，IWF-IPDSSAF 算法的步长参数为 0.25。

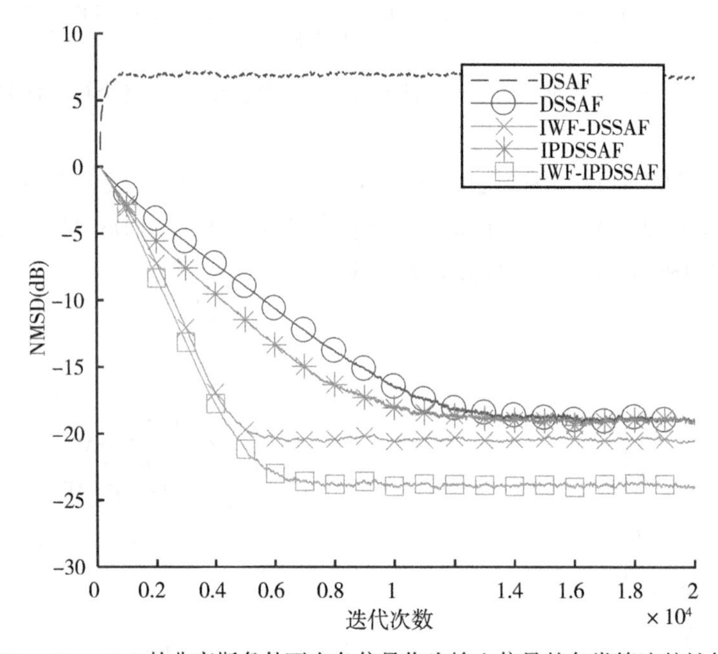

图 4.25　$P_r=0.1$ 的非高斯条件下有色信号作为输入信号的各类算法的性能比较

由图 4.25 可以看出，DSAF 算法在非高斯噪声干扰下已经失效。DSSAF 算法和 IPDSSAF 算法的收敛速度在迭代次数达到 10000 次以后才逐渐收敛。IWF-DSSAF 算法收敛性能和稳态性能完全好于 DSSAF 算法和 IPDSSAF 算法。其他所有的算法相比，IWF-IPDSSAF 算法结合了自适应增益矩阵思想、子带单独加权因子和符号函数的优势，使其具有最快的收敛速度和最小的稳态误差。

(5) $P_r=0.01$ 的非高斯噪声条件下，双稀疏信道下的 DSAF 算法、DSSAF 算法、IWF-

DSSAF 算法、IPDSSAF 算法和 IWF-IPDSSAF 算法跟踪性能比较。

如图 4.26 所示为 $P_r=0.01$ 的非高斯噪声条件下有色信号作为输入信号的 DSAF 算法、DSSAF 算法、IWF-DSSAF 算法、IPDSSAF 算法和 IWF-IPDSSAF 算法的跟踪曲线。当迭代次数 <20000 时，稀疏信道如图 4.16(上)所示，迭代次数 $\geqslant 20000$ 时，稀疏信道如图 4.16(下)所示，非高斯噪声如图 4.17(下)所示。信噪比如图 4.19 所示，信号干扰比如图 4.20(上)所示。DSAF 算法的步长参数为 0.1，DSSAF 算法的步长参数为 0.42，IWF-DSSAF 算法的步长参数为 0.055，IPDSSAF 算法的步长参数为 0.0158，IWF-IPDSSAF 算法的步长参数为 0.3。

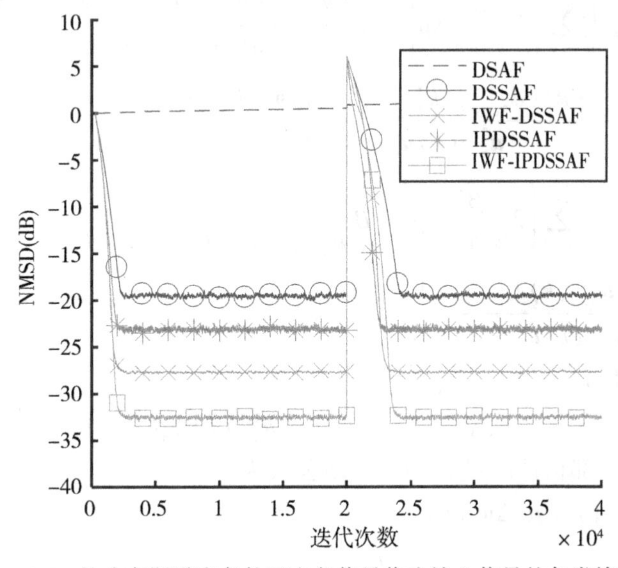

图 4.26 $P_r=0.01$ 的非高斯噪声条件下有色信号作为输入信号的各类算法的跟踪性能

由图 4.26 可以看出，DSAF 算法都已经失效。在不同稀疏信道下，当稀疏信道发生突变时，DSSAF 算法、IWF-DSSAF 算法、IPDSSAF 算法和 IWF-IPDSSAF 算法都可以进行快速调整，再次达到收敛。因此，这四种算法在非高斯条件下和稀疏信道中具有很好的跟踪性。

4.6 最大相关熵扩散式子带自适应滤波算法

令上一节式(4.105)中的 x 变量为子带期望信号 $d_{n,i,D}(k)$，式(4.105)中的 y 变量为子带输出信号 $\boldsymbol{u}_{n,i}^{\mathrm{T}}(k)\boldsymbol{w}_n(k-1)$，基于相关熵准则全局子带自适应滤波算法代价函数为：

$$J^{\mathrm{glob}}(k)=\sum_{n=1}^{N}\sum_{i=0}^{I-1}\left(\sqrt{\frac{\beta}{\pi}}\exp\left[-\beta\frac{(d_{n,i,D}(k)-\boldsymbol{u}_{n,i}^{\mathrm{T}}(k)\boldsymbol{w}_n(k-1))^2}{\boldsymbol{u}_{n,i}^{\mathrm{T}}(k)\boldsymbol{u}_{n,i}(k)+\varepsilon}\right]\right) \tag{4.112}$$

其中，β 是与核宽 σ 有关的核参数且 $\beta=1/2\sigma^2$，ε 为正则化参数，防止分母为零。

全局网络中需要大量通信资源和能量，并且对系统的实时性要求较高。而分布式网络能够很好解决全局网络中所遇到的困难。因此，将全局代价函数转换成局部代价函数。对于分布式网络，局部代价函数可以写成局部加权熵的线性组合，其表示为：

$$J^{\mathrm{loc}}(k)=\sum_{j\in N_n}c_{jn}\left(\sum_{i=0}^{I-1}\left(\sqrt{\frac{\beta}{\pi}}\exp\left[-\beta\frac{(d_{n,i,D}(k)-\boldsymbol{u}_{n,i}^{\mathrm{T}}(k)\boldsymbol{w}_n(k-1))^2}{\boldsymbol{u}_{n,i}^{\mathrm{T}}(k)\boldsymbol{u}_{n,i}(k)+\varepsilon}\right]\right)\right) \tag{4.113}$$

$J^{\mathrm{loc}}(k)$ 对权向量 $\boldsymbol{w}_n(k)$ 求导，得到权向量的增量 $\Delta\boldsymbol{w}_n(k)$：

$$\begin{aligned}\Delta\boldsymbol{w}_n(k)&=\frac{\partial J^{\mathrm{loc}}(k)}{\partial\boldsymbol{w}_n(k)}\\&=\sum_{j\in N_n}c_{jn}\left(\sum_{i=0}^{I-1}\left(2\sqrt{\frac{\beta^3}{\pi}}\exp\left[-\beta\frac{(d_{n,i,D}(k)-\boldsymbol{u}_{n,i}^{\mathrm{T}}(k)\boldsymbol{w}_n(k-1))^2}{\boldsymbol{u}_{n,i}^{\mathrm{T}}(k)\boldsymbol{u}_{n,i}(k)+\varepsilon}\right]\right)\right.\\&\qquad\left.\times\frac{\boldsymbol{u}_{n,i}(k)(d_{n,i,D}(k)-\boldsymbol{u}_{n,i}^{\mathrm{T}}(k)\boldsymbol{w}_n(k-1))}{\boldsymbol{u}_{n,i}^{\mathrm{T}}(k)\boldsymbol{u}_{n,i}(k)+\varepsilon}\right)\\&=\sum_{j\in N_n}c_{jn}\left(\sum_{i=0}^{I-1}\left(2\sqrt{\frac{\beta^3}{\pi}}\exp\left[-\beta\frac{e_{n,i,D}^2(k)}{\boldsymbol{u}_{n,i}^{\mathrm{T}}(k)\boldsymbol{u}_{n,i}(k)+\varepsilon}\right]\right)\right.\\&\qquad\left.\times\frac{\boldsymbol{u}_{n,i}(k)e_{n,i,D}(k)}{\boldsymbol{u}_{n,i}^{\mathrm{T}}(k)\boldsymbol{u}_{n,i}(k)+\varepsilon}\right)\end{aligned} \tag{4.114}$$

其中，子带误差向量 $e_{n,i,D}(k)$ 为：

$$e_{n,i,D}(k)=d_{n,i,D}(k)-\boldsymbol{u}_{n,i}^{\mathrm{T}}(k)\boldsymbol{w}_n(k-1) \tag{4.115}$$

采用最陡上升法，局部估计向量 $\boldsymbol{w}_n(k)$ 更新公式为：

$$\begin{aligned}\boldsymbol{w}_n(k)&=\boldsymbol{w}_n(k-1)+\mu_n\Delta\boldsymbol{w}_n(k)\\&=\boldsymbol{w}_n(k-1)+\mu_n\sum_{j\in N_n}c_{jn}\left(\sum_{i=0}^{I-1}\left(2\sqrt{\frac{\beta^3}{\pi}}\exp\left[-\beta\frac{e_{n,i,D}^2(k)}{u_{n,i}^{\mathrm{T}}(k)u_{n,i}(k)+\varepsilon}\right]\right)\right.\\&\qquad\left.\times\frac{\boldsymbol{u}_{n,i}(k)e_{n,i,D}(k)}{\boldsymbol{u}_{n,i}^{\mathrm{T}}(k)\boldsymbol{u}_{n,i}(k)+\varepsilon}\right)\end{aligned} \tag{4.116}$$

局部估计向量 $\boldsymbol{w}_n(k)$ 是中间估计向量 $\boldsymbol{\varphi}_n(k)$ 的线性组合，它们的关系表示为：

$$\boldsymbol{w}_n(k)=\sum_{j\in N_n}c_{jn}\boldsymbol{\varphi}_n(k) \tag{4.117}$$

根据式(4.117)，$\Delta\boldsymbol{w}_n(k)$ 可以表示为：

$$\Delta\boldsymbol{w}_n(k)=\sum_{j\in N_n}c_{jn}\Delta\boldsymbol{\varphi}_n(k) \tag{4.118}$$

其中，$\Delta\boldsymbol{\varphi}_n(k)$ 表示中间估计向量的增量。结合式(4.114)和式(4.118)，中间估计向量的增量 $\Delta\boldsymbol{\varphi}_n(k)$ 为：

$$\Delta\boldsymbol{\varphi}_n(k)=\sqrt{\frac{2\beta^3}{\pi}}\sum_{i=0}^{I-1}\exp\left[-\beta\frac{e_{n,i,D}^2(k)}{\boldsymbol{u}_{n,i}^{\mathrm{T}}(k)\boldsymbol{u}_{n,i}(k)+\varepsilon}\right]\times\frac{\boldsymbol{u}_{n,i}(k)e_{n,i,D}(k)}{\boldsymbol{u}_{n,i}^{\mathrm{T}}(k)\boldsymbol{u}_{n,i}(k)+\varepsilon} \tag{4.119}$$

根据式(4.116)，中间估计向量 $\boldsymbol{\varphi}_n(k)$ 的更新方程表示为：

$$\begin{aligned}\boldsymbol{\varphi}_n(k) &= \boldsymbol{\varphi}_n(k-1) + \mu_n \Delta\boldsymbol{\varphi}_n(k) \\ &= \boldsymbol{\varphi}_n(k-1) + \mu_n \sqrt{\frac{2\beta^3}{\pi}} \sum_{i=0}^{I-1} \exp\left[-\beta \frac{e_{n,i,D}^2(k)}{\boldsymbol{u}_{n,i}^{\mathrm{T}}(k)\boldsymbol{u}_{n,i}(k)+\varepsilon}\right] \times \frac{\boldsymbol{u}_{n,i}(k)e_{n,i,D}(k)}{\boldsymbol{u}_{n,i}^{\mathrm{T}}(k)\boldsymbol{u}_{n,i}(k)+\varepsilon}\end{aligned} \tag{4.120}$$

式(4.98)中的局部估计向量 $\boldsymbol{w}_n(k)$ 相比于中间估计向量 $\boldsymbol{\varphi}_n(k)$ 含有更多来自邻居节点信息。将式(4.98)中的 $\boldsymbol{\varphi}_n(k-1)$ 替换成 $\boldsymbol{w}_n(k-1)$，其更新公式重新写为：

$$\begin{aligned}\boldsymbol{\varphi}_n(k) &= \boldsymbol{w}_n(k-1) + \mu_n \Delta\boldsymbol{\varphi}_n(k) \\ &= \boldsymbol{w}_n(k-1) + \mu_n \sqrt{\frac{2\beta^3}{\pi}} \sum_{i=0}^{I-1} \exp\left[-\beta \frac{e_{n,i,D}^2(k)}{\boldsymbol{u}_{n,i}^{\mathrm{T}}(k)\boldsymbol{u}_{n,i}(k)+\varepsilon}\right] \times \frac{\boldsymbol{u}_{n,i}(k)e_{n,i,D}(k)}{\boldsymbol{u}_{n,i}^{\mathrm{T}}(k)\boldsymbol{u}_{n,i}(k)+\varepsilon}\end{aligned} \tag{4.121}$$

结合式(4.94)和式(4.99)，采用 ATC 策略，MCC-DSAF 算法的最终更新公式为：

$$\begin{cases}\boldsymbol{\varphi}_n(k) = \boldsymbol{w}_n(k-1) + \mu_n \sqrt{\dfrac{2\beta^3}{\pi}} \displaystyle\sum_{i=0}^{I-1} \exp\left[-\beta \dfrac{e_{n,i,D}^2(k)}{\boldsymbol{u}_{n,i}^{\mathrm{T}}(k)\boldsymbol{u}_{n,i}(k)+\varepsilon}\right] \times \dfrac{\boldsymbol{u}_{n,i}(k)e_{n,i,D}(k)}{\boldsymbol{u}_{n,i}^{\mathrm{T}}(k)\boldsymbol{u}_{n,i}(k)+\varepsilon} \\ \boldsymbol{w}_n(k) = \displaystyle\sum_{j\in N_n} c_{jn}\boldsymbol{\varphi}_j(k)\end{cases} \tag{4.122}$$

在 DSAF 算法的基础上，采用最大相关熵准则作为其代价函数推导而来的 MCC-DSAF 算法，当算法的误差信号受非高斯噪声影响而增大时，其代价函数的导数近似等于 0，即滤波器权系数不再更新，从而保证了算法在非高斯噪声环境下依然保持良好的收敛速度；当算法中的误差信号影响较小时，滤波器权系数较大，保证了算法可以获取较快收敛速度。

4.7 最大相关熵改进比例扩散式子带自适应滤波算法

4.7.1 算法描述

MCC-DSAF 算法在非高斯噪声环境下具有较好的收敛特性，但是当未知系统具有稀疏特性时，MCC-DSAF 算法的收敛性能变差。为此，本节采用自适应增益矩阵思想来提高 MCC-DSAF 算法在稀疏环境下的收敛性能。其中，本节将 MCC-DSAF 算法与自适应增益矩阵进行有效结合，提出了 MCC-IPDSAF 算法，其更新公式为：

$$\begin{cases}\boldsymbol{\varphi}_n(k) = \boldsymbol{w}_n(k-1) + \mu_n \sqrt{\dfrac{2\beta^3}{\pi}} \displaystyle\sum_{i=0}^{I-1} \exp\left[-\beta \dfrac{e_{n,i,D}^2(k)}{\boldsymbol{u}_{n,i}^{\mathrm{T}}(k)\boldsymbol{u}_{n,i}(k)+\varepsilon}\right] \times \dfrac{\boldsymbol{G}_n(k)\boldsymbol{u}_{n,i}(k)e_{n,i,D}(k)}{\boldsymbol{u}_{n,i}^{\mathrm{T}}(k)\boldsymbol{G}_n(k)\boldsymbol{u}_{n,i}(k)+\varepsilon} \\ \boldsymbol{w}_n(k) = \displaystyle\sum_{j\in N_n} c_{jn}\boldsymbol{\varphi}_j(k)\end{cases} \tag{4.123}$$

该算法中的自适应增益矩阵思想是自适应增益矩阵 $\boldsymbol{G}_n(k)$ 成比例地调节局部估计向量 $\boldsymbol{w}_n(k)$，较大的滤波器权系数分配较大步长，这样大幅度缩短的算法的收敛时间，从而改善算法的收敛性能。

自适应增益矩阵 $\boldsymbol{G}_n(k)$ 表示为：

$$\boldsymbol{G}_n(k)=\mathrm{diag}[g_{n,1}(k),\ g_{n,2}(k),\ \cdots g_{n,M}(k)] \tag{4.124}$$

自适应增益矩阵 $\boldsymbol{G}_n(k)$ 的元素 $g_{n,m}(k)$ 的取值为：

$$g_{n,m}(k)=\frac{1-\alpha}{2M}+\frac{(1+\alpha)\,|w_{n,m}(k)|}{2\,\|\boldsymbol{w}_n(k)\|_1+\varepsilon_1},\quad -1<\alpha<1 \tag{4.125}$$

其中，$w_{n,m}(k)$ 是 $\boldsymbol{w}_n(k)$ 的第 m 个元素，α 是一个与系统稀疏度有关的参数。ε_1 表示正则化参数，防止分母为零。

4.7.2 算法性能分析

算法的收敛性与稳态性是评价算法性能的重要指标，下面将对 MCC-DSAF 算法的收敛性和稳定性进行分析。

为便于分析，本书定义以下各全局变量：

$$\boldsymbol{w}(k)=\mathrm{col}\{\boldsymbol{w}_1(k),\ \boldsymbol{w}_2(k),\ \cdots,\ \boldsymbol{w}_N(k)\} \tag{4.126}$$

$$\boldsymbol{\varphi}(k)=\mathrm{col}\{\boldsymbol{\varphi}_1(k),\ \boldsymbol{\varphi}_2(k),\ \cdots,\ \boldsymbol{\varphi}_N(k)\} \tag{4.127}$$

$$\boldsymbol{U}(k)=\mathrm{diag}\{\boldsymbol{u}_1(k),\ \boldsymbol{u}_2(k),\ \cdots,\ \boldsymbol{u}_N(k)\} \tag{4.128}$$

$$\boldsymbol{u}_n(k)=\mathrm{col}\{\boldsymbol{u}_{n,0}(k),\ \boldsymbol{u}_{n,1}(k),\ \cdots,\ \boldsymbol{u}_{n,I-1}(k)\} \tag{4.129}$$

$$\boldsymbol{d}(k)=\mathrm{col}\{d_{1,0}(k),\ \cdots,\ d_{1,I-1}(k),\ \cdots,\ d_{N,0}(k),\ \cdots,\ d_{N,I-1}(k)\} \tag{4.130}$$

$$\boldsymbol{v}(k)=\mathrm{col}\{\eta_{1,0}(k),\ \cdots,\ \eta_{1,I-1}(k),\ \cdots,\ \eta_{N,0}(k),\ \cdots,\ \eta_{N,I-1}(k)\} \tag{4.131}$$

其中，$\mathrm{col}\{\cdot\}$ 表示列向量，$\mathrm{diag}\{\cdot\}$ 表示对角矩阵。整个网络中的期望信号 $\boldsymbol{d}(k)=\boldsymbol{U}^{\mathrm{T}}(k)\boldsymbol{w}^0+\boldsymbol{v}(k)$，$\boldsymbol{w}^0=\boldsymbol{I}\boldsymbol{w}_0$，$I=\mathrm{col}\{\boldsymbol{I}_M,\ \boldsymbol{I}_M,\ \cdots,\ \boldsymbol{I}_M\}$ 是一个 $MN\times M$ 的单位矩阵。

$\boldsymbol{H}(k)$ 定义为：

$$\begin{cases}\boldsymbol{H}(k)=\mathrm{diag}\left\{\dfrac{1}{\boldsymbol{u}_{1,0}^{\mathrm{T}}(k)\boldsymbol{u}_{1,0}(k)+\varepsilon},\ \cdots,\ \dfrac{1}{\boldsymbol{u}_{1,I-1}^{\mathrm{T}}(k)\boldsymbol{u}_{1,I-1}(k)+\varepsilon},\right.\\ \qquad\left.\cdots,\ \dfrac{1}{\boldsymbol{u}_{N,0}^{\mathrm{T}}(k)\boldsymbol{u}_{N,0}(k)+\varepsilon},\ \cdots,\ \dfrac{1}{\boldsymbol{u}_{N,I-1}^{\mathrm{T}}(k)\boldsymbol{u}_{N,I-1}(k)+\varepsilon}\right\}\end{cases} \tag{4.132}$$

$\boldsymbol{P}$ 矩阵是局部步长参数的集合，定义为：

$$\boldsymbol{P}=\mathrm{diag}\{\mu_1,\ \mu_2,\ \cdots,\ \mu_N\}\otimes\boldsymbol{I}_M \tag{4.133}$$

其中，$\otimes$ 符号表示克罗内克积。接下来，$N\times N$ 的联合系数矩阵 $\boldsymbol{C}$ 定义为：

$$\boldsymbol{C}=\begin{bmatrix}c_{1,1} & c_{1,2} & \cdots & c_{1,N}\\ c_{2,1} & c_{2,2} & \cdots & c_{2,N}\\ \vdots & \vdots & & \vdots\\ c_{N,1} & c_{N,2} & \cdots & c_{N,N}\end{bmatrix} \tag{4.134}$$

这里，矩阵 $\boldsymbol{C}$ 中的任意行之和或任意列之和为 1。

矩阵 $\boldsymbol{A}$ 定义为：

$$\boldsymbol{A}=\boldsymbol{C}^{\mathrm{T}}\otimes\boldsymbol{I}_M \tag{4.135}$$

矩阵 $\boldsymbol{\Omega}(k)$ 定义为：

$$\boldsymbol{\Omega}(k)=\begin{bmatrix}2\sqrt{\frac{\beta^3}{\pi}}\exp\left[-\beta\frac{e_{1,0,D}^2(k)}{\boldsymbol{u}_{1,0}^{\mathrm{T}}(k)\boldsymbol{u}_{1,0}(k)+\varepsilon}\right],\cdots,\\ 2\sqrt{\frac{\beta^3}{\pi}}\exp\left[-\beta\frac{e_{1,I-1,D}^2(k)}{\boldsymbol{u}_{1,I-1}^{\mathrm{T}}(k)\boldsymbol{u}_{1,I-1}(k)+\varepsilon}\right],\cdots,\\ 2\sqrt{\frac{\beta^3}{\pi}}\exp\left[-\beta\frac{e_{N,0,D}^2(k)}{\boldsymbol{u}_{N,0}^{\mathrm{T}}(k)\boldsymbol{u}_{N,0}(k)+\varepsilon}\right],\cdots,\\ 2\sqrt{\frac{\beta^3}{\pi}}\exp\left[-\beta\frac{e_{N,I-1,D}^2(k)}{\boldsymbol{u}_{N,I-1}^{\mathrm{T}}(k)\boldsymbol{u}_{N,I-1}(k)+\varepsilon}\right]\end{bmatrix} \tag{4.136}$$

根据以上全局变量，MCC-DSAF 算法在全局网络中的更新方程为：

$$\begin{cases}\boldsymbol{\varphi}(k)=\boldsymbol{w}(k-1)+\boldsymbol{P\Omega}(k)\boldsymbol{H}(k)\boldsymbol{U}(K)[\boldsymbol{d}(k)-\boldsymbol{U}^{\mathrm{T}}(k)\boldsymbol{w}(k-1)]\\ \boldsymbol{w}(k)=\boldsymbol{A\varphi}(k)\end{cases} \tag{4.137}$$

为便于理论分析，我们做如下假设：

假设 1：输入信号 $\boldsymbol{u}_n(l)$ 和观测噪声 $\eta_n(l)$ 在时间和空间上相互独立。并且 $\boldsymbol{u}_n(l)$ 和 $\eta_n(l)$ 相互独立；

假设 2：子带输入信号 $\boldsymbol{u}_{n,i}(k)$ 接近于白信号；

假设 3：高斯核函数 $\left\{2\sqrt{\frac{\beta^3}{\pi}}\exp\left[-\beta\frac{e_{n,i,D}^2(k)}{\boldsymbol{u}_{n,i}^{\mathrm{T}}(k)\boldsymbol{u}_{n,i}(k)+\varepsilon}\right]\right\}$ 与子带输入信号 $\boldsymbol{u}_{n,i}(k)$ 相互独立。

其中，假设 1 常被应用在自适应滤波算法推导中。严格来讲，假设 3 并不能真正适用于所提算法中，因为项 $\left\{2\sqrt{\frac{\beta^3}{\pi}}\exp\left[-\beta\frac{e_{n,i,D}^2(k)}{\boldsymbol{u}_{n,i}^{\mathrm{T}}(k)\boldsymbol{u}_{n,i}(k)+\varepsilon}\right]\right\}$ 与误差函数有关，可以将其视为一项变步长。在文献中，变步长项与输入信号相互独立。因此，项 $\left\{2\sqrt{\frac{\beta^3}{\pi}}\exp\left[-\beta\frac{e_{n,i,D}^2(k)}{\boldsymbol{u}_{n,i}^{\mathrm{T}}(k)\boldsymbol{u}_{n,i}(k)+\varepsilon}\right]\right\}$ 与子带输入信号 $\boldsymbol{u}_{n,i}(k)$ 相互独立。

节点 n 的权误差向量表示为：

$$\widetilde{\boldsymbol{w}}_n(k)=\boldsymbol{w}_0-\boldsymbol{w}_n(k) \tag{4.138}$$

全局权误差向量表示为：

$$\widetilde{\boldsymbol{w}}(k)=\boldsymbol{w}^0-\boldsymbol{w}(k) \tag{4.139}$$

由于 $\boldsymbol{A}=\boldsymbol{C}^{\mathrm{T}}\otimes\boldsymbol{I}_M$，并且 $\|\boldsymbol{C}\|_2=1$，其中 $\boldsymbol{C}$ 是联合系数 c_{jn} 矩阵，所以 $\boldsymbol{A}=\boldsymbol{I}_{MN}$。为此，可以得到 $\boldsymbol{w}^0=\boldsymbol{A}\boldsymbol{w}_0$。在式(4.115)第二个方程 $\boldsymbol{w}(k)=\boldsymbol{A\varphi}(k)$ 中，将式(4.117)中的 $\boldsymbol{w}(k)$ 替

换成 $\boldsymbol{A\varphi}(k)$，式(4.117)重写为：

$$\begin{aligned}
&\widetilde{\boldsymbol{w}}(k)\\
&=\boldsymbol{w}^0-\boldsymbol{w}(k)\\
&=\boldsymbol{A}\boldsymbol{w}^0-\boldsymbol{A\varphi}(k)\\
&=\boldsymbol{A}\boldsymbol{w}^0-\boldsymbol{A}[\boldsymbol{w}(k-1)+\boldsymbol{P\Omega}(k)\boldsymbol{H}(k)\boldsymbol{U}(k)(\boldsymbol{d}(k)-\boldsymbol{U}^{\mathrm{T}}(k)\boldsymbol{w}(k-1))]\\
&=\boldsymbol{A}\widetilde{\boldsymbol{w}}(k-1)-\boldsymbol{A}[\boldsymbol{P\Omega}(k)\boldsymbol{H}(k)\boldsymbol{U}(k)(\boldsymbol{U}^{\mathrm{T}}(k)\boldsymbol{w}_0+\boldsymbol{v}(k)-\boldsymbol{U}^{\mathrm{T}}(k)\boldsymbol{w}(k-1))]\\
&=\boldsymbol{A}\widetilde{\boldsymbol{w}}(k-1)-\boldsymbol{A}[\boldsymbol{P\Omega}(k)\boldsymbol{H}(k)\boldsymbol{U}(k)(\boldsymbol{U}^{\mathrm{T}}(k)\widetilde{\boldsymbol{w}}(k-1)+\boldsymbol{v}(k))]\\
&=\boldsymbol{A}[\boldsymbol{I}_{MN}-\boldsymbol{P\Omega}(k)\boldsymbol{H}(k)\boldsymbol{U}(k)\boldsymbol{U}^{\mathrm{T}}(k)]\widetilde{\boldsymbol{w}}(k-1)-\boldsymbol{AP\Omega}(k)\boldsymbol{H}(k)\boldsymbol{U}^{\mathrm{T}}(k)\boldsymbol{v}(k)
\end{aligned} \tag{4.140}$$

(1)收敛性分析

式(4.118)两端同时进行期望处理，得到：

$$\begin{aligned}
E[\widetilde{\boldsymbol{w}}(k)]=\boldsymbol{A}[\boldsymbol{I}_{MN}-E[\boldsymbol{P\Omega}(k)\boldsymbol{H}(k)\boldsymbol{U}(k)\boldsymbol{U}^{\mathrm{T}}(k)]]E[\widetilde{\boldsymbol{w}}(k-1)]\\
-\boldsymbol{A}E[\boldsymbol{P\Omega}(k)\boldsymbol{H}(k)\boldsymbol{U}^{\mathrm{T}}(k)\boldsymbol{v}(k)]
\end{aligned} \tag{4.141}$$

由假设 3 得知 $\boldsymbol{\Omega}(k)$ 与 $\boldsymbol{U}(k)$ 相互独立。为此，我们可以得到：

$$E[\boldsymbol{P\Omega}(k)\boldsymbol{H}(k)\boldsymbol{U}(k)\boldsymbol{U}^{\mathrm{T}}(k)]=\boldsymbol{P}E[\boldsymbol{\Omega}(k)]\boldsymbol{R}_U \tag{4.142}$$

其中，$\boldsymbol{R}_U=E[\boldsymbol{H}(k)\boldsymbol{U}(k)\boldsymbol{U}^{\mathrm{T}}(k)]=E\left[\sum_{i=0}^{I-1}\frac{\boldsymbol{u}_{n,i}(k)\boldsymbol{u}_{n,i}^{\mathrm{T}}(k)}{\boldsymbol{u}_{n,i}^{\mathrm{T}}(k)\boldsymbol{u}_{n,i}(k)+\varepsilon}\right]$。

由假设 1 可知，式(4.119)右端最后一项为零，也即：

$$E[\boldsymbol{P\Omega}(k)\boldsymbol{H}(k)\boldsymbol{U}^{\mathrm{T}}(k)\boldsymbol{v}(k)]=0 \tag{4.143}$$

因此，式(4.119)重新写为：

$$E[\widetilde{\boldsymbol{w}}(k)]=\boldsymbol{A}[\boldsymbol{I}_{MN}-\boldsymbol{P}E[\boldsymbol{\Omega}(k)]\boldsymbol{R}_U]E[\widetilde{\boldsymbol{w}}(k-1)] \tag{4.144}$$

根据式(4.122)，为确保均值的稳定，则矩阵 $\{\boldsymbol{A}[\boldsymbol{I}_{MN}-\boldsymbol{P}E[\boldsymbol{\Omega}(k)]\boldsymbol{R}_U]\}$ 需保持稳定。因此，对所有节点来讲，$\left\{\boldsymbol{I}-\mu_n E\left[2\sqrt{\frac{\beta^3}{\pi}}\sum_{i=0}^{I-1}\exp\left[-\beta\frac{e_{n,i,D}^2(k)}{\boldsymbol{u}_{n,i}^{\mathrm{T}}(k)\boldsymbol{u}_{n,i}(k)+\varepsilon}\right]\right]\boldsymbol{R}_U\right\}$ 应保持稳定，这意味着步长参数 μ_n 满足以下式子：

$$-1<1-\mu_n\lambda_{\max}(\boldsymbol{R}_U)E\left[2\sqrt{\frac{\beta^3}{\pi}}\sum_{i=0}^{I-1}\exp\left[-\beta\frac{e_{n,i,D}^2(k)}{\boldsymbol{u}_{n,i}^{\mathrm{T}}(k)\boldsymbol{u}_{n,i}(k)+\varepsilon}\right]\right]<1 \tag{4.145}$$

则，

$$0<\mu_n<\frac{2}{\lambda_{\max}(\boldsymbol{R}_U)E\left[2\sqrt{\frac{\beta^3}{\pi}}\sum_{i=0}^{I-1}\exp\left[-\beta\frac{e_{n,i,D}^2(k)}{\boldsymbol{u}_{n,i}^{\mathrm{T}}(k)\boldsymbol{u}_{n,i}(k)+\varepsilon}\right]\right]},\ n=1,2,\cdots,N \tag{4.146}$$

其中，$\lambda_{\max}$ 表示 $\boldsymbol{R}_U$ 最大特征值。若权误差向量 $\|\boldsymbol{w}_n(k)\|_1$ 小于1，得到：

$$\begin{aligned}|e_{n,i,D}(k)| &= |d_{n,i,D}(k) - \boldsymbol{u}_{n,i}^{\mathrm{T}}(k)\boldsymbol{w}_n(k-1)| \\ &\leqslant \|\boldsymbol{u}_{n,i}(k)\|_1 \|\boldsymbol{w}_n(k-1)\|_1 + |d_{n,i,D}(k)| \\ &\leqslant \tau \|\boldsymbol{u}_{n,i}(k)\|_1 + |d_{n,i,D}(k)|\end{aligned} \tag{4.147}$$

令 $\boldsymbol{u}_{n,i}^{\mathrm{T}}(k)\boldsymbol{u}_{n,i}(k) = \|\boldsymbol{u}_{n,i}(k)\|_2^2$，进一步得到：

$$0 < \mu_n < \frac{2}{\lambda_{\max}(\boldsymbol{R}_U)E\left\{2\sqrt{\frac{\beta^3}{\pi}}\sum_{i=0}^{I-1}\exp\left[-\beta\frac{[\tau\|\boldsymbol{u}_{n,i}(k)\|_1 + |d_{n,i,D}(k)|]^2}{\|\boldsymbol{u}_{n,i}(k)\|_2^2 + \varepsilon}\right]\right\}}, n = 1,2,\cdots,N \tag{4.148}$$

根据以上推导，式(4.126)是MCC-DSAF算法收敛的条件。

(2)稳定性分析

对式(4.118)两端进行Σ欧几里得范数，得到：

$$\|\widetilde{\boldsymbol{w}}(k)\|_\Sigma^2 = \|\widetilde{\boldsymbol{w}}(k-1)\|_{\Sigma'}^2 + \boldsymbol{v}^{\mathrm{T}}(k)\boldsymbol{Y}(\mathrm{k})\boldsymbol{v}(k) \tag{4.149}$$

这里，Σ 表示任何对称正定加权矩阵，$\|\boldsymbol{t}\|_\Sigma^2$ 表示加权平方的欧几里得范数且 $\|\boldsymbol{t}\|_\Sigma^2 = \boldsymbol{t}^{\mathrm{T}}\Sigma\boldsymbol{t}$。

其中，

$$\boldsymbol{Y}(k) = \boldsymbol{U}^{\mathrm{T}}(k)\boldsymbol{H}^{\mathrm{T}}(k)\boldsymbol{\Omega}^{\mathrm{T}}(k)\boldsymbol{P}^{\mathrm{T}}(k)\boldsymbol{A}^{\mathrm{T}}(k)\Sigma\boldsymbol{AP\Omega}(k)\boldsymbol{H}(k)\boldsymbol{U}(k) \tag{4.150}$$

并且，

$$\Sigma' = \boldsymbol{A}^{\mathrm{T}}\Sigma\boldsymbol{A} - \boldsymbol{A}^{\mathrm{T}}\Sigma\boldsymbol{APZ}(k) - \boldsymbol{Z}^{\mathrm{T}}(k)\boldsymbol{P}^{\mathrm{T}}\boldsymbol{A}^{\mathrm{T}}\Sigma\boldsymbol{A} + \boldsymbol{Z}^{\mathrm{T}}(k)\boldsymbol{P}^{\mathrm{T}}\boldsymbol{A}^{\mathrm{T}}\Sigma\boldsymbol{APZ}(k) \tag{4.151}$$

$$\boldsymbol{Z}(k) = \boldsymbol{\Omega}(k)\boldsymbol{H}(k)\boldsymbol{U}(k)\boldsymbol{U}^{\mathrm{T}}(k) \tag{4.152}$$

对式(4.127)两端进行期望处理，得到：

$$E[\|\widetilde{\boldsymbol{w}}(k)\|_\Sigma^2] = E[\|\widetilde{\boldsymbol{w}}(k-1)\|_{\Sigma'}^2] + E[\boldsymbol{v}^{\mathrm{T}}(k)\boldsymbol{Y}(k)\boldsymbol{v}(k)] \tag{4.153}$$

其中，

$$E[\Sigma'] = \boldsymbol{A}^{\mathrm{T}}\Sigma\boldsymbol{A} - \boldsymbol{A}^{\mathrm{T}}\Sigma\boldsymbol{AP}E[\boldsymbol{Z}(k)] - E[\boldsymbol{Z}^{\mathrm{T}}(k)]\boldsymbol{P}^{\mathrm{T}}\boldsymbol{A}^{\mathrm{T}}\Sigma\boldsymbol{A} + E[\boldsymbol{Z}^{\mathrm{T}}(k)\boldsymbol{P}^{\mathrm{T}}\boldsymbol{A}^{\mathrm{T}}\Sigma\boldsymbol{APZ}(k)] \tag{4.154}$$

这里，令 $E[\Sigma'] = \Sigma''$。bvec{·}运算符是将块向量转换为单列向量，⊙运算符表示分块克罗克内积。将bvec{·}运算符应用于式(4.132)等式两边，可得到下式：

$$\begin{aligned}\mathrm{bvec}[\Sigma''] &= \mathrm{bvec}[A^{\mathrm{T}}\Sigma\boldsymbol{A} - \boldsymbol{A}^{\mathrm{T}}\Sigma\boldsymbol{AP}E[\boldsymbol{Z}(k)] - E[\boldsymbol{Z}^{\mathrm{T}}(k)]\boldsymbol{P}^{\mathrm{T}}\boldsymbol{A}^{\mathrm{T}}\Sigma\boldsymbol{A} \\ &\quad + E[\boldsymbol{Z}^{\mathrm{T}}(k)\boldsymbol{P}^{\mathrm{T}}\boldsymbol{A}^{\mathrm{T}}\Sigma\boldsymbol{APZ}(k)]] \\ &= \mathrm{bvec}[\boldsymbol{A}^{\mathrm{T}}\Sigma\boldsymbol{A}] - \mathrm{bvec}[\boldsymbol{A}^{\mathrm{T}}\Sigma\boldsymbol{AP}E[\boldsymbol{Z}(k)]] - \mathrm{bvec}[E[\boldsymbol{Z}^{\mathrm{T}}(k)]\boldsymbol{P}^{\mathrm{T}}\boldsymbol{A}^{\mathrm{T}}\Sigma\boldsymbol{A}] \\ &\quad + \mathrm{bvec}[E[\boldsymbol{Z}^{\mathrm{T}}(k)\boldsymbol{P}^{\mathrm{T}}\boldsymbol{A}^{\mathrm{T}}\Sigma\boldsymbol{APZ}(k)]]\end{aligned} \tag{4.155}$$

考虑 $\mathrm{bvec}[\boldsymbol{Q}\Sigma\boldsymbol{P}^{\mathrm{T}}] = (\boldsymbol{P}\odot\boldsymbol{Q})\zeta$ 并且 $\mathrm{bvec}[\Sigma] = \zeta$，式(4.133)左侧可以推导出 $\mathrm{bvec}[\Sigma''] = \zeta'$。式(4.133)重新写为：

$$
\begin{aligned}
\zeta' =& (A^{\mathrm{T}} \odot A^{\mathrm{T}})\zeta - (E[Z^{\mathrm{T}}(k)] \odot I_{MN})(P^{\mathrm{T}} \odot I_{MN})(A^{\mathrm{T}} \odot A^{\mathrm{T}})\zeta \\
& - (I_{MN} \odot E[Z^{\mathrm{T}}(k)])(I_{MN} \odot P^{\mathrm{T}})(A^{\mathrm{T}} \odot A^{\mathrm{T}})\zeta \\
& + (E[Z^{\mathrm{T}}(k) \odot [Z^{\mathrm{T}}(k)])(P^{\mathrm{T}} \odot P^{\mathrm{T}})(A^{\mathrm{T}} \odot A^{\mathrm{T}})\zeta \\
=& [I_{M^2N^2} - (E[Z^{\mathrm{T}}(k)] \odot I_{MN})(P^{\mathrm{T}} \odot I_{MN}) - (I_{MN} \odot E[Z^{\mathrm{T}}(k)]) \\
& (I_{MN} \odot P^{\mathrm{T}}) + (E[Z^{\mathrm{T}}(k) \odot [Z^{\mathrm{T}}(k)])(P^{\mathrm{T}} \odot P^{\mathrm{T}})](A^{\mathrm{T}} \odot A^{\mathrm{T}})\zeta
\end{aligned}
\tag{4.156}
$$

令矩阵 Q 为：

$$
\begin{aligned}
Q =& [I_{M^2N^2} - (E[Z^{\mathrm{T}}(k)] \odot I_{MN})(P^{\mathrm{T}} \odot I_{MN}) - (I_{MN} \odot E[Z^{\mathrm{T}}(k)]) \\
& (I_{MN} \odot P^{\mathrm{T}}) + (E[Z^{\mathrm{T}}(k) \odot [Z^{\mathrm{T}}(k)])(P^{\mathrm{T}} \odot P^{\mathrm{T}})](A^{\mathrm{T}} \odot A^{\mathrm{T}})
\end{aligned}
\tag{4.157}
$$

结合式(4.134)和式(4.135)，得到：

$$
\zeta' = Q\zeta \tag{4.158}
$$

此外，将 bvec{ · }运算符应用于式(4.131)右侧的第二项，得到：

$$
\mathrm{bvec}[E[\boldsymbol{v}^{\mathrm{T}}(k) Y(k) \boldsymbol{v}(k)]] = R\zeta \tag{4.159}
$$

其中，

$$
\begin{aligned}
R =& E[(\boldsymbol{v}^{\mathrm{T}}(k) \odot \boldsymbol{v}^{\mathrm{T}}(k))(U^{\mathrm{T}}(k) \odot U^{\mathrm{T}}(k))(H^{\mathrm{T}}(k) \odot H^{\mathrm{T}}(k)) \\
& \times (\Omega^{\mathrm{T}}(k) \odot \Omega^{\mathrm{T}}(k))(P^{\mathrm{T}} \odot P^{\mathrm{T}})(A^{\mathrm{T}} \odot A^{\mathrm{T}})]
\end{aligned}
\tag{4.160}
$$

根据以上推导，式(4.131)可以写成：

$$
E[\|\widetilde{w}(k)\|_{\zeta}^{2}] = E[\|\widetilde{w}(k-1)\|_{Q\zeta}^{2}] + R\zeta \tag{4.161}
$$

节点 n 的均方差(Mean-square-deviation，MSD)由下式给出：

$$
\mathrm{MSD}_n = E[\|\widetilde{w}(k)\|^2] = E[\|w_0 - w_n(k)\|^2] \tag{4.162}
$$

这里，m_n 定义为：

$$
m_n = \mathrm{vec}[\mathrm{diag}(b_{n,N}) \otimes I_M] \tag{4.163}
$$

其中，$b_{n,N}$ 表示是一个列向量，在 n 处为单位向量，其他处为 0。vec{ · }运算符表示取矩阵的列向量。令式(4.50)中的 $\zeta = m_n$，当 k 趋于无穷大时，节点 n 的均方误差(MSD)为：

$$
\mathrm{MSD}_n = R[I - Q]^{-1} m_n \tag{4.164}
$$

整个网络的 MSD 定义为所有节点 MSD 的平均值，表示为：

$$
\mathrm{MSD}^{\mathrm{network}} = \frac{1}{N}\sum_{n=1}^{N} \mathrm{MSD}_n \tag{4.165}
$$

这表明了算法会在均方意义下保持稳定状态。

4.7.3　算法仿真及分析

为了验证本书提出算法的有效性，本节将新算法与已有的 DES-LMS 算法、DAPSA、DMCC 算法、DSAF 算法、DSSAF 算法、IWF-DSSAF 算法、IPDSSAF 算法和 IWF-DSSAF

算法在不同仿真条件下进行比较，其中，仿真条件与上一节仿真条件相同。另外，语音信号是一类典型的相关信号，为了验证本书提出算法在这类输入信号的可行性，本节又将新算法与 DSAF 算法、DSSAF 算法、IWF-DSSAF 算法、IPDSSAF 算法和 IWF-DSSAF 算法进行仿真比较。

其中，输入信号为真实语音信号，采样频率为 8 KHz，采样长度为 4.8×10^4。稀疏信道的稀疏度为 0.764。语音信号与稀疏信道如图 4.30 所示。

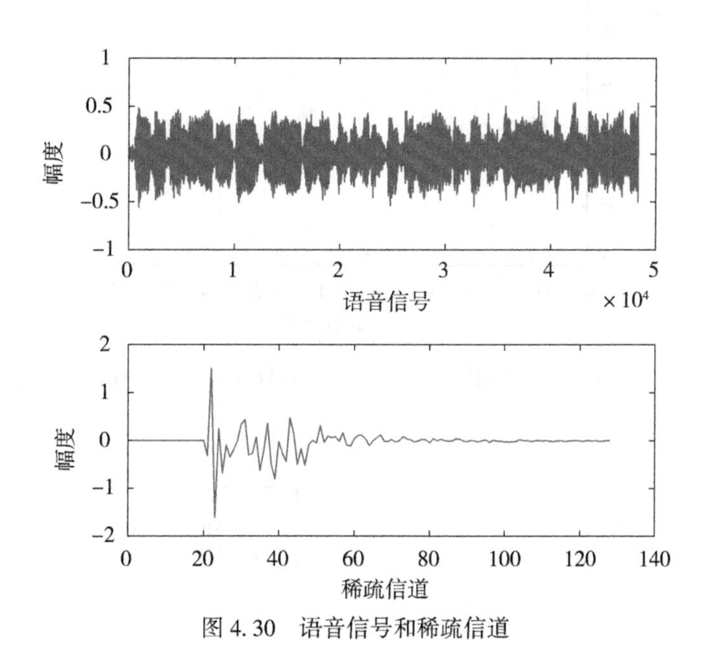

图 4.30　语音信号和稀疏信道

(1)不同核参数下的 MCC-DSAF 算法的 NMSD 性能比较。

图 4.31 为不同核参数下的 MCC-DSAF 算法的 NMSD 收敛图。实验仿真中所用稀疏信道如图 4.16(上)所示，非高斯噪声如图 4.17(上)所示。信噪比如图 4.19 所示，信号干扰比如图 4.20(上)所示。

由图 4.31 可以看出，核参数直接影响算法的收敛速度和稳态误差。核参数越大，MCC-DSAF 算法的收敛速度越快，但是稳态误差也越大。核参数选取 15 或者 25 时，MCC-DSAF 算法的收敛速度与稳态误差变化及其微弱，且效果最好。因此，本书 MCC-DSAF 算法和 MCC-IPDSAF 算法的核参数都设置为 15。

(2)高斯噪声条件下 DSAF 算法、MCC-DSAF 算法和 MCC-IPDSAF 算法性能比较。

图 4.32 为 DSAF 算法、MCC-DSAF 算法和 MCC-IPDSAF 算法在高斯条件下，有色信号作为输入信号的 NMSD 收敛曲线图。实验仿真中所用稀疏信道如图 4.16(上)所示。信噪比如图 4.19 所示。DSAF 算法的步长参数为 0.7，MCC-DSAF 算法的步长参数为 0.015，MCC-IPDSAF 算法的步长参数为 0.0125。

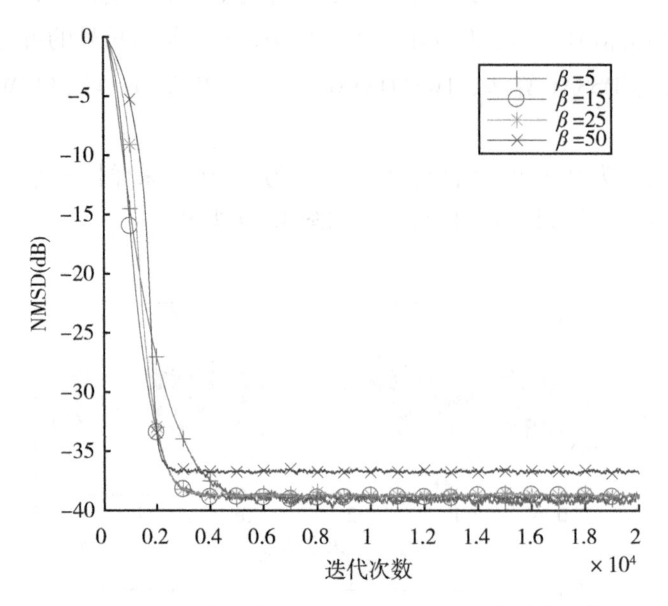

图 4.31　不同核参数下的 MCC-DSAF 算法的性能比较

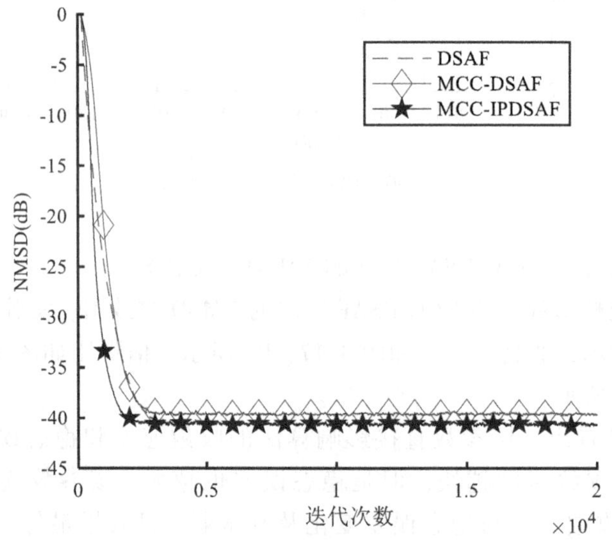

图 4.32　高斯噪声条件下 DSAF、MCC-DSAF 和 MCC-IPDSAF 算法性能比较

由图 4.32 可以看出，在高斯噪声环境下，以 l_2 范数为代价函数的 DSAF 算法和以 MCC 为代价函数的 MCC-DSAF 算法均具有良好的收敛性能和稳态性能，但相比于 DSAF 算法，MCC-DSAF 算法具有较大的稳态误差。相比于 MCC-DSAF 算法，MCC-IPDSAF 算法由于自适应增益矩阵的优势获取更快的收敛速度。

(3)非高斯噪声条件下 DSAF 算法、MCC-DSAF 算法和 MCC-IPDSAF 算法性能比较。

图 4.33 为 DSAF 算法、MCC-DSAF 算法和 MCC-IPDSAF 算法在非高斯噪声条件下，有色信号作为输入信号的 NMSD 收敛曲线图。实验仿真中所用稀疏信道如图 4.16(上)所示，非高斯噪声如图 4.17(上)所示。信噪比如图 4.19 所示，信号干扰比如图 4.20(上)所示。DSAF 算法的步长参数为 0.1，MCC-DSAF 算法的步长参数为 0.0158，MCC-IPDSAF 算法的步长参数为 0.0075。

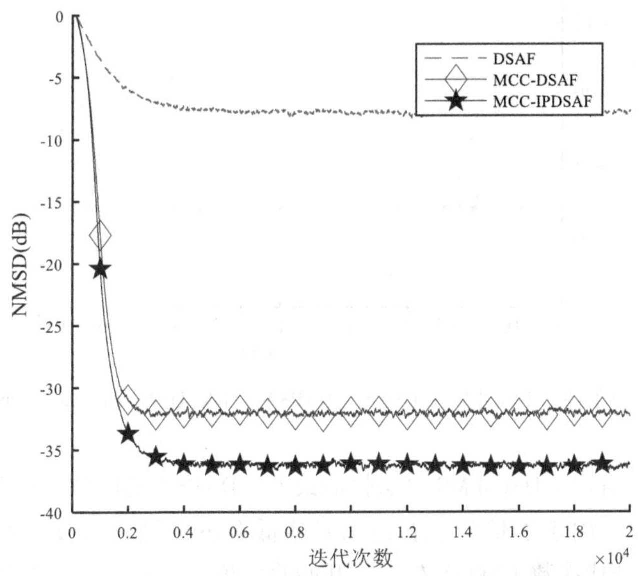

图 4.33　非高斯噪声条件下 DSAF、MCC-DSAF 和 MCC-IPDSAF 算法性能比较

由图 4.33 可以看出，在非高斯环境下，DSAF 算法遭到严重的破坏，已经完全失效。MCC-DSAF 算法在迭代次数达到 2500 次左右开始收敛，并且稳态误差范围在−32dB 附近。MCC-DSAF 算法由于 MCC 对异常值不敏感使得该算法在非高斯噪声环境下具有很强的鲁棒性。MCC-IPDSAF 算法与 MCC-DSAF 算法保持相同的收敛速度，MCC-IPDSAF 算法在−36dB左右达到稳定。这是由于自适应增益矩阵的优势使得 MCC-IPDSAF 算法性能优于 MCC-DSAF 算法。

(4) DSE-LMS 算法、DMCC 算法、DAPSA、MCC-DSAF 算法和 MCC-IPDSAF 算法的性能比较。

图 4.34 为 DSE-LMS 算法、DMCC 算法、DAPSA、MCC-DSAF 算法和 MCC-IPDSAF 算法的性能曲线在非高斯噪声条件下，有色信号作为输入信号的 NMSD 收敛曲线图。实验仿真中所用稀疏信道如图 4.16(上)所示，非高斯噪声如图 4.17(上)所示。信噪比如图 4.19 所示，信号干扰比如图 4.20(上)所示。DMCC 算法中的高斯核 $\sigma_{\mathrm{DMCC}}=2$，DAPAS 的投影阶数为 4。DSE-LMS 算法的步长参数为 0.0017，DMCC 算法的步长参数为 0.065，DAPSA 的步长参数为 0.11，MCC-DSAF 算法的步长参数为 0.029，MCC-IPDSAF 算法的步长参数为 0.015。

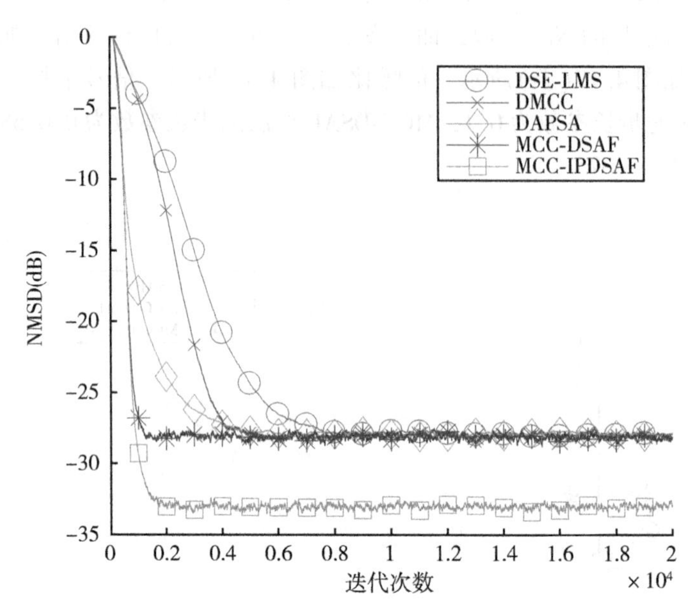

图 4.34　非高斯噪声条件下 DSE-LMS，DMCC，DAPSA，MCC-DSAF 和 MCC-IPDSAF 算法性能比较

由图 4.34 可以看出，DSE-LMS 算法性能最差，DAPSA 的收敛速度明显优于 DMCC 算法和 DSE-LMS 算法。由于子带分割有色信号降低有色信号相关度，使得本书所提出的 MCC-DSAF 算法在迭代次数 1700 次左右就开始收敛度。步长参数与收敛速度成正比，与稳态误差成反比。调节步长参数使 MCC-DSAF 算法和 MCC-IPDSAF 算法收敛速度保持一致，MCC-IPDSAF 算法充分利用系统的稀疏性能，在稀疏系统下具有更小的稳态误差。

(5) $P_r = 0.01$ 的非高斯噪声条件下，白信号作为输入的 DSAF 算法、DSSAF 算法、IWF-DSSAF 算法、IPDSSAF 算法、IWF-IPDSSAF 算法、MCC-DSAF 算法和 MCC-IPDSAF 算法性能比较。

如图 4.35 所示为 $P_r = 0.01$ 的非高斯噪声条件下白信号作为输入信号的 DSAF 算法、DSSAF 算法、IWF-DSSAF 算法、IPDSSAF 算法、IWF-IPDSSAF 算法、MCC-DSAF 算法和 MCC-IPDSAF 算法的 NMSD 收敛曲线。该实验仿真条件和参数的设置与上一章实验(2)相同。其中，MCC-DSAF 算法的步长参数为 0.055，MCC-IPDSAF 算法的步长参数为 0.01。

由图 4.35 可以看出，DSAF 算法的性能在非高斯环境下已经退化。DSSAF 算法和 IWF-DSSAF 算法、IPDSSAF 算法和 IWF-IPDSSAF 算法曲线几乎重合。这是因为子带分割有色输入信号才有明显效果，对白信号几乎不产生影响。调节步长算法使得各算法的收敛速度相同，所提出的 MCC-DSAF 算法的稳态误差小于 DSSAF 算法和 IWF-DSSAF 算法。MCC-IPDSAF 算法充分利用系统的稀疏特性，其算法稀疏系统下稳态误差明显优于 MCC-DSAF 算法。

(6) $P_r = 0.1$ 的非高斯噪声条件下，白信号作为输入的 DSAF 算法、DSSAF 算法、

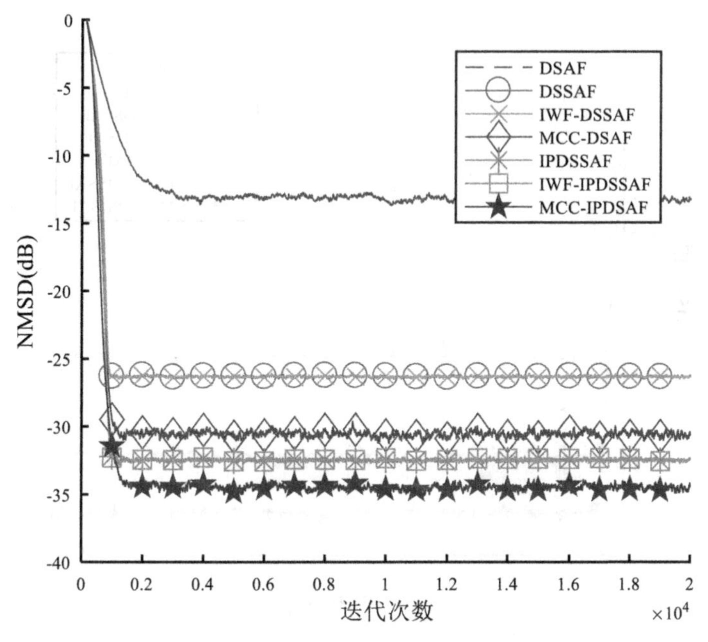

图 4.35 P_r = 0.01 的非高斯噪声条件下白信号作为输入信号的各类算法的性能比较

IWF-DSSAF 算法、IPDSSAF 算法、IWF-IPDSSAF 算法、MCC-DSAF 算法和 MCC-IPDSAF 算法性能比较。

如图 4.36 所示为 P_r = 0.1 的非高斯噪声条件下白信号作为输入信号的 DSAF 算法、DSSAF 算法、IWF-DSSAF 算法、IPDSSAF 算法、IWF-IPDSSAF 算法、MCC-DSAF 算法和 MCC-IPDSAF 算法的 NMSD 收敛曲线。该实验仿真条件和参数的设置与上一节实验 3 相同。其中，MCC-DSAF 算法的步长参数为 0.25，MCC-IPDSAF 算法的步长参数为 0.039。

由图 4.36 可以看出，将 P_r 的值从 0.01 增大到 0.1，DSAF 算法已经遭到严重的破坏。DSSAF 算法和 IWF-DSSAF 算法在-8dB 左右达到稳定状态，MCC-DSAF 算法在-14dB 左右达到稳定状态，其稳态性能明显优于 DSSAF 算法和 IWF-DSSAF 算法。加入自适应增益矩阵的 IPDSSAF 算法和 IWF-IPDSSAF 算法在-15dB 左右达到稳定状态，MCC-IPDSAF 算法在-18dB 左右达到稳定状态。因此，相比于以 l_1 范数优化准则的分布式子带自适应滤波算法，以 MCC 为优化准则的分布式子带自适应滤波算法具有更强的鲁棒性。

(7) P_r = 0.01 的非高斯噪声条件下，有色信号作为输入的 DSAF 算法、DSSAF 算法、IWF-DSSAF 算法、IPDSSAF 算法、IWF-IPDSSAF 算法、MCC-DSAF 算法和 MCC-IPDSAF 算法性能比较。

如图 4.37 所示为 P_r = 0.01 的非高斯噪声条件下有色信号作为输入信号的 DSAF 算法、DSSAF 算法、IWF-DSSAF 算法、IPDSSAF 算法、IWF-IPDSSAF 算法、MCC-DSAF 算法和 MCC-IPDSAF 算法的 NMSD 收敛曲线。该实验仿真条件和参数的设置与上一节实验 4 相

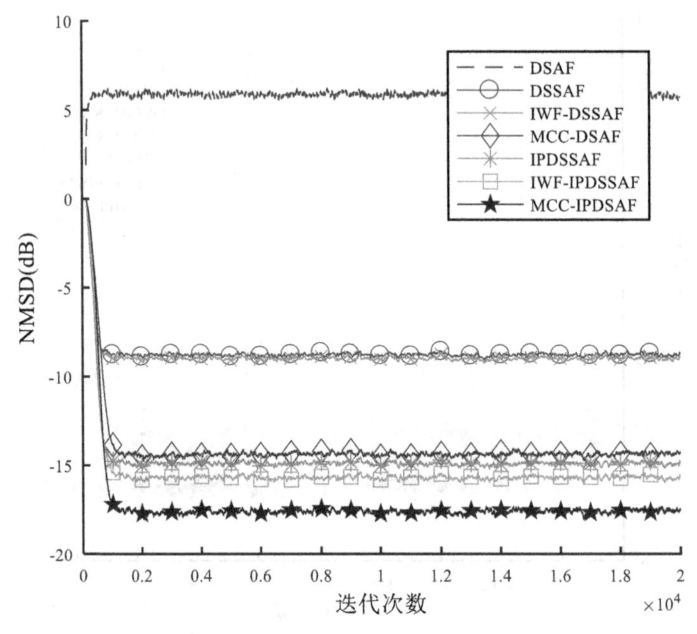

图 4.36　$P_r = 0.1$ 的非高斯噪声条件下白信号作为输入信号的各类算法的性能比较

同。其中，MCC-DSAF 算法的步长参数为 0.06，MCC-IPDSAF 算法的步长参数为 0.0075。

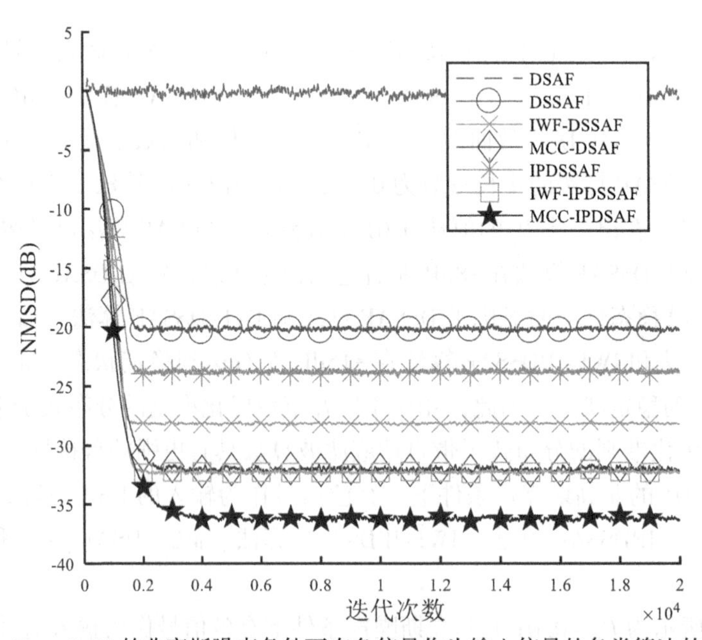

图 4.37　$P_r = 0.01$ 的非高斯噪声条件下有色信号作为输入信号的各类算法的性能比较

由图 4.37 可以看出，DSAF 算法在非高斯噪声干扰下已经失效。其他的五种算法在非高斯噪声环境下仍然具有很好的稳健性。DSSAF 算法和 IPDSSAF 算法中的同一子带加权替换成单独加权子带加权而变成的 IWF-DSSAF 算法和 IWF-IPDSSAF 算法具有更快的收敛速度和更小的稳态误差。相比于 DSSAF 算法和 IWF-DSSAF 算法，本书所提的 MCC-DSAF 算法充分利用 MCC 对异常值不敏感的优势使其具有更强的鲁棒性。在 MCC-DSAF 算法的基础上结合自适应增益矩阵而提出的 MCC-IPDSAF 算法具有最小的稳态误差。

（8）$P_r = 0.1$ 的非高斯噪声条件下，有色信号作为输入的 DSAF 算法、DSSAF 算法、IWF-DSSAF 算法、IPDSSAF 算法、IWF-IPDSSAF 算法、MCC-DSAF 算法和 MCC-IPDSAF 算法性能比较。

如图 4.38 所示为 $P_r = 0.1$ 的非高斯噪声条件下有色信号作为输入信号的 DSAF 算法、DSSAF 算法、IWF-DSSAF 算法、IPDSSAF 算法、IWF-IPDSSAF 算法、MCC-DSAF 算法和 MCC-IPDSAF 算法的 NMSD 收敛曲线。该实验仿真条件和参数的设置与上一节实验 5 相同。其中，MCC-DSAF 算法的步长参数为 0.0765，MCC-IPDSAF 算法的步长参数为 0.01。

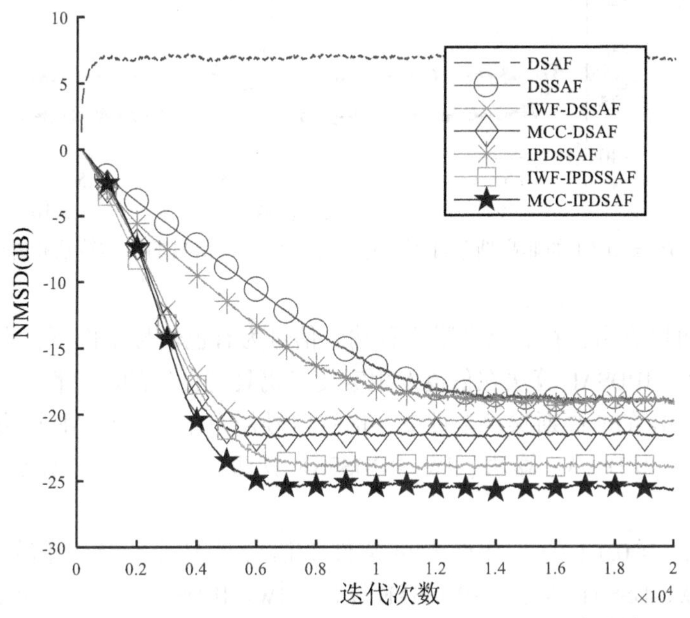

图 4.38 $P_r = 0.1$ 的非高斯噪声条件下有色信号作为输入信号的各类算法的性能比较

由图 4.38 可以看出，DSAF 算法完全失效。所提的 MCC-DSAF 算法的收敛速度和稳态性能优于 DSSAF 算法和 IWF-DSSAF 算法。MCC-DSAF 算法结合自适应增益矩阵所提出的 MCC-IPDSAF 算法的性能优于 IPDSSAF 算法和 IWF-IPDSSAF 算法。

（9）$P_r = 0.01$ 的非高斯噪声条件下，有色信号作为输入的 DSAF 算法、DSSAF 算法、IWF-DSSAF 算法、IPDSSAF 算法、IWF-IPDSSAF 算法、MCC-DSAF 算法和 MCC-IPDSAF 算法跟踪性能比较。

图4.39为有色输入信号的DSAF算法、DSSAF算法、IWF-DSSAF算法、IPDSSAF算法、IWF-IPDSSAF算法、MCC-DSAF算法和MCC-IPDSAF算法的跟踪曲线。该实验仿真条件和参数的设置与上一节实验6相同。其中，MCC-DSAF算法的步长参数为0.06，MCC-IPDSAF算法的步长参数为0.0075。

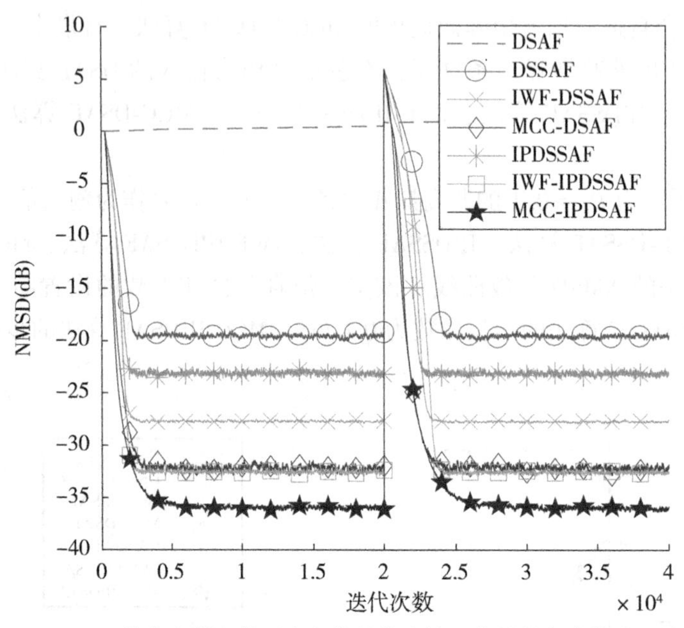

图4.39　$P_r=0.01$的非高斯条件下有色信号作为输入信号的各类算法跟踪性能比较

由图4.39可以看出，在非高斯噪声且输入信号为有色信号条件下，本书所提的MCC-DSAF算法和MCC-IPDSAF算法在信道发生突变时仍具有良好的跟踪性。

(10) $P_r=0.01$的非高斯噪声条件下，语音信号作为输入的DSAF算法、DSSAF算法、IWF-DSSAF算法、IPDSSAF算法、IWF-IPDSSAF算法、MCC-DSAF算法和MCC-IPDSAF算法性能比较。

图4.40为$P_r=0.01$的非高斯噪声条件下语音信号作为输入信号的DSAF算法、DSSAF算法、IWF-DSSAF算法、IPDSSAF算法、IWF-IPDSSAF算法、MCC-DSAF算法和MCC-IPDSAF算法的NMSD收敛曲线。语音信号与稀疏信道如图4.30所示，非高斯噪声如图4.17(上)所示。信噪比如图4.19所示，信号干扰比如图4.20(上)所示。DSAF算法的步长参数为0.05，DSSAF算法的步长参数为0.7，IWF-DSSAF算法的步长参数为0.35，IPDSSAF算法的步长参数为065，IWF-IPDSSAF算法的步长参数为0.72，MCC-DSAF算法的步长参数为0.047，MCC-IPDSAF算法的步长参数为0.04。

从图4.40可以得出，在输入相关度很强的语音信号条件下，DSAF算法已经完全失效，MCC-DSAF算法的稳态误差小于DSSAF算法和IWF-DSSAF算法，MCC-IPDSSAF算法的稳态误差优于其他所有算法。虽然语音信号的非平稳性影响了MCC-DSAF算法和MCC-

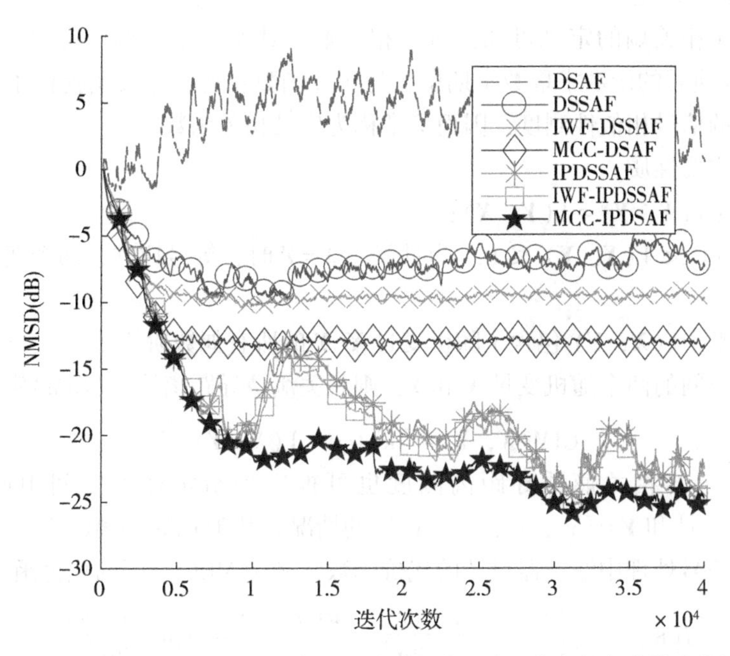

图 4.40 $P_r = 0.01$ 的非高斯噪声条件下语音信号作为输入信号的各类算法的性能比较

IPDSAF 算法的收敛性以及稳态性，但实验结果依旧能够验证本书算法方案的可行性以及优于其他算法的有效性。

4.8 基于可变核宽的扩散式最大相关熵算法

4.8.1 最大相关熵算法

在统计信号处理领域，通常使用随机过程的统计分布和时间结构来对其进行描述和分析。但是直到相关熵的概念提出之前，一直缺乏能有效描述随机过程统计分布。基于核方法(Kernel Method)[64-65]和信息理论学习(Information Theoretic Learning, ITL)技术，提出了相关熵的概念和方法。

相关熵是两个随机变量 $\boldsymbol{X}$ 和 $\boldsymbol{Y}$ 之间的非线性相似性度量，定义为：

$$V(\boldsymbol{X}, \boldsymbol{Y}) = E[\kappa(\boldsymbol{X} - \boldsymbol{Y})] = \iint_{x,\ y} \kappa(x - y) f_{XY}(x, y) \mathrm{d}x\mathrm{d}y \tag{4.166}$$

其中，$E(\cdot)$ 表示期望运算符，x，y 是变量 $\boldsymbol{X}$，$\boldsymbol{Y}$ 中的元素，$f_{XY}(x, y)$ 是 $\boldsymbol{X}$，$\boldsymbol{Y}$ 的联合概率密度函数，$\kappa(\cdot)$ 表示 Mercer 核函数，其中，最常用的 Mercer 核函数是高斯核，定义为：

$$\kappa(x - y) = \exp\left[\frac{-(x - y)^2}{2\sigma^2}\right] \tag{4.167}$$

其中，$\sigma > 0$ 表示核宽。

从上面关于相关熵的定义可知，所谓相关熵，其实质是对两个随机变量(或随机信号)之差高斯变换后的函数求取数学期望，与相关函数相比，相关熵提供了一种非常相似但更加广义化的信号相似性测度，因而又常称为广义相关函数。

相关熵的主要性质：

a. 对称性：$V(\boldsymbol{X}, \boldsymbol{Y}) = V(\boldsymbol{Y}, \boldsymbol{X})$；

b. 有界性：$0 < V(\boldsymbol{X}, \boldsymbol{Y}) \leqslant 1$，当且仅当 $\boldsymbol{X}=\boldsymbol{Y}$ 时，等号成立，两个变量的相关熵达到最大值；

c. 展开特性：$V(\boldsymbol{X}, \boldsymbol{Y})$ 包含了随机变量 $\boldsymbol{X}-\boldsymbol{Y}$ 的所有偶数阶矩。

给定样本空间的两个随机变量 X 和 $\boldsymbol{Y}$，则相关熵诱导距离测度(CIM)定义为

$$\mathrm{CIM}(X, Y) = [\kappa(0) - V(X, Y)]^{\frac{1}{2}} \tag{4.168}$$

上式所表示的相关熵诱导距离测度也可推广到给定样本空间中两个矢量 $\boldsymbol{X} = [x_1, x_2, \cdots, x_n]^{\mathrm{T}}$ 和 $\boldsymbol{Y} = [y_1, y_2, \cdots, y_3]^{\mathrm{T}}$ 的情况。基于 CIM 距离测度，定义了 MCC 准则，可以用作信号处理中滤波器设计的代价函数，基于 MCC 准则的代价函数可以写为：

$$J(\boldsymbol{w}) = \exp\left(\frac{-(d(n) - \boldsymbol{w}^{\mathrm{T}}(n)\boldsymbol{u}(n))^2}{2\sigma^2}\right) = \exp\left(\frac{-e^2(n)}{2\sigma^2}\right) \tag{4.169}$$

相关熵作为一种局部相似性度量在非高斯情况下非常有效，特别是对于具有大离群值的测量噪声。相关熵可以作为一种新的代价函数来设计鲁棒自适应滤波算法，与其他代价函数(例如 MSE)相比，相关熵是局部相似性度量，并且对异常值具有鲁棒性。

对式(4.147)关于 $\boldsymbol{w}$ 求导：

$$\nabla J(\boldsymbol{w}) = \frac{\partial J_{\mathrm{MCC}}(n)}{\partial \boldsymbol{w}} = \frac{\exp\left(\frac{-e^2(n)}{2\sigma^2}\right) e(n)\boldsymbol{u}(n)}{\sigma^2} \tag{4.170}$$

基于梯度下降法的 MCC 算法的更新公式为：

$$\boldsymbol{w}(n) = \boldsymbol{w}(n-1) + \frac{\mu\exp\left(\frac{-e^2(n)}{2\sigma^2}\right) e(n)\boldsymbol{u}(n)}{\sigma^2} \tag{4.171}$$

通过式(4.149)可知，基于 MCC 准则的代价函数，利用高斯核函数的负指数项和核宽，削弱了较大误差的影响。由于相关熵具有很强的鲁棒性，因此 MCC 中不会出现由偏差较大引起的数值不稳定问题。

4.8.2　现有的可变核宽最大相关熵算法

在初始的 MCC 算法中，整个过程的核宽是固定的，但是自适应系统中的误差随着系统权值的不断更新而逐渐减小。一个固定的核宽可能会影响自适应的动态过程，因此，根据误差自适应地更新核宽可以潜在地提高整体收敛速度。接下来介绍几种不同的自适应核更新的最大相关熵算法。

1. S-MCC 算法

基于切换函数的可变核宽算法的基本思想是根据瞬时误差动态地更新核宽，该算法选择使误差沿最大斜率递减的核宽，使算法在每次迭代时收敛最快，当误差较小时，可变核宽将切换到预定的核宽，这有利于保持 MCC 算法的鲁棒性。

下面给出了可变核宽法的权值更新表达式：

$$\boldsymbol{w}(n)=\boldsymbol{w}(n-1)+\frac{\mu}{\sigma^2(n)}\exp\left(\frac{-\left|e^2(n)\right|}{\sigma\,(n)^2}\right)e(n)\boldsymbol{u}(n) \tag{4.172}$$

其中，$\sigma(n)$ 为可变核宽，$e(n)=d(n)-\boldsymbol{w}^{\mathrm{T}}(n)\boldsymbol{u}(n)$，从式(4.150)中可以看出 $\sigma(n)$ 是根据第 n 次迭代的误差信号进行计算。

在第 n 次迭代得到误差 $e(n)$ 后，可以计算出使误差沿最大斜率减小的核宽。

$$\max_{\sigma(n)}\nabla J(\boldsymbol{w})=\frac{1}{\sigma^2(n)}\exp\left(\frac{-\left|e(n)\right|^2}{2\sigma^2(n)}\right)e(n) \tag{4.173}$$

为了计算简单，可以记作：

$$g(z)=\exp(-z^2).z^2 \tag{4.174}$$

其中，

$$z^2=\frac{\left|e(n)\right|^2}{2\sigma^2(n)} \tag{4.175}$$

根据式(4.153)可以推出：

$$\max_{z}\nabla J(\boldsymbol{w})=\frac{2g(z)}{e(n)} \tag{4.176}$$

计算第 n 次迭代的误差 $e(n)$ 时，使误差沿最大斜率 z 减小的核宽使 $g(z)$ 最大。$g(z)$ 是 z 的有界函数。

当 $z^2=1$ 时，很容易得到 $g(z)$ 的最大值，即，

$$\sigma^2(n)=\frac{e^2(n)}{2} \tag{4.177}$$

然后可以得到：

$$\max\nabla J(w)=2\,\frac{\exp(-1)}{e(n)} \tag{4.178}$$

值得注意的是，如果采用式(3.13)作为核宽的更新公式，那么 $\nabla J(\boldsymbol{w})$ 的指数部分将是一个常数，也就是说这个算法不再是一个基于相关熵的算法。在这种情况下，$\nabla J(\boldsymbol{w})$ 的最大值是瞬时误差的倒数函数，当误差较大时，其值较小。因此，当输入信号被非高斯噪声干扰时，更新后的权值不会有太大的变化，这有助于保持鲁棒性，但与相关熵有所不同。

随着误差的减小，$\nabla J(\boldsymbol{w})$ 的最大值增大，这将导致误差减小时算法的发散，所以该算法一开始会收敛到一个小误差然后当误差小于它时发散，为了处理这个问题，S-MCC 利

用一种切换函数来处理这个问题。为了加快 S-MCC 算法的收敛速度，在一开始就采用了基于误差信号更新的核宽，然后在可变核宽比其小的情况下，将其切换到预定的核宽，以保证算法能够达到与原 MCC 几乎相同的稳态误差，因此，自适应内核宽更新表达式为：

$$\sigma^2(n) = \max\left\{\frac{e^2(n)}{2},\ \sigma^2\right\} \tag{4.179}$$

其中，σ 表示的是预定的核宽。

2. VKW-MCC 算法

变核宽的最大相关熵算法（VKW-MCC）解决了具有固定核宽的 MCC 算法在收敛速度快、稳态偏差小的矛盾要求。VKW-MCC 算法每次迭代的最优核宽使得误差沿梯度上升方向衰减最大。

VKW-MCC 算法将 MCC 的代价函数改写为：

$$J(\boldsymbol{w}) = E\left[\sigma^2 \exp\left(-\frac{e^2(n)}{2\sigma^2}\right)\right] \tag{4.180}$$

式中，$e(n) = d(n) - \boldsymbol{w}^{\mathrm{T}}(n)\boldsymbol{u}(n)$，对式（4.158）关于 $\boldsymbol{w}$ 求导，得到：

$$\nabla J(\boldsymbol{w}) = \exp\left(-\frac{e^2(n)}{2\sigma^2}\right)e(n)\boldsymbol{u}(n) \tag{4.181}$$

根据梯度上升法，改进的 MCC 算法为：

$$\boldsymbol{w}(n) = \boldsymbol{w}(n-1) + \mu \exp\left(-\frac{e^2(n)}{2\sigma^2}\right)e(n)\boldsymbol{u}(n) \tag{4.182}$$

在第 n 次迭代得到预测误差 $e(n)$ 后，可以计算出沿梯度上升方向衰减最大的误差的核宽，即，

$$\max_{\sigma(n)} j(e(n)) = \exp\left(-\frac{e^2(n)}{2\sigma^2(n)}\right) \tag{4.183}$$

对式（4.161）关于 $e(n)$ 求偏导，得到：

$$\nabla j(e(n)) = -\exp\left(-\frac{e^2(n)}{2\sigma^2(n)}\right)\frac{e(n)(\sigma(n) - e(n)\nabla\sigma(n))}{\sigma^3(n)} \tag{4.184}$$

其中，$\nabla j(e(n))$ 和 $\nabla\sigma(n)$ 是一阶导数，令 $\nabla j(n) = 0$，得到：

$$\sigma(n) = e(n)\nabla\sigma(n) \tag{4.185}$$

进行一些简单的计算之后得到：

$$\sigma(n) = k_\sigma |e(n)| \tag{4.186}$$

第 n 迭代达到最优核宽，k_σ 是正常数。将式（4.164）代入式（4.161），算法回归到最小均方（LMS）算法。当发生脉冲干扰时，算法失去了鲁棒性。为了在存在脉冲干扰的情况下获得良好的鲁棒性，采用以下方法来估计一个鲁棒性 $E[|e(n)|]$ 而不是式（4.161）中的 $|e(n)|$，即：

$$\bar{e}(n) = \alpha\bar{e}(n-1) + (1-\alpha)\min(A_e(n)) \tag{4.187}$$

其中，$0 \ll \alpha \ll 1$ 表示平滑系数，min(·) 是最小值运算符，其有利于抑制脉冲干扰 $e(n)$，

$$A_e(n) = [\ |e(n)|\ \ |e(n-1)| \cdots |e(n-N_w+1)|\ ] \tag{4.188}$$

在式(4.166)中，N_w 为估计窗口的长度。因此，式(3.157)可以改写成：

$$\sigma(n) = k_\sigma \bar{e}(n) \tag{4.189}$$

VKW-MCC 算法的权向量更新方程为：

$$\boldsymbol{w}(n) = \boldsymbol{w}(n-1) + \mu \exp\left(-\frac{e^2(n)}{2\sigma^2(n)}\right) e(n)\boldsymbol{u}(n) \tag{4.190}$$

在式(4.168)中 $\bar{e}(n) \ll |e(n)|$，因此，$2\sigma^2(n) \ll e^2(n)$，所以式(4.168)对非高斯噪声具有鲁棒性，但是，当 $\sigma(n)$ 太大时 VKW-MCC 会失去鲁棒性，为了解决这个问题，$\sigma(n)$ 应该限制在区间 $[0,\ \sigma_0]$ 内，在本书中 $\sigma_0 = 2$。

4.9 基于可变核宽的扩散式最大相关熵算法

4.9.1 改进的可变核宽函数

相关熵中最常用的是高斯核函数，高斯核函数中的核宽项对 MCC 算法的收敛速度有着显著影响。当其他参数不变时，较小的核宽可以提高 MCC 算法收敛速度，但稳态误差较大；较大的核宽会降低 MCC 算法的收敛速度，但稳态误差较小，因此，如果固定核宽，MCC 算法的收敛性能将会有所限制。所以，有必要研究可以使 MCC 算法中的核宽可以动态更新的可变核宽函数。

本书利用高斯函数和误差信号 $e(n)$ 来调整核宽

$$\sigma(n) = \max\left\{ (2\sigma_0 - 1)^{\exp\left(-\frac{e^2(n)}{2}\right)},\ \sigma_0 \right\} \tag{4.191}$$

其中，σ_0 与 MCC 的核宽相同。

由于，

$$0 < \exp\left(-\frac{e^2(n)}{2}\right) < 1 \tag{4.192}$$

因此，

$$1 < \sigma(n) < 2\sigma_0 - 1 \tag{4.193}$$

当误差较大时，

$$\sigma(n) \to 1 \tag{4.194}$$

当误差较小时，

$$\sigma(n) \to 2\sigma_0 - 1 \tag{4.195}$$

在 MCC 算法中通常取 $\sigma_0 > 1$，因此，在本书中 $2\sigma_0 - 1 > \sigma_0$。

在迭代开始时，改进的可变核宽函数利用最大值条件选择函数来选择与 MCC 相同的核宽，以获得与 MCC 相同的初始收敛速度，即保证以一个较大的步长收敛以获取较快的

初始收敛速度。在收敛后期，改进的可变核宽函数将核宽切换为 $(2\sigma_0-1)^{\exp\left(-\frac{e^2(n)}{2}\right)}$，因为 $(2\sigma_0-1)^{\exp\left(-\frac{e_k^2(n)}{2}\right)} \geqslant \sigma_0$，即在即将达到稳态时以一个较小的步长进行收敛以获取比 MCC 算法低的稳态误差。

4.9.2　稀疏系统下的扩散式可变核宽最大相关熵算法

1. 算法描述

本书将改进的可变核宽函数应用于 DMCC 算法中，基于可变核宽的 DMCC 算法 ($\mathrm{DMCC_{adapt}}$) 的代价函数可以写为：

$$J_k^{\mathrm{local}}(w)=\sum_{l\in N_k}\alpha_{l,k}\exp\left(\frac{-e_k^2(n)}{2\sigma_k^2(n)}\right) \tag{4.196}$$

其中，$e_k(n)=d_k(n)-\boldsymbol{u}_k^{\mathrm{T}}(n)\boldsymbol{w}_k(n)$，

$$\sigma_k(n)=\max\{(2\sigma_0-1)^{\exp(-\frac{e_k^2(n)}{2})},\ \sigma_0\} \tag{4.197}$$

对式(4.174)关于 $\boldsymbol{w}_k$ 求导：

$$\nabla J_k^{\mathrm{local}}(\boldsymbol{w})=\frac{\partial J_k^{local}(\boldsymbol{w})}{\partial \boldsymbol{w}_k}=\sum_{l\in N_k}\alpha_{l,k}\frac{\exp\left(\frac{-e_k^2(n)}{2\sigma_k^2(n)}\right)e_k(n)\boldsymbol{u}_k(n)}{\sigma_k^2(n)} \tag{4.198}$$

然后，使用梯度下降法在节点 k 处的更新方程为：

$$\begin{aligned}\boldsymbol{w}_k(n)&=\boldsymbol{w}_k(n-1)+\mu_k\frac{\partial J_k^{local}(\boldsymbol{w})}{\partial \boldsymbol{w}_k}\\&=\boldsymbol{w}_k(n-1)+\sum_{l\in N_k}\alpha_{l,k}\frac{\mu_k\exp\left(\frac{-e_k^2(n)}{2\sigma_k^2(n)}\right)e_k(n)\boldsymbol{u}_k(n)}{\sigma_k^2(n)}\end{aligned} \tag{4.199}$$

因此，基于 ATC 策略的 $\mathrm{DMCC_{adapt}}$ 算法的更新方程为：

$$\begin{cases}\boldsymbol{\varphi}_k(n)=\boldsymbol{w}_k(n-1)+\dfrac{\mu_k\exp\left(\frac{-e_k^2(n)}{2\sigma_k^2(n)}\right)e_k(n)\boldsymbol{u}_k(n)}{\sigma_k^2(n)}\\ \boldsymbol{w}_k(n)=\sum\limits_{l\in N_k}\alpha_{l,k}\boldsymbol{\varphi}_l(n)\end{cases} \tag{4.200}$$

$\mathrm{DMCC_{adapt}}$ 算法既保留了 DMCC 算法的优点，抑制了非高斯噪声对信号影响，又提高了 DMCC 算法的收敛速度，降低了稳态误差。

当待估计系统具有稀疏性时，系统中的大部分权系数没有必要全部参与迭代过程，有效利用这种稀疏特性可以提高算法的效率。因此，本书进一步考虑了这种稀疏性，将系数

比例矩阵的策略引入到 $\text{DMCC}_{\text{adapt}}$ 中，提出了基于系数比例的 $\text{DMCC}_{\text{adapt}}$ 算法(Diffusion Proportional $\text{MCC}_{\text{adapt}}$)。具体地，其更新方程为：

$$\begin{aligned} \boldsymbol{w}_k(n) &= \boldsymbol{w}_k(n-1) + \frac{\mu_k \boldsymbol{G}_k(n) \nabla J_k^{\text{local}}(n)}{\boldsymbol{u}_k(n)\boldsymbol{G}_k(n)\boldsymbol{u}_k^{\text{T}}(n) + \theta} \\ &= \boldsymbol{w}_k(n-1) + \sum_{l \in N_k} \alpha_{l,k} \frac{\mu_k \boldsymbol{G}_k(n) \exp\left(\dfrac{-e_k^2(n)}{2\sigma_k^2(n)}\right) e_k(n) \boldsymbol{u}_k(n)}{\sigma_k^2(n)(\boldsymbol{u}_k(n)\boldsymbol{G}_k(n)\boldsymbol{u}_k^{\text{T}}(n)) + \theta} \end{aligned} \tag{4.201}$$

其中，$e_k(n) = d_k(n) - \boldsymbol{u}_k^{\text{T}}(n)\boldsymbol{w}_k(n)$，$\sigma_k(n)$ 表示可变核宽，θ 是正则化参数，$\boldsymbol{G}_k(n) = \text{diag}\{g_{k,1}(n), g_{k,2}(n), \cdots, g_{k,M}(n)\}$ 为 $M \times M$ 维矩阵，以及 $g_{k,i}(n) > 0$，

$$g_{k,i}(n) = \frac{\gamma_{k,i}(n)}{\sum_{i=1}^{M} \gamma_{k,i}(n)} \tag{4.202}$$

$$\gamma_{k,i}(n) = \max\{\varepsilon \max\{\delta_p, S_{k,1}(n), \cdots, S_{k,M}(n)\}, S_{k,i}(n)\} \tag{4.203}$$

$$\boldsymbol{S}_k(n) = \ln(1 + |\boldsymbol{w}_k(n)|) \tag{4.204}$$

其中，ε 用于更新系数，取值为 $\dfrac{5}{M}$，δ_p 避免了初始化时 $\boldsymbol{S}_k(n) = \boldsymbol{0}_M \times 1$ 算法冻结。可以发现 $\text{DPMCC}_{\text{adapt}}$ 为每个系数提供了一个成比例步长，以确保大系数可以获得大步长，从而减少算法在稀疏系统的收敛时间。进一步地，在分布式网络中其迭代过程为：

$$\begin{cases} \boldsymbol{\varphi}_k(n) = w_k(n-1) + \dfrac{\mu_k \boldsymbol{G}_k(n) \exp\left(\dfrac{-e_{l,k}^2(n)}{2\sigma_k^2(n)}\right) e_{l,k}(n) \boldsymbol{u}_k(n)}{\sigma_k^2(n)(\boldsymbol{u}_k(n)\boldsymbol{G}_k(n)\boldsymbol{u}_k^{\text{T}}(n)) + \theta} \\ \boldsymbol{w}_k(n) = \sum_{l \in N_k} \alpha_{l,k} \boldsymbol{\varphi}_l(n) \end{cases} \tag{4.205}$$

表 4.4 对 $\text{DPMCC}_{\text{adapt}}$ 算法进行了总结。

表 4.4 **$\text{DPMCC}_{\text{adapt}}$ 算法总结**

初始化：

$\varepsilon = \dfrac{5}{M}$，$\delta_p = 0.2$，$\theta = 0.01$，$\sigma_0 = 2$

对于每次迭代 n

for $k = 1:N$

$e_k(n) = d_k(n) - \boldsymbol{w}_k^{\text{T}}(n)\boldsymbol{u}_k(n)$;

$\boldsymbol{S}_k(n) = \log(1 + |\boldsymbol{w}_k(n)|)$;

for $i = 1:M$

$\gamma_{k,i}(n) = \max\{\varepsilon \max\{\delta_p, \{S_{k,1}(n), \cdots, S_{k,M}(n)\}, S_{k,i}(n)\}\}$;

续表

$$g_{k,i}(n) = \frac{\gamma_{k,i}(n)}{\sum_{i=1}^{M}\frac{\gamma_{k,i}(n)}{M}};$$

$$G_k(n) = \mathrm{diag}\{g_{k,1}(n), g_{k,2}(n), \cdots, g_{k,M}(n)\};$$

end

$$\sigma_k(n) = \max\{(2\sigma_0 - 1)^{\exp(\frac{-e_k^2(n)}{2})}, \sigma_0\};$$

$$\varphi_k(n) = w_k(n-1) + \frac{\mu_k \boldsymbol{G}_k(n)\exp(\frac{-e_k^2(n)}{2\sigma_k^2(n)})e_k(n)\boldsymbol{u}_k(n)}{\sigma_k^2(n)(\boldsymbol{u}_k(n)\boldsymbol{G}_k(n)\boldsymbol{u}_k^{\mathrm{T}}(n)) + \theta};$$

end

for $l = 1 : N$

$$\boldsymbol{w}_k(n) = \sum_{l\in N_k}\alpha_{l,k}\boldsymbol{\varphi}_l(n);$$

end

2. 性能分析

结合以下假设，分析了 $\mathrm{DPMCC_{adapt}}$ 算法的收敛性和均方意义的稳定性，并将 $\mathrm{DPMCC_{adapt}}$ 算法与现有的扩散式自适应滤波算法进行了复杂度对比。

假设一：所有的回归向量 $\boldsymbol{u}_k(n)$ 都是由零均值高斯源产生的，并且在空间和时间上都是独立的。

假设二：误差 $e_k(n)$ 与 $\boldsymbol{u}_k(n)$ 无关。

假设三：噪声信号 $v_k(n)$ 均值为零，且与 $\boldsymbol{u}_k(n)$ 无关。

当获得的数据在不同的节点之间交换时，它们的更新会受到先前估计的影响。因此，为了研究整个分布式网络的收敛性能，需要考虑节点间的相关性。此外，还引入了一些新的变量，因此，所提出的 $\mathrm{DPMCC_{adapt}}$ 算法被重新定义为

$$\begin{cases}\boldsymbol{\varphi}_k(n) = \boldsymbol{w}_k(n-1) + \boldsymbol{\mu}_k r_k(n)\boldsymbol{G}_{\boldsymbol{u}_k}(n)e_k(n)\boldsymbol{u}_k(n) \\ \qquad\quad = \boldsymbol{w}_k(n-1) + \boldsymbol{\rho}_k(n)\boldsymbol{G}_{\boldsymbol{u}_k}(n)e_k(n)\boldsymbol{u}_k(n) \\ \boldsymbol{w}_k(n) = \sum_{l\in N_k}\alpha_{l,k}\boldsymbol{\varphi}_l(n)\end{cases} \tag{4.206}$$

其中，

$$\rho_k(n) = \boldsymbol{\mu}_k \boldsymbol{r}_k(n) \tag{4.207}$$

$$r_k(n) = \frac{\exp\left(\frac{-e_k^2(n)}{2\sigma_k^2(n)}\right)}{\sigma_k^2(n)} \tag{4.208}$$

$$\sigma_k(n) = \max\{(2\sigma_0 - 1)^{\exp\left(-\frac{e_k^2(n)}{2}\right)},\ \sigma_0\} \tag{4.209}$$

$$\boldsymbol{G}_{u_k}(n) = \frac{\boldsymbol{G}_k(n)}{\boldsymbol{u}_k(n)\boldsymbol{G}_k(n)\boldsymbol{u}_k^{\mathrm{T}}(n) + \theta} \tag{4.210}$$

其中，$\rho_k(n)$ 为新的步长。为了将局部变量转换为全局变量，以下定义：

$$\boldsymbol{T}(n) = \mathrm{diag}\{\rho_1(n)\boldsymbol{I}_M,\ \rho_2(n)\boldsymbol{I}_M,\ \cdots,\ \rho_N(n)\boldsymbol{I}_M\}_{NM\times NM} \tag{4.211}$$

$$\boldsymbol{h}(n) = \mathrm{col}\{\boldsymbol{w}_1(n),\ \boldsymbol{w}_2(n),\ \cdots,\ \boldsymbol{w}_N(n)\}_{NM\times 1} \tag{4.212}$$

$$\boldsymbol{\Phi}(n) = \mathrm{col}\{\boldsymbol{\Phi}_1(n),\ \boldsymbol{\Phi}_2(n),\ \cdots,\ \boldsymbol{\Phi}_N(n)\}_{NM\times 1} \tag{4.213}$$

$$\boldsymbol{U}(n) = \mathrm{diag}\{\boldsymbol{u}_1(n),\ \boldsymbol{u}_2(n),\ \cdots,\ \boldsymbol{u}_N(n)\}_{NM\times NM} \tag{4.214}$$

$$\boldsymbol{d}(n) = \mathrm{col}\{d_1(n),\ d_2(n),\ \cdots,\ d_N(n)\}_{NM\times 1} \tag{4.215}$$

$$\boldsymbol{v}(n) = \mathrm{col}\{v_1(n),\ v_2(n),\ \cdots,\ v_N(n)\}_{NM\times 1} \tag{4.216}$$

$$\boldsymbol{G}(n) = \mathrm{diag}\{\boldsymbol{G}_{u_1}(n),\ \boldsymbol{G}_{u_2}(n),\ \cdots,\ \boldsymbol{G}_{u_N}(n)\}_{NM\times NM} \tag{4.217}$$

其中，col{ · }表示列向量，diag{ · }表示对角矩阵，整个网络的期望信号可以表示为：

$$\boldsymbol{d}(n) = \boldsymbol{U}(n)\boldsymbol{h}_0 + \boldsymbol{v}(n) \tag{4.218}$$

其中，$\boldsymbol{h}_0 = \boldsymbol{W}\boldsymbol{w}_{0,\ k}$，$\boldsymbol{W} = \mathrm{col}\{\boldsymbol{I}_M,\ \boldsymbol{I}_M,\ \cdots,\ \boldsymbol{I}_M\}_{NM\times M}$，$\boldsymbol{h}_0$ 表示全局未知待估计向量，全局更新方程为：

$$\boldsymbol{\Phi}(n) = \boldsymbol{h}(n-1) + \boldsymbol{T}(n)\boldsymbol{G}(n)\boldsymbol{U}^{\mathrm{T}}(n)(\boldsymbol{d}(n) - \boldsymbol{U}(n)\boldsymbol{h}(n-1)) \tag{4.219}$$

$$\boldsymbol{h}(n) = \boldsymbol{H}\boldsymbol{\Phi}(n) \tag{4.220}$$

在式(4.198)中，$\boldsymbol{h}(n)$ 是 $\boldsymbol{h}_0$ 的估计向量，$\boldsymbol{H} = \boldsymbol{\Theta}\otimes\boldsymbol{I}_M$，$\otimes$ 表示克罗内克积，$\boldsymbol{\Theta}$ 是 $\alpha_{l,\ k}$ 的组合矩阵，$\sum_{l\in N_k}\alpha_{l,\ k} = 1$。

1)收敛性分析

新的全局权重误差向量定义为：

$$\widetilde{\boldsymbol{h}}(n) = \boldsymbol{h}_0 - \boldsymbol{h}(n) \tag{4.221}$$

根据 $\boldsymbol{H} = \boldsymbol{\Theta}\otimes\boldsymbol{I}_M$，$\boldsymbol{\Theta}$ 是 $\alpha_{l,\ k}$ 的组合矩阵，$\sum_{l\in N_k}\alpha_{l,\ k} = 1$，因此，$\boldsymbol{H}\boldsymbol{h}_0 = \boldsymbol{h}_0$，将其代入式(4.199)中得到：

$$\begin{aligned}
\widetilde{\boldsymbol{h}}(n) &= \boldsymbol{h}_0 - \boldsymbol{h}(n)\\
&= \boldsymbol{H}\boldsymbol{h}_0 - \boldsymbol{H}\boldsymbol{\Phi}(n)\\
&= \boldsymbol{H}\boldsymbol{h}_0 - \boldsymbol{H}[\boldsymbol{h}(n-1) + \boldsymbol{T}(n)\boldsymbol{G}(n)\boldsymbol{U}^{\mathrm{T}}(n)(\boldsymbol{d}(n) - \boldsymbol{U}(n)\boldsymbol{h}(n-1))]\\
&= \boldsymbol{H}\widetilde{\boldsymbol{h}}(n-1) - \boldsymbol{H}[\boldsymbol{T}(n)\boldsymbol{G}(n)\boldsymbol{U}^{\mathrm{T}}(n)(\boldsymbol{d}(n) - \boldsymbol{U}(n)\boldsymbol{h}(n-1))]\\
&= \boldsymbol{H}\widetilde{\boldsymbol{h}}(n-1) - \boldsymbol{H}[\boldsymbol{T}(n)\boldsymbol{G}(n)\boldsymbol{U}^{\mathrm{T}}(n)(\boldsymbol{U}(n)\widetilde{\boldsymbol{h}}(n-1) + \boldsymbol{v}(n))]\\
&= \boldsymbol{H}[\boldsymbol{I}_{NM} - \boldsymbol{T}(n)\boldsymbol{G}(n)\boldsymbol{U}^{\mathrm{T}}(n)\boldsymbol{U}(n)]\widetilde{\boldsymbol{h}}(n-1) - \boldsymbol{H}\boldsymbol{T}(n)\boldsymbol{G}(n)\boldsymbol{U}^{\mathrm{T}}(n)\boldsymbol{v}(n)
\end{aligned} \tag{4.222}$$

然后，对式(4.200)的两边分别取期望得到：

$$E[\widetilde{\boldsymbol{h}}(n)] = \boldsymbol{H}[\boldsymbol{I}_{NM} - E[\boldsymbol{T}(n)\boldsymbol{G}(n)\boldsymbol{U}^{\mathrm{T}}(n)\boldsymbol{U}(n)]] \\ E[\widetilde{\boldsymbol{h}}(n-1)] - \boldsymbol{H}E[\boldsymbol{T}(n)\boldsymbol{G}(n)\boldsymbol{U}^{\mathrm{T}}(n)]E[\boldsymbol{v}(n)] \tag{4.223}$$

假设 $\boldsymbol{T}(n)$ 与 $\boldsymbol{U}(n)$ 相互独立，可以得到：

$$E[\boldsymbol{T}(n)\boldsymbol{G}(n)\boldsymbol{U}^{\mathrm{T}}(n)\boldsymbol{U}(n)] \cong \boldsymbol{G}(n)E[\boldsymbol{T}(n)]E[\boldsymbol{U}^{\mathrm{T}}(n)\boldsymbol{U}(n)] \tag{4.224}$$

其中，$\boldsymbol{R}_U = E[\boldsymbol{U}^{\mathrm{T}}(n)\boldsymbol{U}(n)]$ 是 $U(n)$ 的自相关矩阵，因此，式(5.33)可以写成：

$$\begin{aligned} E[\widetilde{\boldsymbol{h}}(n)] &= \boldsymbol{H}[\boldsymbol{I}_{NM} - \boldsymbol{G}(n)E[\boldsymbol{T}(n)]E[\boldsymbol{U}^{\mathrm{T}}(n)\boldsymbol{U}(n)]] \\ &\quad E[\widetilde{\boldsymbol{h}}(n-1)] - \boldsymbol{H}\boldsymbol{G}(n)E[\boldsymbol{T}(n)]E[\boldsymbol{U}^{\mathrm{T}}(n)]E[\boldsymbol{v}(n)] \\ &= \boldsymbol{H}[\boldsymbol{I}_{NM} - \boldsymbol{G}(n)E[\boldsymbol{T}(n)]\boldsymbol{R}_U]E[\widetilde{\boldsymbol{h}}(n-1)] \\ &\quad - \boldsymbol{H}\boldsymbol{G}(n)E[\boldsymbol{T}(n)]E[\boldsymbol{U}^{\mathrm{T}}(n)]E[\boldsymbol{v}(n)] \end{aligned} \tag{4.225}$$

根据假设 3，式(4.203)右边第二项的期望为零，从而得出：

$$E[\widetilde{\boldsymbol{h}}(n)] = \boldsymbol{H}[\boldsymbol{I}_{NM} - \boldsymbol{G}(n)E[\boldsymbol{T}(n)]\boldsymbol{R}_U]E[\widetilde{\boldsymbol{h}}(n-1)] \tag{4.226}$$

为了达到稳定性，应该满足：

$$|\lambda_{\max}(\boldsymbol{H}[\boldsymbol{I}_{NM} - \boldsymbol{G}(n)E[\boldsymbol{T}(n)]\boldsymbol{R}_U]| = |\lambda_{\max}(\boldsymbol{H}\boldsymbol{Z}(n))| < 1 \tag{4.227}$$

其中，$\boldsymbol{Z}(n) = \boldsymbol{I}_{NM} - \boldsymbol{G}(n)E[\boldsymbol{T}(n)]\boldsymbol{R}_U$，$\lambda_{\max}$ 表示最大特征值，根据关系 $\|\boldsymbol{H}\boldsymbol{Z}(n)\|_2 \leqslant \|\boldsymbol{H}\|_2 \|\boldsymbol{Z}(n)\|_2$，可以获得：

$$|\lambda_{\max}(\boldsymbol{H}\boldsymbol{Z}(n))| \leqslant \|\boldsymbol{\Theta}\|_2 |\lambda_{\max}(\boldsymbol{Z}(n))| \tag{4.228}$$

由于 $\boldsymbol{\Theta}$ 是 $\alpha_{l,k}$ 的组合矩阵，$\sum_{l \in N_k} \alpha_{l,k} = 1$，可以得出：

$$|\lambda_{\max}(\boldsymbol{H}\boldsymbol{Z}(n))| \leqslant |\lambda_{\max}(\boldsymbol{Z}(n))| \tag{4.229}$$

如果 $\mathrm{DPMCC}_{\mathrm{adapt}}$ 是稳定的，则有：

$$|\lambda_{\max}(\boldsymbol{Z}(n))| < 1 \tag{4.230}$$

由于 $\boldsymbol{Z}(n) = \boldsymbol{I}_{NM} - \boldsymbol{G}(n)E[\boldsymbol{T}(n)]\boldsymbol{R}_U$，因此，

$$0 < E[\boldsymbol{T}(n)] < \frac{1}{\lambda_{\max}(\boldsymbol{G}(n)\boldsymbol{R}_U)} \tag{4.231}$$

进一步得到：

$$0 < E[\rho_k(n)] < \frac{1}{\lambda_{\max}(\boldsymbol{G}(n)\boldsymbol{R}_U)} \tag{4.232}$$

由于 $\rho_k(n) = \mu_k r_k(n)$，可以进一步获得：

$$0 < \mu_k < \frac{1}{\lambda_{\max}(\boldsymbol{G}(n)\boldsymbol{R}_U)E[r_k(n)]} \tag{4.233}$$

2)稳态性分析

本节进行了均方意义上的算法稳定性分析，即计算式(4.202)的加权范数的期望：

$$
\begin{aligned}
&E[\|\widetilde{\boldsymbol{h}}(n)\|_{\Sigma}^{2}] \\
&=E[\|\boldsymbol{H}[\boldsymbol{I}_{NM}-\boldsymbol{T}(n)\boldsymbol{G}(n)\boldsymbol{U}^{\mathrm{T}}(n)\boldsymbol{U}(n)]\widetilde{\boldsymbol{h}}(n-1) \\
&\quad -\boldsymbol{H}\boldsymbol{T}(n)\boldsymbol{G}(n)\boldsymbol{U}^{\mathrm{T}}(n)\boldsymbol{v}(n)\|_{\Sigma}^{2}] \\
&=E[\|\widetilde{\boldsymbol{h}}(n-1)\|_{\Sigma'}^{2}] \\
&\quad +E[\boldsymbol{v}^{\mathrm{T}}(n)\boldsymbol{H}^{\mathrm{T}}\boldsymbol{G}(n)\boldsymbol{T}(n)\boldsymbol{\Sigma}\boldsymbol{T}(n)\boldsymbol{G}(n)\boldsymbol{H}\boldsymbol{v}(n)]
\end{aligned} \tag{4.234}
$$

其中，$\boldsymbol{\Sigma}_{NM\times NM}$ 是一个随机矩阵，即

$$
\begin{aligned}
\boldsymbol{\Sigma}' =&\boldsymbol{H}^{\mathrm{T}}\boldsymbol{\Sigma}\boldsymbol{H}-\boldsymbol{H}^{\mathrm{T}}\boldsymbol{\Sigma}\boldsymbol{T}(n)\boldsymbol{G}(n)\boldsymbol{U}^{\mathrm{T}}(n)\boldsymbol{U}(n)\boldsymbol{H} \\
&-\boldsymbol{H}^{\mathrm{T}}\boldsymbol{U}^{\mathrm{T}}(n)\boldsymbol{U}(n)\boldsymbol{G}(n)\boldsymbol{T}(n)\boldsymbol{\Sigma}\boldsymbol{H} \\
&+\boldsymbol{H}^{\mathrm{T}}\boldsymbol{U}^{\mathrm{T}}(n)\boldsymbol{U}(n)\boldsymbol{G}(n)\boldsymbol{T}(n)\boldsymbol{\Sigma} \\
&\boldsymbol{T}(n)\boldsymbol{G}(n)\boldsymbol{U}^{\mathrm{T}}(n)\boldsymbol{U}(n)\boldsymbol{H}
\end{aligned} \tag{4.235}
$$

由于 $\boldsymbol{\Sigma}'$ 是一个随机矩阵，这使得分析会比较困难，为了便于计算，利用它的平均值(一个确定性矩阵 $\boldsymbol{\Sigma}^{*}=E[\boldsymbol{\Sigma}']$)来代替它。因此，式(4.212)可以写成：

$$
\begin{aligned}
&E[\|\widetilde{\boldsymbol{h}}(n)\|_{\Sigma}^{2}]=E[\|\widetilde{\boldsymbol{h}}(n-1)\|_{\Sigma^{*}}^{2}]+ \\
&E[\boldsymbol{v}^{\mathrm{T}}(n)\boldsymbol{H}^{\mathrm{T}}\boldsymbol{G}(n)\boldsymbol{T}(n)\boldsymbol{\Sigma}\boldsymbol{T}(n)\boldsymbol{G}(n)\boldsymbol{H}\boldsymbol{v}(n)]
\end{aligned} \tag{4.236}
$$

其中，

$$
\begin{aligned}
\boldsymbol{\Sigma}^{*}=E[\boldsymbol{\Sigma}'] =&\boldsymbol{H}^{\mathrm{T}}\boldsymbol{\Sigma}\boldsymbol{H}-E[\boldsymbol{H}^{\mathrm{T}}\boldsymbol{\Sigma}\boldsymbol{T}(n)\boldsymbol{G}(n)\boldsymbol{U}^{\mathrm{T}}(n)\boldsymbol{U}(n)\boldsymbol{H}] \\
&-\boldsymbol{H}^{\mathrm{T}}\boldsymbol{G}(n)E[\boldsymbol{U}^{\mathrm{T}}(n)\boldsymbol{U}(n)]E[\boldsymbol{T}(n)]\boldsymbol{\Sigma}\boldsymbol{H} \\
&+\boldsymbol{H}^{\mathrm{T}}E[\boldsymbol{U}^{\mathrm{T}}(n)\boldsymbol{U}(n)\boldsymbol{G}(n)\boldsymbol{T}(n)\boldsymbol{\Sigma} \\
&\boldsymbol{T}(n)\boldsymbol{G}(n)\boldsymbol{U}^{\mathrm{T}}(n)\boldsymbol{U}(n)]\boldsymbol{H}
\end{aligned} \tag{4.237}
$$

为了进一步分析，可以将自相关矩阵 $\boldsymbol{R}_U$ 写为：

$$
\boldsymbol{R}_U=E[\boldsymbol{U}^{\mathrm{T}}(n)\boldsymbol{U}(n)]=\boldsymbol{Q}\boldsymbol{\Lambda}\boldsymbol{Q}^{\mathrm{T}} \tag{4.238}
$$

其中，$\boldsymbol{\Lambda}$ 是包含 $\boldsymbol{R}_U$ 特征值的矩阵，$\boldsymbol{Q}$ 是包含与这些特征值对应的特征向量的矩阵。根据这个分解，定义了新的转换变量：

$$
\begin{aligned}
&\bar{\boldsymbol{h}}(n)=\boldsymbol{Q}^{\mathrm{T}}\widetilde{\boldsymbol{h}}(n),\ \bar{U}(n)=U(n)\boldsymbol{Q},\ \bar{\boldsymbol{H}}=\boldsymbol{Q}^{\mathrm{T}}\boldsymbol{H}\boldsymbol{Q}, \\
&\bar{\boldsymbol{G}}_{\boldsymbol{u}_k}(n)=\boldsymbol{Q}^{\mathrm{T}}\boldsymbol{G}(n)\boldsymbol{Q}=\boldsymbol{G}(n),\ \bar{\boldsymbol{\Sigma}}=\boldsymbol{Q}^{\mathrm{T}}\boldsymbol{\Sigma}\boldsymbol{Q}, \\
&\bar{\boldsymbol{\Sigma}}^{*}=\boldsymbol{Q}^{\mathrm{T}}\boldsymbol{\Sigma}^{*}\boldsymbol{Q},\ \bar{\boldsymbol{T}}(n)=\boldsymbol{Q}^{\mathrm{T}}\boldsymbol{T}(n)\boldsymbol{Q}=\boldsymbol{T}(n)
\end{aligned} \tag{4.239}
$$

由于 $\boldsymbol{G}(n)$ 和 $\boldsymbol{T}(n)$ 是对角矩阵，因此，$\bar{\boldsymbol{T}}(n)=\boldsymbol{T}(n)$，$\bar{\boldsymbol{G}}(n)=\boldsymbol{G}(n)$，式(4.214)被重新写为：

$$
\begin{aligned}
E[\|\bar{\boldsymbol{h}}(n)\|_{\bar{\Sigma}}^{2}]=&E[\|\bar{\boldsymbol{h}}(n-1)\|_{\bar{\Sigma}^{*}}^{2}] \\
&+E[\boldsymbol{v}^{\mathrm{T}}(n)\bar{\boldsymbol{H}}^{\mathrm{T}}\bar{\boldsymbol{U}}^{\mathrm{T}}(n)\boldsymbol{G}(n)\boldsymbol{T}(n)\bar{\boldsymbol{\Sigma}}\boldsymbol{T}(n)\boldsymbol{G}(n)\bar{\boldsymbol{U}}(n)\bar{\boldsymbol{H}}\boldsymbol{v}(n)]
\end{aligned} \tag{4.240}
$$

其中，

$$\begin{aligned}\overline{\boldsymbol{\Sigma}}^{*} =& \overline{\boldsymbol{H}}^{\mathrm{T}}\overline{\boldsymbol{\Sigma}}\overline{\boldsymbol{H}} - \overline{\boldsymbol{H}}^{\mathrm{T}}\overline{\boldsymbol{\Sigma}}E[\boldsymbol{T}(n)]\boldsymbol{G}(n)E[\overline{\boldsymbol{U}}^{\mathrm{T}}(n)\overline{\boldsymbol{U}}(n)]\overline{\boldsymbol{H}} \\ &- E[\overline{\boldsymbol{H}}^{\mathrm{T}}\overline{\boldsymbol{U}}^{\mathrm{T}}(n)\overline{\boldsymbol{U}}(n)\boldsymbol{T}(n)\boldsymbol{G}(n)\overline{\boldsymbol{\Sigma}}\overline{\boldsymbol{H}}] \\ &+ E[\overline{\boldsymbol{H}}^{\mathrm{T}}\overline{\boldsymbol{U}}^{\mathrm{T}}(n)\overline{\boldsymbol{U}}(n)\boldsymbol{G}(n)\boldsymbol{T}(n)\overline{\boldsymbol{\Sigma}}\boldsymbol{T}(n)\boldsymbol{G}(n)\overline{\boldsymbol{U}}^{\mathrm{T}}(n)\overline{\boldsymbol{U}}(n)\overline{\boldsymbol{H}}]\end{aligned} \tag{4.241}$$

根据式(4.216)可以知道 $E[\overline{\boldsymbol{U}}^{\mathrm{T}}(n)\overline{\boldsymbol{U}}(n)]=\boldsymbol{\Lambda}$，$\boldsymbol{\Sigma}$ 为 $NM \times NM$ 的随机矩阵，并且 $\boldsymbol{\Sigma} \geqslant \mathbf{0}$，$\boldsymbol{\Sigma}$ 被用来描述整个网络的 MSD 性能，$\boldsymbol{\Sigma}$ 可以定义为：

$$\boldsymbol{\Sigma} = \begin{bmatrix} \boldsymbol{\Sigma}_{11} & \boldsymbol{\Sigma}_{12} & \cdots & \boldsymbol{\Sigma}_{1N} \\ \boldsymbol{\Sigma}_{21} & \boldsymbol{\Sigma}_{22} & \cdots & \boldsymbol{\Sigma}_{2N} \\ \vdots & \vdots & & \vdots \\ \boldsymbol{\Sigma}_{N1} & \boldsymbol{\Sigma}_{N2} & \cdots & \boldsymbol{\Sigma}_{NN} \end{bmatrix} \tag{4.242}$$

其中，

$$\boldsymbol{\Sigma}_{l} = \mathrm{col}\{\boldsymbol{\Sigma}_{1l}, \cdots, \boldsymbol{\Sigma}_{Nl}\},\ l \in \{1, \cdots, N\} \tag{4.243}$$

$$\boldsymbol{\Sigma}^{c} = \mathrm{col}\{\boldsymbol{\Sigma}_{1}, \cdots, \boldsymbol{\Sigma}_{N}\} \tag{4.244}$$

使用 bvec 运算符将 $\boldsymbol{\Sigma}_{kl}$ 转换为列向量，

$$\boldsymbol{\vartheta}_{kl} = \mathrm{bvec}\{\boldsymbol{\Sigma}_{kl}\} \tag{4.245}$$

其中，

$$\boldsymbol{\vartheta} = \mathrm{col}\{\boldsymbol{\vartheta}_{1}, \cdots, \boldsymbol{\vartheta}_{N}\} \tag{4.246}$$

$$\boldsymbol{\vartheta}_{l} = \mathrm{col}\{\boldsymbol{\vartheta}_{1l}, \cdots, \boldsymbol{\vartheta}_{Nl}\} \tag{4.247}$$

两个块矩阵 $\mathbb{C}$ 和 $\mathbb{D}$的块 Kroncker 积被定义为 $\mathbb{C} \odot \mathbb{D}$，因此其 kl 块为：

$$[\mathbb{C} \odot \mathbb{D}]_{kl} = \begin{bmatrix} \mathbb{C}_{kl} \otimes D_{11} & \cdots & \mathbb{C}_{kl} \otimes D_{1N} \\ \vdots & & \cdots \\ \mathbb{C}_{kl} \otimes D_{N1} & \cdots & \mathbb{C}_{kl} \otimes D_{NN} \end{bmatrix} \tag{4.248}$$

对于 k，$l \in 1, \cdots, N$。使用 bevc 运算符可以得到 $\mathrm{bevc}\{\overline{\boldsymbol{\Sigma}}\} = \boldsymbol{\vartheta}$。

对于任意的 3 个矩阵 $\mathbb{C}$，$\mathbb{D}$，$\overline{\boldsymbol{\Sigma}}$，有：

$$\mathrm{bevc}\{\mathbb{C}\overline{\boldsymbol{\Sigma}}\mathbb{D}\} = (D^{\mathrm{T}} \odot \mathbb{C})\mathrm{bevc}\{\overline{\boldsymbol{\Sigma}}\} = (D^{\mathrm{T}} \odot \mathbb{C})\boldsymbol{\vartheta} \tag{4.249}$$

接下来分析以下几项：

① $E[\boldsymbol{v}^{\mathrm{T}}(n)\overline{\boldsymbol{H}}^{\mathrm{T}}\overline{\boldsymbol{U}}^{\mathrm{T}}(n)\boldsymbol{G}(n)\boldsymbol{T}(n)\overline{\boldsymbol{\Sigma}}\boldsymbol{T}(n)\boldsymbol{G}(n)\overline{\boldsymbol{U}}(n)\overline{\boldsymbol{H}}\boldsymbol{v}(n)]$，可以将其重写为：

$$\begin{aligned}&E[\boldsymbol{v}^{\mathrm{T}}(n)\overline{\boldsymbol{H}}^{\mathrm{T}}\overline{\boldsymbol{U}}^{\mathrm{T}}(n)\boldsymbol{G}(n)\boldsymbol{T}(n)\overline{\boldsymbol{\Sigma}}\boldsymbol{T}(n)\boldsymbol{G}(n)\overline{\boldsymbol{U}}(n)\overline{\boldsymbol{H}}\boldsymbol{v}(n)] \\ &= E[\overline{\boldsymbol{H}}^{\mathrm{T}}\boldsymbol{G}(n)\boldsymbol{v}(n)\boldsymbol{v}^{\mathrm{T}}(n)\boldsymbol{G}(n)\overline{\boldsymbol{H}}]E[\overline{\boldsymbol{U}}^{\mathrm{T}}(n)\boldsymbol{T}(n)\overline{\boldsymbol{\Sigma}}\boldsymbol{T}(n)\overline{\boldsymbol{U}}(n)]\end{aligned} \tag{4.250}$$

将式(4.228)分成两部分，分别向量化。第一部分是 $E[\overline{\boldsymbol{H}}^{\mathrm{T}}\boldsymbol{G}(n)\boldsymbol{v}(n)\boldsymbol{v}^{\mathrm{T}}(n)\boldsymbol{G}(n)\overline{\boldsymbol{H}}]$，将其向量化，得到：

$$\begin{aligned}&\text{bevc}\{E[\overline{\boldsymbol{H}}^{\mathrm{T}}\boldsymbol{G}(n)\boldsymbol{v}(n)\boldsymbol{v}^{\mathrm{T}}(n)\boldsymbol{G}(n)\overline{\boldsymbol{H}}]\}\\&=\overline{\boldsymbol{H}}^{\mathrm{T}}\odot\overline{\boldsymbol{H}}^{\mathrm{T}}\text{bevc}\{E[\boldsymbol{G}(n)\boldsymbol{v}(n)\boldsymbol{v}^{\mathrm{T}}(n)\boldsymbol{G}(n)]\}\end{aligned}\tag{4.251}$$

其中，

$$\boldsymbol{\chi}^{\mathrm{T}}=(\overline{\boldsymbol{H}}^{\mathrm{T}}\odot\overline{\boldsymbol{H}}^{\mathrm{T}})\text{bevc}\{E[\boldsymbol{G}(n)\boldsymbol{v}(n)\boldsymbol{v}^{\mathrm{T}}(n)\boldsymbol{G}(n)]\}\tag{4.252}$$

式(4.228)的第二部分为 $\boldsymbol{B}=E[\overline{\boldsymbol{U}}^{\mathrm{T}}(n)\boldsymbol{T}(n)\overline{\boldsymbol{\Sigma}}\boldsymbol{T}(n)\overline{\boldsymbol{U}}(n)]$，接下来将其向量化。

将 $\boldsymbol{B}$ 定义为：

$$\boldsymbol{B}=[\boldsymbol{B}_1,\ \boldsymbol{B}_2,\ \cdots,\ \boldsymbol{B}_N]\tag{4.253}$$

$\boldsymbol{B}$ 的第 l 列为：

$$\boldsymbol{B}_l=\text{col}\{\boldsymbol{B}_{1l},\ \boldsymbol{B}_{2l},\ \cdots,\ \boldsymbol{B}_{kl},\ \cdots,\ \boldsymbol{B}_{Nl}\}\tag{4.254}$$

由于，$\boldsymbol{B}=E[\overline{\boldsymbol{U}}^{\mathrm{T}}(n)\boldsymbol{T}(n)\overline{\boldsymbol{\Sigma}}\boldsymbol{T}(n)\overline{\boldsymbol{U}}(n)]$，因此，可以将 $M\times M$ 维的 $\boldsymbol{B}_{kl}$ 写为：

$$\boldsymbol{B}_{kl}=\begin{cases}\rho_k^2Tr(\boldsymbol{\Lambda}_k\overline{\boldsymbol{\Sigma}}_{kk}), & k=l\\0, & k\neq l\end{cases}\tag{4.255}$$

将 B 矩阵向量化，得到：

$$\Im=\text{bevc}\{\boldsymbol{B}\}=\text{col}\{\boldsymbol{b}_1,\ \boldsymbol{b}_2,\ \cdots,\ \boldsymbol{b}_N\}\tag{4.256}$$

则有，

$$\boldsymbol{b}_{kl}=\text{bevc}\{\boldsymbol{B}_{kl}\}\tag{4.257}$$

根据式(4.233)，式(4.234)，式(4.235)可以得到：

$$\boldsymbol{b}_{kl}=\begin{cases}\text{bvec}\{\boldsymbol{I}_M\}\rho_k^2\boldsymbol{\lambda}_k^{\mathrm{T}}\overline{\boldsymbol{\vartheta}}_{kk}, & k=l\\0, & k\neq l\end{cases}\tag{4.258}$$

$\boldsymbol{b}$ 的第 l 列为：

$$\boldsymbol{b}_l=\text{col}\{\boldsymbol{b}_{1l},\ \boldsymbol{b}_{2l},\ \cdots,\ \boldsymbol{b}_{ll},\ \cdots,\ \boldsymbol{b}_{Nl}\}\tag{4.259}$$

根据式(4.236)和式(4.237)可以得到：

$$\boldsymbol{b}_l=\text{col}\{0\,\overline{\boldsymbol{\vartheta}}_{1l},\ 0\,\overline{\boldsymbol{\vartheta}}_{2l},\ \cdots,\ \text{bevc}\{\boldsymbol{I}_M\}\rho_l^2\boldsymbol{\lambda}_l^2\,\overline{\vartheta}_{ll},\ \cdots,\ 0\,\overline{\boldsymbol{\vartheta}}_{Nl}\}\tag{4.260}$$

因此，

$$\begin{aligned}&\text{bevc}\{E[\boldsymbol{v}^{\mathrm{T}}(n)\overline{\boldsymbol{H}}^{\mathrm{T}}\overline{\boldsymbol{U}}^{\mathrm{T}}(n)\boldsymbol{G}(n)\boldsymbol{T}(n)\overline{\boldsymbol{\Sigma}}\\&\boldsymbol{T}(n)\boldsymbol{G}(n)\overline{\boldsymbol{U}}(n)\overline{\boldsymbol{H}}\boldsymbol{v}(n)]\}\\&=\boldsymbol{\chi}^{\mathrm{T}}\Im\overline{\vartheta}\end{aligned}\tag{4.261}$$

② $\overline{\boldsymbol{H}}^{\mathrm{T}}\overline{\boldsymbol{\Sigma}}\overline{\boldsymbol{H}}$，将其向量化，得到：

$$\text{bevc}\{\overline{\boldsymbol{H}}^{\mathrm{T}}\overline{\boldsymbol{\Sigma}}\overline{\boldsymbol{H}}\}=(\overline{\boldsymbol{H}}^{\mathrm{T}}\odot\overline{\boldsymbol{H}}^{\mathrm{T}})\overline{\boldsymbol{\vartheta}}\tag{4.262}$$

③ $\overline{\boldsymbol{H}}^{\mathrm{T}}\overline{\boldsymbol{\Sigma}}E[\boldsymbol{T}(n)]\boldsymbol{G}(n)E[\overline{\boldsymbol{U}}^{\mathrm{T}}(n)\overline{\boldsymbol{U}}(n)]\overline{\boldsymbol{H}}$，将其向量化，得到：

$$\begin{aligned}&\mathrm{bevc}\{E[\overline{\boldsymbol{H}}^{\mathrm{T}}\overline{\boldsymbol{\Sigma}}\boldsymbol{T}(n)\boldsymbol{G}(n)\overline{\boldsymbol{U}}^{\mathrm{T}}(n)\overline{\boldsymbol{U}}(n)\overline{\boldsymbol{H}}]\}\\&=(\overline{\boldsymbol{H}}^{\mathrm{T}}\odot\overline{\boldsymbol{H}}^{\mathrm{T}})\mathrm{bevc}\{E[\boldsymbol{I}_{NM}\overline{\boldsymbol{\Sigma}}\boldsymbol{T}(n)\boldsymbol{G}(n)\overline{\boldsymbol{U}}^{\mathrm{T}}(n)\overline{\boldsymbol{U}}(n)]\}\\&=(\overline{\boldsymbol{H}}^{\mathrm{T}}\odot\overline{\boldsymbol{H}}^{\mathrm{T}})(\boldsymbol{\Lambda}\odot\boldsymbol{I}_{NM})\mathrm{bevc}\{E[\boldsymbol{I}_{NM}\overline{\boldsymbol{\Sigma}}\boldsymbol{T}(n)\boldsymbol{G}(n)]\}\\&=(\overline{\boldsymbol{H}}^{\mathrm{T}}\odot\overline{\boldsymbol{H}}^{\mathrm{T}})(\boldsymbol{\Lambda}\odot\boldsymbol{I}_{NM})(E[\boldsymbol{T}(n)]\boldsymbol{G}(n)\odot\boldsymbol{I}_{NM})\mathrm{bevc}\{\overline{\boldsymbol{\Sigma}}\}\\&=(\overline{\boldsymbol{H}}^{\mathrm{T}}\odot\overline{\boldsymbol{H}}^{\mathrm{T}})(\boldsymbol{\Lambda}\odot\boldsymbol{I}_{NM})(E[\boldsymbol{T}(n)]\boldsymbol{G}(n)\odot\boldsymbol{I}_{NM})\overline{\boldsymbol{\vartheta}}\end{aligned}\tag{4.263}$$

④ $E[\overline{\boldsymbol{H}}^{\mathrm{T}}\overline{\boldsymbol{U}}^{\mathrm{T}}(n)\overline{\boldsymbol{U}}(n)\boldsymbol{T}(n)\boldsymbol{G}(n)\overline{\boldsymbol{\Sigma}\boldsymbol{H}}]$，将其向量化，得到：

$$\begin{aligned}&\mathrm{bevc}\{E[\overline{\boldsymbol{H}}^{\mathrm{T}}\overline{\boldsymbol{U}}^{\mathrm{T}}(n)\overline{\boldsymbol{U}}(n)\boldsymbol{T}(n)\boldsymbol{G}(n)\overline{\boldsymbol{\Sigma}\boldsymbol{H}}]\}\\&=(\overline{\boldsymbol{H}}^{\mathrm{T}}\odot\overline{\boldsymbol{H}}^{\mathrm{T}})\mathrm{bevc}\{\boldsymbol{\Lambda}E[\boldsymbol{T}(n)]\boldsymbol{G}(n)\overline{\boldsymbol{\Sigma}}\boldsymbol{I}_{NM}\}\\&=(\overline{\boldsymbol{H}}^{\mathrm{T}}\odot\overline{\boldsymbol{H}}^{\mathrm{T}})(\boldsymbol{I}_{NM}\odot\boldsymbol{\Lambda})\mathrm{bevc}\{E[\boldsymbol{T}(n)]\boldsymbol{G}(n)\overline{\boldsymbol{\Sigma}}\boldsymbol{I}_{NM}\}\\&=(\overline{\boldsymbol{H}}^{\mathrm{T}}\odot\overline{\boldsymbol{H}}^{\mathrm{T}})(\boldsymbol{I}_{NM}\odot\boldsymbol{\Lambda})(\boldsymbol{I}_{NM}\odot E[\boldsymbol{T}(n)]\boldsymbol{G}(n))\overline{\boldsymbol{\vartheta}}\end{aligned}\tag{4.264}$$

⑤ $E[\overline{\boldsymbol{H}}^{\mathrm{T}}\overline{\boldsymbol{U}}^{\mathrm{T}}(n)\overline{\boldsymbol{U}}(n)\boldsymbol{G}(n)\boldsymbol{T}(n)\overline{\boldsymbol{\Sigma}}\boldsymbol{T}(n)\boldsymbol{G}(n)\overline{\boldsymbol{U}}^{\mathrm{T}}(n)\overline{\boldsymbol{U}}(n)\overline{\boldsymbol{H}}]$，将其向量化，得到：

$$\begin{aligned}&\mathrm{bevc}\{E[\overline{\boldsymbol{H}}^{\mathrm{T}}\overline{\boldsymbol{U}}^{\mathrm{T}}(n)\overline{\boldsymbol{U}}(n)\boldsymbol{G}(n)\boldsymbol{T}(n)\overline{\boldsymbol{\Sigma}}\\&\boldsymbol{T}(n)\boldsymbol{G}(n)\overline{\boldsymbol{U}}^{\mathrm{T}}(n)\overline{\boldsymbol{U}}(n)\overline{\boldsymbol{H}}]\}\\&=(\overline{\boldsymbol{H}}^{\mathrm{T}}\odot\overline{\boldsymbol{H}}^{\mathrm{T}})\mathrm{bevc}\{E[\overline{\boldsymbol{U}}^{\mathrm{T}}(n)\overline{\boldsymbol{U}}(n)\boldsymbol{G}(n)\boldsymbol{T}(n)\overline{\boldsymbol{\Sigma}}\\&\boldsymbol{T}(n)\boldsymbol{G}(n)\overline{\boldsymbol{U}}^{\mathrm{T}}(n)\overline{\boldsymbol{U}}(n)]\}\\&=E[\boldsymbol{T}(n)]\boldsymbol{G}(n)\odot\boldsymbol{G}(n)E[\boldsymbol{T}(n)]\\&\mathrm{bevc}\{E[\overline{\boldsymbol{U}}^{\mathrm{T}}(n)\overline{\boldsymbol{U}}(n)\overline{\boldsymbol{\Sigma}\boldsymbol{U}}^{\mathrm{T}}(n)\overline{\boldsymbol{U}}(n)]\}\end{aligned}\tag{4.265}$$

令 $\boldsymbol{F}=E[\overline{\boldsymbol{U}}^{\mathrm{T}}(n)\overline{\boldsymbol{U}}(n)\overline{\boldsymbol{\Sigma}}\,\overline{\boldsymbol{U}}^{\mathrm{T}}(n)\overline{\boldsymbol{U}}(n)]$，将 $\boldsymbol{F}$ 定义为：

$$\boldsymbol{F}=\mathrm{diag}\{\boldsymbol{F}_1,\ \boldsymbol{F}_2,\ \cdots,\ \boldsymbol{F}_N\}\tag{4.266}$$

$\boldsymbol{F}$ 的第 l 列为：

$$\boldsymbol{F}_l=\{\boldsymbol{F}_{1l},\ \boldsymbol{F}_{2l},\ \cdots,\ \boldsymbol{F}_{Nl}\}\quad(l\in 1,\ \cdots,\ N)\tag{4.267}$$

根据式(4.244)和式(4.245)，可以将 $\boldsymbol{F}_{kl}$ 估计为[86]：

$$\boldsymbol{F}_{kl}=\begin{cases}[\boldsymbol{\Lambda}_k Tr(\boldsymbol{\Lambda}_k\overline{\boldsymbol{\Sigma}}_{kk})+\xi\boldsymbol{\Lambda}_k\overline{\boldsymbol{\Sigma}}_{kk}\boldsymbol{\lambda}_k]\boldsymbol{\Lambda}_k\overline{\boldsymbol{\Sigma}}_{kl}\boldsymbol{\Lambda}_l, & k=l\\0, & k\neq l\end{cases}\tag{4.268}$$

其中，$\boldsymbol{\lambda}_k=\mathrm{bvec}\{\boldsymbol{\Lambda}_k\}$。

根据以上分析，可以得到：

$$\begin{aligned}\mathrm{bevc}\{\overline{\boldsymbol{\Sigma}}^*\}=&(\overline{\boldsymbol{H}}^{\mathrm{T}}\odot\overline{\boldsymbol{H}}^{\mathrm{T}})\{\boldsymbol{I}_{N^2M^2}-(\boldsymbol{\Lambda}\odot\boldsymbol{I}_{NM})(E[\boldsymbol{T}(n)]\boldsymbol{G}(n)\odot\boldsymbol{I}_{NM})\\&-(\boldsymbol{I}_{NM}\odot\boldsymbol{\Lambda})(\boldsymbol{I}_{NM}\odot E[\boldsymbol{T}(n)]\boldsymbol{G}(n))\\&+(E[\boldsymbol{T}(n)]\boldsymbol{G}(n)\odot\boldsymbol{G}(n)E[\boldsymbol{T}(n)])\boldsymbol{F}\}\overline{\boldsymbol{\vartheta}}\end{aligned}\tag{4.269}$$

将式(4.248)代入式(4.219)，自适应网络的均方行为递归描述如下：

$$E[\|\widetilde{\boldsymbol{h}}(n)\|_{\bar{\vartheta}}^{2}]=E[\|\widetilde{\boldsymbol{h}}(n-1)\|_{\bar{A}\bar{\vartheta}}^{2}]+\boldsymbol{\chi}^{\mathrm{T}}\boldsymbol{I}\bar{\boldsymbol{\vartheta}} \tag{4.270}$$

其中，

$$\begin{aligned}\bar{\boldsymbol{A}}=&(\bar{\boldsymbol{H}}^{\mathrm{T}}\odot\bar{\boldsymbol{H}}^{\mathrm{T}})\{\boldsymbol{I}_{N^2M^2}-(\boldsymbol{\Lambda}\odot\boldsymbol{I}_{NM})(E[\boldsymbol{T}(n)]\boldsymbol{G}(n)\odot\boldsymbol{I}_{NM})\\&-(\boldsymbol{I}_{NM}\odot\boldsymbol{\Lambda})(\boldsymbol{I}_{NM}\odot E[\boldsymbol{T}(n)]\boldsymbol{G}(n))\\&+(E[\boldsymbol{T}(n)]\boldsymbol{G}(n)\odot\boldsymbol{G}(n)E[\boldsymbol{T}(n)])\boldsymbol{F}\}\end{aligned} \tag{4.271}$$

根据式(4.248)和式(4.249)，可以得到：

$$\begin{aligned}&E[\|\bar{\boldsymbol{h}}(n)\|_{\bar{\vartheta}}^{2}]=E[\|\bar{\boldsymbol{h}}(n-1)\|_{\bar{A}(1)\bar{\vartheta}}^{2}]+\boldsymbol{\chi}^{\mathrm{T}}\overline{\boldsymbol{I}\boldsymbol{\vartheta}\boldsymbol{A}}(0),\\&E[\|\bar{\boldsymbol{h}}(n-1)\|_{\bar{A}(1)\bar{\vartheta}}^{2}]=E[\|\bar{\boldsymbol{h}}(n-2)\|_{\bar{A}(2)\bar{\vartheta}}^{2}]+\boldsymbol{\chi}^{\mathrm{T}}\overline{\boldsymbol{I}\boldsymbol{\vartheta}\boldsymbol{A}}(1)\\&\vdots\\&E[\|\bar{\boldsymbol{h}}(0)\|_{\bar{A}(n)\bar{\vartheta}}^{2}]=\|\bar{\boldsymbol{h}}_0\|_{\bar{A}(n+1)\bar{\vartheta}}^{2}+\boldsymbol{\chi}^{\mathrm{T}}\overline{\boldsymbol{I}\boldsymbol{\vartheta}\boldsymbol{A}}(n)\end{aligned} \tag{4.272}$$

根据式(4.250)，获得以下结果：

$$E[\|\bar{\boldsymbol{h}}(n)\|_{\bar{\vartheta}}^{2}]=\|\bar{\boldsymbol{h}}_0\|_{\bar{A}(n+1)\bar{\vartheta}}^{2}+\boldsymbol{\chi}^{\mathrm{T}}\boldsymbol{I}\bar{\boldsymbol{\vartheta}}\sum_{z=0}^{n}\bar{\boldsymbol{A}}(z) \tag{4.273}$$

可以推导出：

$$E[\|\bar{\boldsymbol{h}}(n)\|_{\bar{\vartheta}}^{2}]=E[\|\bar{\boldsymbol{h}}(n-1)\|_{\bar{\vartheta}}^{2}]+\boldsymbol{\chi}^{\mathrm{T}}\boldsymbol{I}\bar{\boldsymbol{A}}(n)\bar{\boldsymbol{\vartheta}}-\|\bar{\boldsymbol{h}}_0\|_{\bar{A}(n)(\boldsymbol{I}-\bar{A})\bar{\boldsymbol{\vartheta}}}^{2} \tag{4.274}$$

令 $\eta(n)=\frac{1}{N}E[\|\bar{\boldsymbol{h}}(n)\|^{2}]$，$\bar{\boldsymbol{\vartheta}}=\frac{1}{N}\mathrm{bevc}\{\boldsymbol{I}_{NM}\}=\boldsymbol{q}_{\eta}$，有

$$\eta(n)=\eta(n-1)+\boldsymbol{\chi}^{\mathrm{T}}\boldsymbol{I}\bar{\boldsymbol{A}}(n)\boldsymbol{q}_{\eta}-\|\bar{\boldsymbol{h}}_0\|_{\bar{A}(n)(\boldsymbol{I}-\bar{A})\boldsymbol{q}_{\eta}}^{2} \tag{4.275}$$

当收敛达到稳态时，全局 MSD 表示为：

$$\eta(n)=\frac{1}{N}E[\|\bar{\boldsymbol{h}}(n-1)\|^{2}] \tag{4.276}$$

当 $n\to\infty$ 时，

$$E[\|\bar{\boldsymbol{h}}(\infty)\|_{(\boldsymbol{I}-\bar{A})\bar{\boldsymbol{\vartheta}}}^{2}]=\boldsymbol{\chi}^{\mathrm{T}}\boldsymbol{I}\bar{\boldsymbol{\vartheta}} \tag{4.277}$$

总结为，

$$\eta(n)=\frac{1}{N}\boldsymbol{\chi}^{\mathrm{T}}\boldsymbol{I}(\boldsymbol{I}-\bar{\boldsymbol{A}})^{-1}\mathrm{bevc}\{\boldsymbol{I}_{NM}\} \tag{4.278}$$

到目前为止，已经得到了整个网络的理论 MSD 分析。

3)复杂性分析

算法复杂度是评价算法实时性的重要指标，但是要计算算法的运行时间较为困难。本书通过比较单次迭代中加法的次数和乘法的次数来判断算法的复杂度，执行加法和乘法的次数越多，说明算法越复杂，所需时间越长，执行加法和乘法的次数越少，说明算法越简单，所需时间越短。

表 4.5 比较了基于 MCC 准则的现有算法(MCC，A-MCC，S-MCC，FxRMC，VKW-MCC)与本书的 $\text{DMCC}_{\text{adapt}}$算法在单节点单次迭代中的计算复杂度。从表 4.5 中可以看出，本书算法计算加法的次数比 MCC 和 S-MCC 略多，与 A-MCC 相同，但少于 FxRMC 和 VKW-MCC。更重要的是，本书算法所需乘法的次数少于 S-MCC 和 FxRMC。

表 4.5　**计算复杂度的比较**

算法	乘法	加法
MCC	2M+6	2M
A-MCC	2M+6	2M+1
S-MCC	2M+8	2M
FxRMC	2M+4	2M+11
VKW-MCC	2M+9	2M+2
单节点 $\text{DMCC}_{\text{adapt}}$	2M+7	2M+1

表 4.6 比较了针对非高斯噪声的 DLMP 算法、DSIGN 算法、DNSIGN 算法、DMCC 算法、DPMCC 算法与本书的 $\text{DMCC}_{\text{adapt}}$算法和 $\text{DPMCC}_{\text{adapt}}$算法的计算复杂度。由表 4.6 可以看出，本书的 $\text{DMCC}_{\text{adapt}}$算法所需加法的次数比 DLMS 和 DMCC 略多，与 DLMP 和 DSIGN 相同，但少于 DNSIGN。$\text{DMCC}_{\text{adapt}}$算法计算乘法的次数几乎与 DLMP 算法、DSIGN 算法和 DMCC 算法相同，但比 DNSIGN 算法少得多。与比例系数算法相结合的 DPMCC 算法和 $\text{DPMCC}_{\text{adapt}}$算法相比于其他算法，算法的稳态性能有所提高，但计算复杂度也相应增加，DPMCC 算法与 $\text{DPMCC}_{\text{adapt}}$算法的复杂度几乎相同。

表 4.6　**各种扩散算法计算复杂度的比较**

算法	乘法	加法
DLMP	7M+2	6M+1
DSIGN	7M+1	6M+1
DNSIGN	8M+2	7M
DMCC	7M+6	6M
$\text{DMCC}_{\text{adapt}}$	7M+7	6M+1
DPMCC	11M+10	8M+1
$\text{DPMCC}_{\text{adapt}}$	11M+11	8M+2

3. 算法仿真

在本实验中，分布式网络拓扑结构由 $N=20$ 个节点构成，如图 4.41 所示，节点之间的联合参数 $\{\alpha_{l,k}\}$ 采用 Metropolis 准则获取。

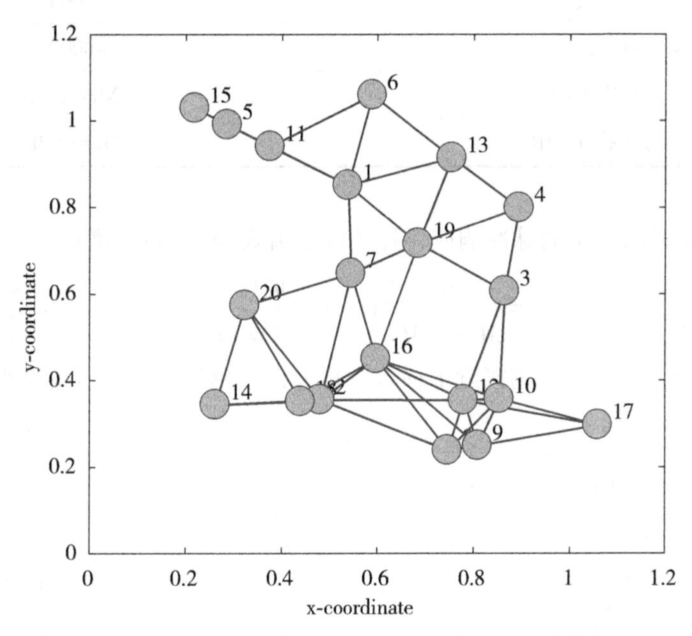

图 4.41　区域范围为[0, 1.2]×[0, 1.2]的 20 节点的扩散网络拓扑

假设每个节点的噪声独立于其他节点的噪声，每个节点的 $v_k(n)$ 由 $y_k(n)$ 和 $z_k(n)$ 组成，即 $v_k(n)=y_k(n)+z_k(n)$，其中，$y_k(n)\sim N(0,\ \sigma_{y_k}^2)$ 是均值为零的高斯白噪声，$z_k(n)$ 是非高斯噪声，其模型为 $z_k(n)=\boldsymbol{\rho}_k(n)\boldsymbol{\beta}_k(n)$，其中，$\boldsymbol{\rho}_k(n)\sim N(0,\ \sigma_{\rho_k}^2)$，$\boldsymbol{\beta}_k(n)$ 满足伯努利条件，其概率密度函数为 $P(\boldsymbol{\beta}_k(n)=1)=P_r$。在本书中，$P_r$ 表示脉冲干扰的概率。信噪比(SNR, Signal-to-Noise Ratio)由下式定义：

$$\mathrm{SNR}=10\log\left(\frac{\boldsymbol{\sigma}_{d_k}^2}{\boldsymbol{\sigma}_{y_k}^2}\right) \tag{4.279}$$

信号干扰比(SIR, Signal-to-Interference Ratio)由下式定义：

$$\mathrm{SIR}=10\log\left(\frac{\boldsymbol{\sigma}_{d_k}^2}{\boldsymbol{\sigma}_{z_k}^2}\right) \tag{4.280}$$

其中，$\boldsymbol{\sigma}_{d_k}^2$ 是 $\boldsymbol{u}_k^{\mathrm{T}}(n)\boldsymbol{w}_0$ 的方差，$\boldsymbol{\sigma}_{z_k}^2$ 是伯努利分布 $z_k(n)$ 的方差，除非另有说明，否则实验的基本参数在表 4.7 中设置。

表 4.7　　**基本参数设置**

参　　数	数　　值
滤波器长度	$M=140$
实验次数	50
单信道迭代次数	20000
双信道迭代次数	40000
信噪比 SNR	SNR＝20dB
信号干扰比 SIR	SIR＝-5dB

图 4.42 为非稀疏系统的脉冲响应，稀疏度是由式(4.259)来度量：

$$S_m = \frac{M}{M - \sqrt{M}}\left(1 - \frac{\| \boldsymbol{w}_k(n) \|_1}{\sqrt{M}\, \| \boldsymbol{w}_k(n) \|_2}\right) \tag{4.281}$$

稀疏度 $0 \leqslant S_m \leqslant 1$，$S_m$ 越接近 1 稀疏度越大，S_m 越接近 0 稀疏度越小。

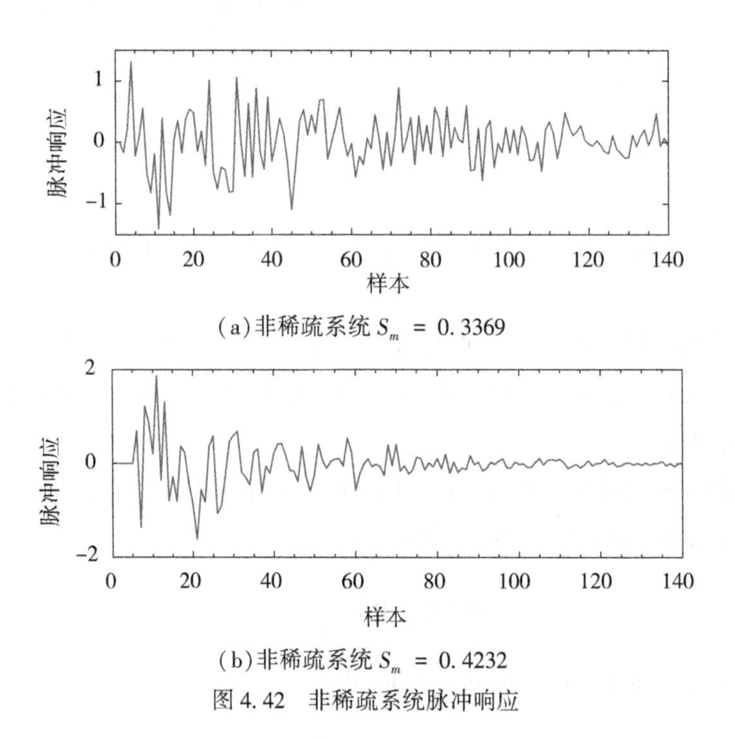

(a)非稀疏系统 $S_m = 0.3369$

(b)非稀疏系统 $S_m = 0.4232$

图 4.42　非稀疏系统脉冲响应

在图 4.43 中，将单节点 DMCC$_{\text{adapt}}$算法在 10%脉冲强度的非高斯噪声下与 MCC 算法、A-MCC 算法，S-MCC 算法、FxRMC 算法、VKW-MCC 算法进行了收敛性能的比较，伯努利过程发生的概率为 $P(\beta_k(n)=1)=P_r=0.1$。本次实验是在图 4.42 所示的非稀疏系统(a)中进行的。MCC 算法中核宽为 2，A-MCC 算法，S-MCC 算法和单节点 DMCC$_{\text{adapt}}$算法

中的 $\sigma_0=2$，VKW-MCC 算法中 $k_\sigma=20$。MCC 算法的步长参数为 0.1，A-MCC 算法的步长参数为 0.002，S-MCC 的步长参数为 0.15，FxRMC 的步长参数为 0.2，VKW-MCC 的步长参数为 0.1，单节点 $\text{DMCC}_{\text{adapt}}$的步长参数为 0.2。

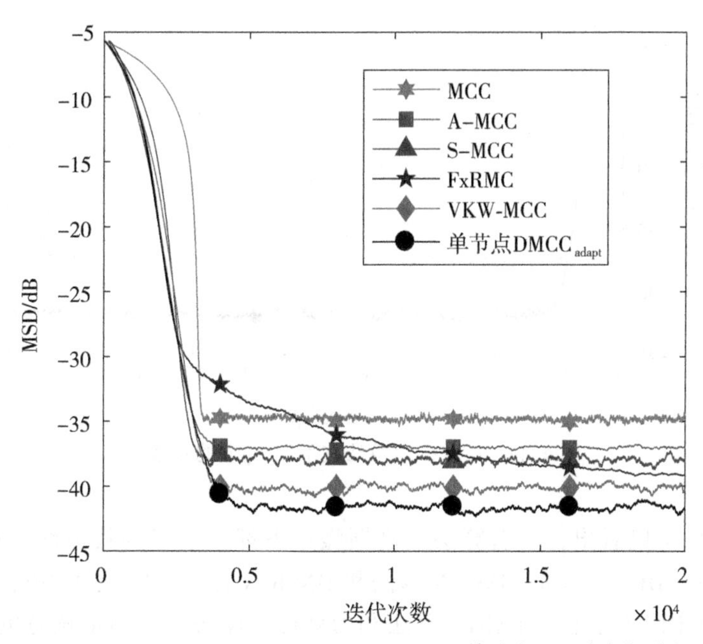

图 4.43 MCC、A-MCC、S-MCC、FxRMC、VKW-MCC 和 $\text{MCC}_{\text{adapt}}$算法在 10%非高斯噪声下的收敛性能比较

由图 4.43 可以看到基于固定核宽的 MCC 算法收敛速度较慢，稳态误差较大，在所有算法中表现最差；FxRMC 算法的稳态误差一直在降低，并没有收敛到定值，表明其收敛速度过慢；VKW-MCC 算法的稳态误差低于 A-MCC 算法和 S-MCC 算法。而本书的单节点 $\text{DMCC}_{\text{adapt}}$算法在收敛速度和稳态误差上都优于其他算法。

图 4.44 展示了参数 σ_0 对 $\text{DMCC}_{\text{adapt}}$算法的影响，其中，$\sigma_0$ 是 1、2、3。本次实验是在图 4.42 所示的非稀疏系统 a 中进行的。为了能够更加清晰的看清参数 σ_0 对 $\text{DMCC}_{\text{adapt}}$算法的影响，将收敛速度调成一致，将相应的步长设为 0.006、0.015 和 0.025。从图中可以看出，当 $\sigma_0>2$ 时，σ_0 对 $\text{DMCC}_{\text{adapt}}$算法的影响不明显。所以，在接下来的仿真中，$\sigma_0=2$。

图 4.44 给出了在高斯噪声下 DLMS 算法、DLMP 算法、DSIGN 算法、DNSIGN 算法、DMCC 算法、$\text{DMCC}_{\text{adapt}}$算法的收敛曲线，输入信号为白信号。本次实验是在图 4.4 所示的非稀疏系统 a 中进行的，DLMS 算法的步长参数为 0.006，DLMP 算法的步长参数为 0.025、DSIGN 算法的步长参数为 0.01、DNSIGN 算法的步长参数为 0.25、DMCC 算法的步长参数为 0.05，$\text{DMCC}_{\text{adapt}}$算法的步长参数为 0.08。DLMP 算法中 $p=1$，DMCC 算法中的核宽为 2，$\text{DMCC}_{\text{adapt}}$算法中的 $\sigma_0=2$。

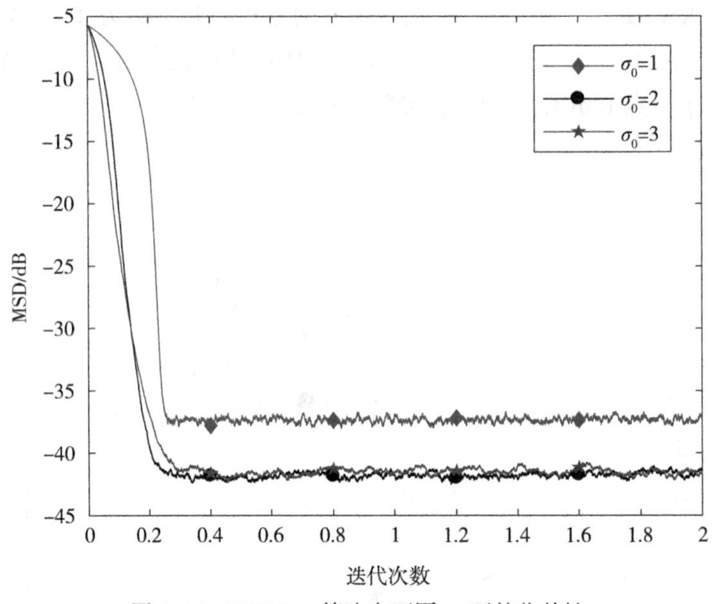

图 4.44　$DMCC_{adapt}$算法在不同 σ_0 下的收敛性

从图 4.44 中可以看出，所有算法在高斯噪声下都有很好的收敛性。其中，DLMS 算法的收敛性最好，DLMP 算法、DSIGN 算法和 DNSIGN 算法的收敛性相似。DMCC 算法在收敛性方面优于 DLMP 算法、DSIGN 算法和 DNSIGN 算法。与固定核宽的 DMCC 算法相比，基于可变核宽的 $DMCC_{adapt}$算法的稳态误差低于 DMCC 算法。

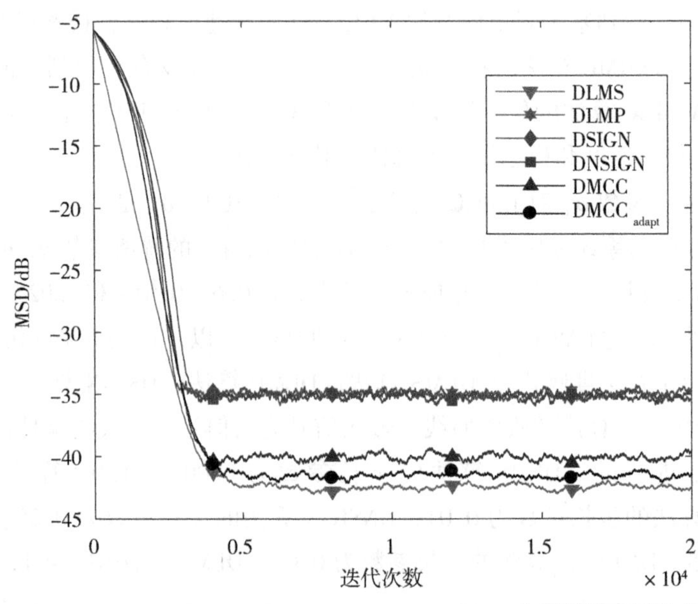

图 4.45　DLMS，DLMP，DSIGN，DNSIGN，DMCC，$DMCC_{adapt}$在高斯噪声下的收敛性能比较

图4.45比较了DLMS算法、DLMP算法、DSIGN算法、DNSIGN算法、$DMCC_{adapt}$算法在非高斯噪声下的收敛性能，其中，$P(\beta_k(n)=1)=P_r=0.1$。本次实验是在图4.42中的非稀疏系统a中进行的。DLMS算法的步长参数为0.006，DLMP算法的步长参数为0.025，DSIGN算法的步长参数为0.01，DNSIGN算法的步长参数为0.25，DMCC算法的步长参数为0.05，$DMCC_{adapt}$算法的步长参数为0.08。DLMP算法中$p=1$，对于DMCC算法，核宽为2，在$DMCC_{adapt}$算法中$\sigma_0=2$。

从图4.46中可以看出，DLMS算法在非高斯噪声下失调，而其他算法都具有良好的收敛性能。其中，DMCC算法和$DMCC_{adapt}$算法在稳态性能上优于DLMP算法、DSIGN算法和DNSIGN算法。这是由于相关熵中的负指数项可以抑制非高斯噪声，使得DMCC算法和$DMCC_{adapt}$算法在非高斯噪声中获得了比其他算法更好的稳态。又由于$DMCC_{adapt}$算法动态地选择核宽，因此，它比DMCC算法具有更好的性能。

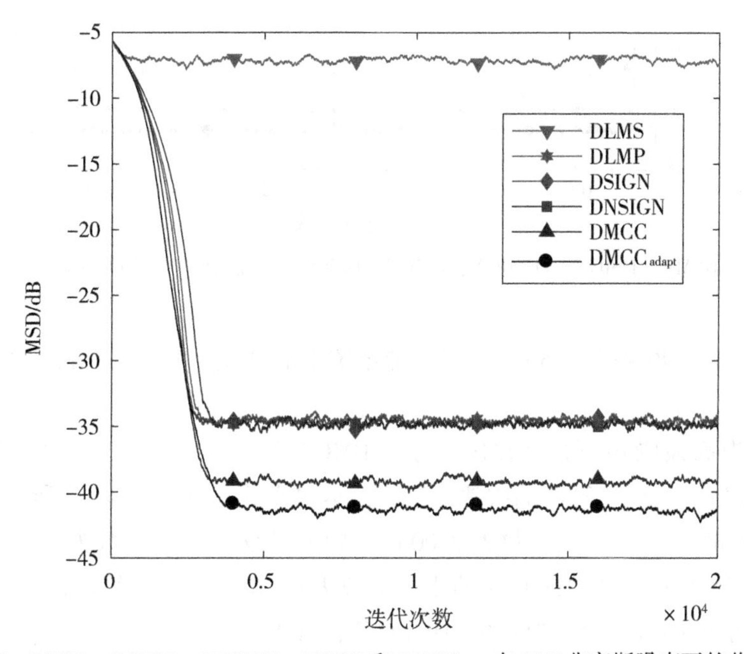

图4.46 DLMS、DLMP、DSIGN、DNSIGN、DMCC和$DMCC_{adapt}$在10%非高斯噪声下的收敛性能的比较

在图4.47中比较了DLMS算法、DLMP算法、DSIGN算法、DNSIGN算法、DMCC算法和$DMCC_{adapt}$算法在非高斯噪声下的跟踪性能。DLMS算法的步长参数为0.006、DLMP算法的步长参数为0.025、DSIGN算法的步长参数为0.01、DNSIGN算法的步长参数为0.25、DMCC算法的步长参数为0.05、$DMCC_{adapt}$算法的步长参数为0.08。经过20000次迭代后，系统从图4.4所示的非稀疏系统a变为非稀疏系统b。

从图4.47中可以看出，当未知系统在迭代到20000次突然发生变化时，所有算法都可以跟踪变化，DLMS 算法无论在非稀疏系统 a 中还是在非稀疏系统 b 中表现都很差，DLMP 算法、DSIGN 算法、DNSIGN 算法、DMCC 算法、$DMCC_{adapt}$ 算法都能收敛到定值，在所有算法中 $DMCC_{adapt}$ 算法的稳态误差最低。

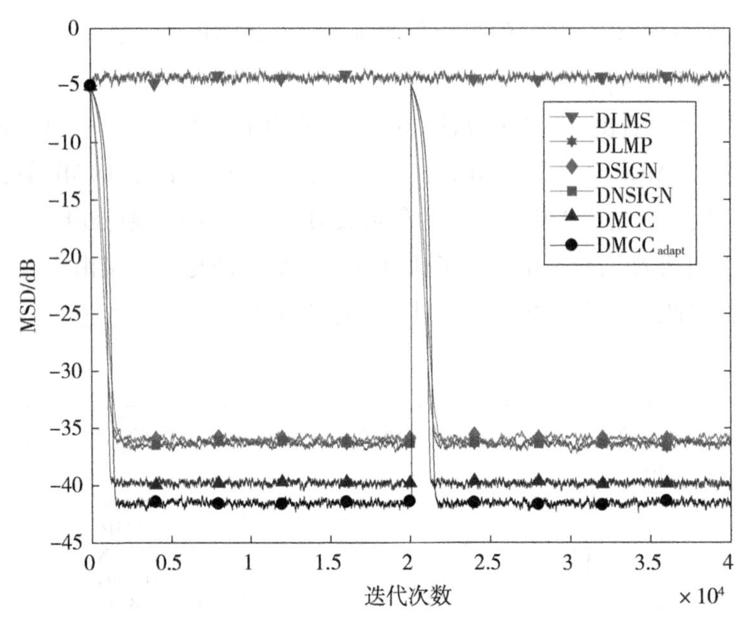

图 4.47　DLMS、DLMP、DSIGN、DNSIGN、DMCC、$DMCC_{adapt}$ 算法在 10%非高斯噪声下的跟踪性能比较

图 4.48、图 4.49 和图 4.50 给出了稀疏系统下的性能，其中，稀疏系统在图 4.48 中给出。

图 4.48 为高斯噪声下的 DLMS 算法、DMCC 算法、$DMCC_{adapt}$ 算法、DPLMS 算法、DPMCC 算法和 $DPMCC_{adapt}$ 算法的收敛性比较，本次实验是在如图 4.42 所示的稀疏系统 a 中进行的，DLMS 算法的步长参数为 0.006、DMCC 算法的步长参数为 0.05、$DMCC_{adapt}$ 算法的步长参数为 0.06、DPLMS 算法的步长参数为 0.18、DPMCC 算法的步长参数为 0.98 和 $DPMCC_{adapt}$ 算法的步长参数为 0.9。DMCC 算法和 DPMCC 算法的核宽都为 2，$DMCC_{adapt}$ 算法和 $DMCC_{adapt}$ 算法中的 $\sigma_0 = 2$。

从图 4.48 中可以看出，所有算法均能收敛到定值，由于 DPLMS 算法，DPMCC 算法，$DPMCC_{adapt}$ 算法三种算法融合了系数比例矩阵，所以 DPLMS 算法，DPMCC 算法，$DPMCC_{adapt}$ 算法在收敛性能上优于 DLMS 算法、DMCC 算法、$DMCC_{adapt}$ 算法。在 DPLMS 算法，DPMCC 算法和 $DPMCC_{adapt}$ 算法中 DPLMS 算法表现最好，其次是 $DPMCC_{adapt}$ 算法，最后是 DPMCC 算法，$DPMCC_{adapt}$ 算法采用的是动态核宽，所以在性能上优于 DPMCC 算法。

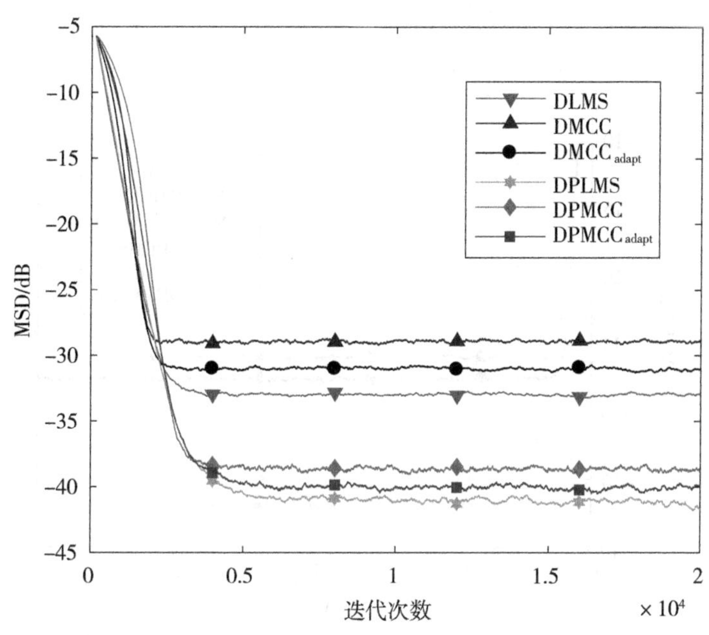

图 4.48 DLMS，DMCC，$DMCC_{adapt}$，DPLMS，DPMCC，$DPMCC_{adapt}$在高斯噪声下的收敛性能比较

图 4.49 比较了 10%脉冲强度的非高斯噪声下 DLMS 算法、DMCC 算法、$DMCC_{adapt}$算法、DPLMS 算法、DPMCC 算法、$DPMCC_{adapt}$算法的收敛性能。本次实验是在如图 4.42 所示的稀疏系统(a)下进行的。DLMS 算法的步长参数为 0.006，DMCC 算法的步长参数为 0.05，$DMCC_{adapt}$算法的步长参数为 0.06，DPLMS 算法的步长参数为 0.18，DPMCC 算法的步长参数为 0.98，$DPMCC_{adapt}$算法的步长参数为 0.9。

从图 4.49 中可以看出，在非高斯噪声干扰下，DLMS 算法和 DPLMS 算法的性能恶化。DMCC 算法、$DMCC_{adapt}$算法、DPMCC 算法、$DPMCC_{adapt}$算法仍然能够收敛到定值。DPMCC 算法、$DPMCC_{adapt}$算法由于其与系数比例矩阵相融合，所以优于 DMCC 算法和 $DMCC_{adapt}$算法。在 DMCC 算法和 $DMCC_{adapt}$算法中，$DMCC_{adapt}$算法优于 DMCC 算法，这是因为 $DMCC_{adapt}$算法的核宽是自适应更新的，所以 $DMCC_{adapt}$算法有更低的稳态误差。相比于 DPMCC 算法，$DPMCC_{adapt}$算法具有更低的稳态误差。

图 4.50 显示了时变稀疏系统中算法的跟踪能力。经过 20000 次迭代后，系统从如图 4.42 所示的高稀疏系统(a)变为中度稀疏系统(b)。DLMS 算法的步长参数为 0.006，DMCC 算法的步长参数为 0.05，$DMCC_{adapt}$算法的步长参数为 0.06，DPLMS 算法的步长参数为 0.18，DPMCC 算法的步长参数为 0.98，$DPMCC_{adapt}$算法的步长参数为 0.9。

在图 4.50 中，当未知系统发生变化时，所有算法都能保持良好的跟踪能力，其中，DLMS 算法和 DPLMS 算法无论是在稀疏系统(a)中还是在稀疏系统(b)中都失调，DMCC 算法、$DMCC_{adapt}$算法、DPMCC 算法、$DPMCC_{adapt}$算法都能收敛到定值，在所有算法中 $DPMCC_{adapt}$算法表现最好。

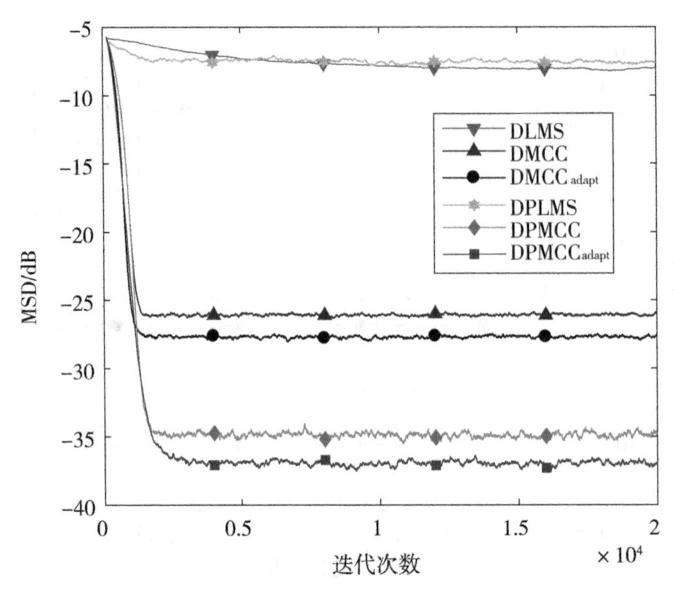

图 4.49　各种算法在 10%非高斯噪声下的收敛性能比较

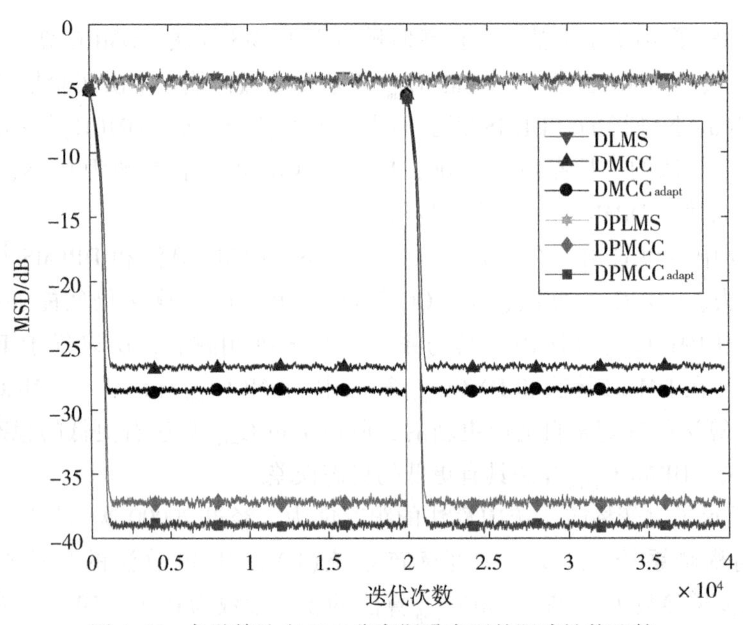

图 4.50　各种算法在 10%非高斯噪声下的跟踪性能比较

针对不同强度的非高斯噪声，表 4.8 中给出了 $DMCC_{adapt}$ 算法和 $DPMCC_{adapt}$ 算法与 DLMS 算法、DMCC 算法、DPLMS 算法、DPMCC 算法的 MSD 值比较。从表 4.8 中可以看出，DPMCC 算法的 MSD 值最小。

表 4.8　　**稳态 MSD 比较**

算法	非高斯噪声		
	10%	20%	30%
	MSD	MSD	MSD
DLMS	-9.1	-4.34	-3.39
DMCC	-28.58	-28.93	-28.85
$DMCC_{adapt}$	-30.68	-30.23	-29.99
DPLMS	-9.6	-6.99	-5.15
DPMCC	-36.68	-36.65	-37.01
$DPMCC_{adapt}$	-38.73	-38.06	-38.18

图 4.51 给出了理论分析和仿真结果的对比图。仿真结果与理论分析结果相近，验证了算法分析结果的正确性。

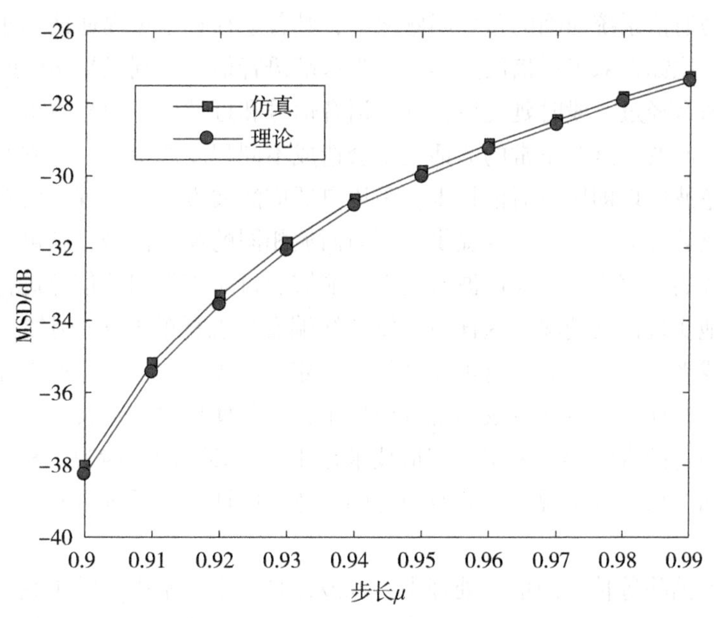

图 4.51　不同 μ 值下 $DPMCC_{adapt}$ 算法理论 MSD 值与仿真 MSD 值比较

第5章　自适应滤波在非线性声学回波消除中的应用

声学回波普遍存在于免提通话和车载式通信等多种电信系统中，在声学回波消除等传统的信号处理中，滤波器是一个非常重要的工具。在声学回波消除等传统的信号处理中，滤波器是一个非常重要的工具。本章主要讨论自适应滤波算法在非线性声学回波消除中的应用。

5.1　引言

回波一直是通信系统面临的重要问题之一，其普遍存在于免提通话和车载式通信等多种电讯系统中。比如在双工通信的过程中，当远端语音信号达到近端房间时，假若对其不做任何处理，那么经过一段时延之后，远端语音信号和近端语音信号将被一起发送到远端房间，从而形成回波，这对正常的通话质量会造成不同程度的影响。抑制回波的典型措施是采用自适应滤波原理即回波对消技术，采用自适应滤波方法来实现回波对消是一种非常成熟且使用广泛的方案，它只需要提供一个与回波相同的模拟信号，就可以将回波从系统中抵消掉。传统的单声道自适应回波对消系统能够通过对声学回波信道进行较好地跟踪辨识，从而良好地实现回波消除，这样不管发送终端发生怎样的变化(例如，发送终端发言者所处的位置或者方位等空间信息可能会发生一定的改变)，单声道回波对消器都能够很好的抑制回波。然而，在电话会议系统等应用中，仅仅使用单声道技术是不够的，为了进一步地增强参与者的真实感，采用双声道技术是非常有必要的。因为，相对于只有一个声道的单声道电话会议系统来说，具有双声道的立体声电话会议系统具有更好的现场感和真切性。

在声学回波消除等传统的信号处理中，滤波器是一个非常重要的工具，其中，线性滤波器的应用领域最为广泛，其研究也一直是学者们所热衷的。然而，线性滤波器在应用中同样存在着一些缺点：①线性滤波器往往要求已知信号和噪声的先验知识，这在实际应用中一般是很难实现的；②线性滤波是一种基于频域分隔原理的信号处理方法，它可以将噪声进行平滑，但是信号的一些主要特征会在该过程中被模糊掉；③相对来讲，信号关联的噪声以及冲击噪声通过线性滤波器并不能达到较好的平滑效果。因此，随着通信行业的快速发展，线性滤波器由于对信号的处理能力有限而导致在应用中受到一定的限制，比如，在视频会议和免提通话等系统中，某些小型、廉价的通信器件会引入非常明显的非线性特征，导致产生非线性回波。线性 AEC 系统性能受到制约的一个主要因素就是声学回波路径中所产生的非线性特征。即使声学回波路径中并不会出现明显的非线性特征，但是线性自适应系统的性能也会因此受到很大的干扰。但线性 AEC 系统的性能会由于非线性特征的存在而显著下降，即线性结构的自适应滤波器不再能够将非线性声学回波路径准确地辨识出来。因此，声学回波路径中的非线性成分不能被以往传统的线性 AEC 系统所消除，残留下来的回波仍然会对通话造成明显的干扰。在这种情况下，越来越多的非线性问题引起了人们的广泛关注，非线性系统理论也逐渐成为广大学者们研究的热点。非线性系统与线性系统中对脉冲响应的定义方法不同，它没有一个统一的描述，所以，非线性滤波器往往并没有一种可以通用的非线性系统模型。根据相关资料显示，可以将非线性粗略地分为两种类型：有记忆非线性和无记忆非线性。当扬声器机电系统的时间常数大于采样率时，有记忆非线性通常出现在高质量音频设备中，无记忆非线性则通常出现在移动设备中低成本的功率放大器或扬声器。现有的非线性滤波器模型主要包括形态滤波器、同态滤波器、排序统计滤波器、Volterra 滤波器以及其他多项式滤波器。在各种非线性滤波器模型中，以 Volterra 滤波器为代表的非线性自适应滤波器综合利用了线性项和非线性项，它可以准确地逼近于绝大多数的非线性系统。但是，该滤波器权系数数目会随着记忆长度、阶次的增加而大幅度增多，导致计算量急剧增大，收敛速度减慢，在实际应用中很难实现。因此，对非线性滤波器进行进一步的研究具有非常重要的价值。

目前，大多数信号处理的理论研究是在高斯假设的基础上进行的，虽然该假设在大多数场合下是合理的，但是，现实生活中并不是所有的信号都是呈现高斯分布的，比高斯分布具有更强冲击性的信号和噪声同样广泛存在于我们的生活中，比如地震、天体物理、生物医学以及各种人为噪声，都是不服从高斯分布的。以上信号的概率密度函数的振幅波动比高斯分布要大得多，此类噪声往往呈现出强脉冲性，其分布比高斯分布具有更厚重的拖尾，该类噪声叫做非高斯噪声。因此，高斯分布不再适用于描述这些噪声，其必须由具有更大拖尾的概率分布如 α-稳定分布来描述。当信号处于非高斯噪声背景时，高斯假设下的一些算法并不能实现对非高斯噪声的抑制，其强冲击性则会导致自适应滤波器的性能下降甚至失效的后果。迄今为止，高斯噪声背景下的自适应滤波算法取得了很多优异的成绩，并获取了较为显著的研究成果，然而相比之下，α-稳定分布背景下的自适应滤波算法的研究还仅仅属于起步阶段，国内外的相关研究成果并不多。因此，基于 α-稳定分布的自适应滤波理论成为了当前信号处理领域的前沿课题。

此外，近十余年来，压缩感知（Compressed Sensing，CS）的研究获得了飞速的发展，并在信号、图像和视频处理、应用数学、统计学和计算机科学等方面的到了广泛关注及应用。同时，由于受到 CS 的影响，稀疏信号处理的相关研究同样取得了非常优异的成绩。同样地，主要受 LASSO（Least Absolute Shrinkage and Selection Operator）算法和 CS 理论影响的稀疏自适应滤波研究，近年来激发了广大学者们的极大热情。在该领域，将大量提出的新算法应用到稀疏信号或者系统中，不管是收敛速度还是稳态误差方面，新算法的性能表现往往优于传统算法。换句话来讲，此类新算法是通过 CS 的理论研究成果对稀疏系统的估计进行一定约束，从而获取较快的收敛速度并求得稀疏解，以获得更佳的性能表现。在实际生活中，满足稀疏条件的应用广泛存在，例如声学回波路径、无线多径信道、网络回波消除和数字电视传输信道等，因此，稀疏自适应滤波算法的研究对当今的信号处理领域来说仍然具有很高的研究价值。

过去，在声学回波消除技术的研究中，声学回波路径往往被人们假设成是一个完全线性系统，因此，在声学回波消除器AEC中采用的都是线性结构的自适应滤波器，比如有限长脉冲响应(Finite-length Impulse Response，FIR)滤波器。然而，随着通信设备的小型化趋势，并且考虑到产品的成本预算，在免提通信设备中越来越多低价小尺寸声学器件被使用，这些通信器件通常会引入明显的非线性特性，使得声学回波出现非线性失真，导致产生非线性回波。在这种情况下，将声学回波路径作完全线性的假设则不再适用，如果仍然采用线性滤波器来建模声学回波路径，则会严重降低回波消除的效果。目前，对于非线性声学回波，已经有学者研究出部分解决方案，其中应用最多的是基于Volterra滤波器的方法。Volterra滤波器因自身结构的优势可以模拟很广泛的非线性模型，但是由于其计算复杂度非常高以及收敛速度很慢等特点，对于实际的工程应用来说，它的使用是不切实际的。因此，设计出一种性能优越且便于实现的非线性滤波器模型非常重要，这对于实现非线性声学回波消除也是至关重要的一步。

此外，随着信息技术的快速发展，人们需要大量的性能优越的通信系统来满足现有需求，但是与此同时，也会付出一定的代价，例如系统的复杂度增加，算法的收敛速度变慢、计算复杂度增加及收敛精度下降等，这些都是需要我们作进一步研究来解决的。再者，稀疏系统在现实生活中普遍存在，比如声学回波路径脉冲响应就具有明显的稀疏特性，但是传统的很多自适应滤波算法并没有考虑到这个条件，导致它们的滤波效果并不能达到最佳。同时，除了高斯噪声，实际的生活环境中也广泛存在着非高斯噪声，例如，在回波消除系统中，其背景噪声不一定都是呈高斯分布的，呈非高斯分布的情况也是非常普遍的。如由于自然因素(如飓风、宇宙电磁波脉冲、雷电、太阳磁暴、天电干扰等)和人为因素(如报警器、电动机、柴油机、发动机、发电机等)的影响，噪声往往呈现出较强的脉冲性，其分布比高斯分布具有更厚重的拖尾，这些噪声会使基于l_2范数的传统自适应滤波算法的性能严重衰减甚至失效。众所周知，自适应算法是自适应滤波器的核心，若想增强自适应滤波器在实际应用中的滤波效果，则需要提高自适应滤波算法的性能，因此将系统的稀疏特性和非高斯背景噪声考虑进来非常有必要。

5.2　声学回波消除原理

随着通信技术的快速发展，人们的日常生活和工作之中所用到的免提通信设备已经愈来愈多，比如移动电话、电话会议系统、可视电话以及车载免提系统等。然而，免提通信设备中的声学回波是由于扬声器和麦克风之间的声学耦合现象产生的，其原理如图5.1所示。在图中，远端语音先从近端扬声器中播放出来，然后经过扬声器-房间场地-麦克风

(Loudspeaker Enclosure Microphone, LEM)系统形成声学回波，而声学回波被近端麦克风拾取之后，紧接着便通过系统环绕被传送给了远端说话者，从而产生了正常通话被干扰的问题。

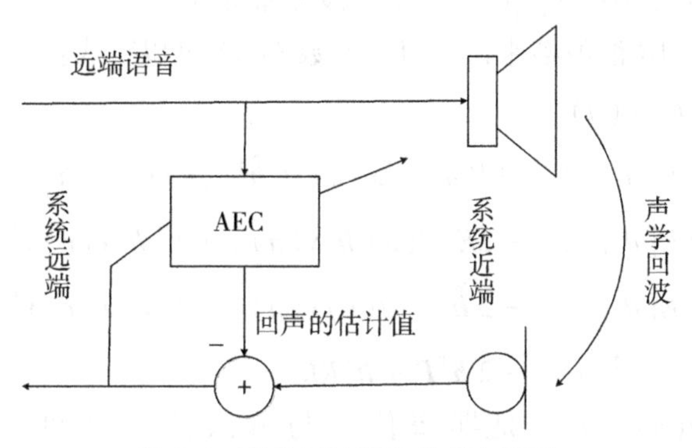

图 5.1 声学回波消除的基本原理

为了解决声学回波对通话质量的影响，目前采取的主要方法是如图 5.1 所示的免提通信系统中加入声学回波消除器(AEC)。AEC 技术是一种基于自适应滤波原理的回波抵消技术，它是由美国贝尔试验室在 20 世纪 60 年代提出的，其核心是自适应滤波器。AEC 技术的整个过程是可以简要描述如下：首先通过 AEC 产生声学回波的估计值，然后将该估计值从麦克风的接收信号中减去，便可以达到消除回波的目的。在以上回波消除的过程中，最核心的部分就是 AEC 中的自适应滤波器，因为它具有自动学习和实时跟踪的能力，也就是说，在不知道输入信号的统计特性发生变化的情况下，自适应滤波器仍然可以按照预先确定的方式通过自动调整自身系数而不断更新，最终使产生的回波估计值与真实的声学回波尽可能的逼近，从而实现回波消除。

5.3 单声道声学回波消除中常用的自适应算法

5.3.1 最小均方算法

在自适应滤波过程中，自适应算法试图让目标函数最小化，从而使得滤波器的输出 $\hat{y}(n)$ 和期望信号 $d(n)$ 近似相等，此时，滤波器系数的最终收敛值是最优的。一般来说，目标函数 $\xi(n)$ 是一个关于输入信号 $x(n)$、期望信号 $d(n)$ 和输出信号 $\hat{y}(n)$ 的函数，可以表示为 $\xi(n)=F[x(n), d(n), \hat{y}(n)]$。在自适应滤波中，最为广泛使用的目标函数是均方误差(Mean Square Error, MSE)，其定义为：

$$\xi(n)=F[e(n)]=E[e^2(n)]=E[d^2(n)-2d(n)\hat{y}(n)+\hat{y}^2(n)] \tag{5.1}$$

其中，$E[\cdot]$ 表示数学期望。

假设自适应滤波器采用 FIR 滤波器，则滤波器的输入输出关系表示为：

$$\hat{y}(n)=\sum_{i=0}^{L-1}h_i(n)x(n-i)=\hat{\boldsymbol{h}}^{\mathrm{T}}(n)\boldsymbol{x}(n)=\boldsymbol{x}^{\mathrm{T}}(n)\hat{\boldsymbol{h}}(n) \tag{5.2}$$

其中，L 是滤波器的阶数，$\boldsymbol{x}(n)=[x(n),\ x(n-1),\ \cdots,\ x(n-L+1)]^{\mathrm{T}}$ 是输入向量，$\hat{\boldsymbol{h}}(n)=[h_0(n),\ h_1(n),\ \cdots,\ h_{L-1}(n)]^{\mathrm{T}}$ 是滤波器系数向量。

对于固定系数的 FIR 滤波器来说，目标函数 $\xi(n)$ 可以写成：

$$\begin{aligned}\xi(n)&=E[e^2(n)]\\&=E[d^2(n)-2d(n)\hat{\boldsymbol{h}}^{\mathrm{T}}\boldsymbol{x}(n)+\hat{\boldsymbol{h}}^{\mathrm{T}}\boldsymbol{x}(n)\boldsymbol{x}^{\mathrm{T}}(n)\hat{\boldsymbol{h}}]\\&=E[d^2(n)]-2E[d(n)\hat{\boldsymbol{h}}^{\mathrm{T}}\boldsymbol{x}(n)]+E[\hat{\boldsymbol{h}}^{\mathrm{T}}\boldsymbol{x}(n)\boldsymbol{x}^{\mathrm{T}}(n)\hat{\boldsymbol{h}}]\\&=E[d^2(n)]-2\hat{\boldsymbol{h}}^{\mathrm{T}}E[d(n)\boldsymbol{x}(n)]+\hat{\boldsymbol{h}}^{\mathrm{T}}E[\boldsymbol{x}(n)\boldsymbol{x}^{\mathrm{T}}(n)]\hat{\boldsymbol{h}}\\&=E[d^2(n)]-2\hat{\boldsymbol{h}}^{\mathrm{T}}\boldsymbol{P}+\hat{\boldsymbol{h}}^{\mathrm{T}}\boldsymbol{R}\hat{\boldsymbol{h}}\end{aligned} \tag{5.3}$$

式中，$\boldsymbol{P}=E[d(n)x(n)]$ 是期望信号与输入信号之间的互相关向量，$\boldsymbol{R}=E[\boldsymbol{x}(n)\boldsymbol{x}^{\mathrm{T}}(n)]$ 是输入信号的自相关矩阵。如果向量 $\boldsymbol{P}$ 和矩阵 $\boldsymbol{R}$ 已知，则可以通过目标函数 $\xi(n)$ 来求解滤波器系数 $\hat{\boldsymbol{h}}$。

目标函数 $\xi(n)$ 是一个关于滤波器系数的二次函数，它其实是一个中间下凹的超抛物面，称为 MSE 曲面。MSE 曲面有唯一的最低点，自适应滤波指的就是滤波器通过不断调整自身系数，最终使得目标函数 $\xi(n)$ 达到最小值的过程，这也就是相当于沿着 MSE 曲面不断地向下搜索到最低点的过程。根据超抛物面的性质可知，当梯度值为 0 时，计算得出目标函数 $\xi(n)$ 的值就是它的最小值。

对式(5.3)中定义的目标函数 $\xi(n)$ 求梯度，可以得到：

$$\boldsymbol{g}_h=\frac{\partial\xi}{\partial\hat{\boldsymbol{h}}}=\left[\frac{\partial\xi}{\partial h_0},\ \frac{\partial\xi}{\partial h_1},\ \cdots,\ \frac{\partial\xi}{\partial h_N}\right]^{\mathrm{T}}=-2\boldsymbol{P}+2\boldsymbol{R}\hat{\boldsymbol{h}} \tag{5.4}$$

最小均方(Least Mean Square，LMS)算法是一种基于梯度搜索的自适应算法，它是由 B. Windrow 和 M. E. Hoff 于 1960 年提出的。LMS 算法主要是通过对目标函数进行不断地自适应调整，从而使梯度向量的计算得到简化。LMS 算法的基本思想是利用自相关矩阵 $\boldsymbol{R}$ 和互相关向量 $\boldsymbol{P}$ 的瞬时估计值来估计梯度向量，有：

$$\hat{R}(n)=\boldsymbol{x}(n)\boldsymbol{x}^{\mathrm{T}}(n) \tag{5.5}$$

$$\hat{\boldsymbol{P}}(n)=d(n)\boldsymbol{x}(n) \tag{5.6}$$

将以上式(5.5)和式(5.6)代入式(6.4)中，可以得到梯度向量 $\boldsymbol{g}_h$ 的估计值为：

$$\begin{aligned}\hat{\boldsymbol{g}}_h(n)&=-2d(n)\boldsymbol{x}(n)+2\boldsymbol{x}(n)\boldsymbol{x}^{\mathrm{T}}(n)\hat{\boldsymbol{h}}(n)\\&=2x(n)(-d(n)+\boldsymbol{x}^{\mathrm{T}}(n)\hat{\boldsymbol{h}}(n))\\&=-2e(n)\boldsymbol{x}(n)\end{aligned} \tag{5.7}$$

也就是说，LMS 算法是用瞬时平方误差 $e^2(n)$ 的梯度作为 MSE 梯度的估计值，因此有：

$$
\begin{aligned}
\frac{\partial e^2(n)}{\partial \hat{\boldsymbol{h}}} &= \left[2e(n)\frac{\partial e(n)}{\partial h_0(n)},\ 2e(n)\frac{\partial e(n)}{\partial h_1(n)},\ \cdots,\ 2e(n)\frac{\partial e(n)}{\partial h_N(n)}\right]^{\mathrm{T}} \\
&= -2e(n)\boldsymbol{x}(n) \\
&= \hat{\boldsymbol{g}}_h(n)
\end{aligned} \tag{5.8}
$$

由于得到的梯度算法使平均误差的均值最小化，因此该算法被称为最小均方(LMS)算法，其更新方程表示为：

$$
\hat{\boldsymbol{h}}(n+1) = \hat{\boldsymbol{h}}(n) + 2\mu e(n)\boldsymbol{x}(n) \tag{5.9}
$$

为了使 LMS 算法的收敛性得到保证，式(2.18)中步长参数 μ 的取值范围应满足：

$$
0 < \mu < \frac{1}{\lambda_{\max}} \tag{5.10}
$$

其中，$\lambda_{\max}$ 是输入信号的自相关矩阵 $\boldsymbol{R}$ 的最大特征值。

由于 LMS 算法具有便于简单、易分析等优点，因此，自该算法提出不久便得到了人们的普遍重视并被广泛应用于很多领域之中。但是，LMS 算法也有一些不足之处如收敛速度较慢，尤其是当输入信号的自相关矩阵的特征值在数值上比较分散时，LMS 算法的性能就会大幅度下降，甚至不能收敛。尽管如此，LMS 算法所带来的理论意义和应用价值是不可否认的，同时它也为其他线性自适应算法的研究提供了重要的参照标准。

5.3.2 归一化最小均方算法

由于 LMS 算法中的步长参数是固定不变的，所以，该算法的收敛速度和稳态误差会直接受到其步长参数的控制。但是，如果某个算法的步长参数是固定的，那么它的收敛速度和稳态误差是相互矛盾的。例如，如果选择采取较大的步长参数，算法的收敛速度就会变得较快，但是与此同时稳态误差会随之增大。另外，从 LMS 算法的更新方程即式(5.9)可以看出，算法的性能表现也会受到输入信号大小的影响。为了解决以上问题，已经有很多学者从不同方面对 LMS 算法进行了改进，其中最为常用的方法就是采用归一化最小均方 NLMS 算法，其更新方程为：

$$
\hat{\boldsymbol{h}}(n+1) = \hat{\boldsymbol{h}}(n) + \frac{\mu}{\|\boldsymbol{x}(n)\|_2^2}e(n)\boldsymbol{x}(n) \tag{5.11}
$$

其中，$\|\cdot\|_2$ 是欧式范数(又称 2-范数)，且有：

$$
\|\boldsymbol{x}(n)\|_2 = \left(|x(n)|^2 + |x(n-1)|^2 + \cdots + |x(n-L+1)|^2\right)^{\frac{1}{2}}
$$

从式(5.11)中可以看出，归一化指的是乘积向量 $e(n)\boldsymbol{x}(n)$ 相对于输入向量 $\boldsymbol{x}(n)$ 的平方欧式范数进行了归一化。当 $\boldsymbol{x}(n)$ 较小时，为了避免因分母 $\|\boldsymbol{x}(n)\|_2^2$ 过小而引起计算上的不稳定，可以将式(5.11)修正为：

$$
\hat{\boldsymbol{h}}(n+1) = \hat{\boldsymbol{h}}(n) + \frac{\mu}{\|\boldsymbol{x}(n)\|_2^2 + \delta_{\mathrm{NLMS}}}e(n)\boldsymbol{x}(n) \tag{5.12}
$$

其中，δ_{NLMS} 是一个很小的正参数。

为了使 NLMS 算法的收敛性能够得到保证，μ 的取值范围应满足$\mu \in (0, 2)$。有以上分析可以看出，NLMS 算法的收敛条件与输入信号的统计特性并无关系，并且当$\mu = 1$时，算法的收敛速度达到最大值。在实际应用中，为了能够减少计算量，平方欧式范数 $\| \boldsymbol{x}(n) \|_2^2$ 一般由输入信号的能量估计值所代替。能量估计值 $\hat{P}_x$ 可以采用指数加权递归的方法进行逐点更新：

$$\hat{P}_x(n) = \lambda \hat{P}_x(n-1) + (1-\lambda)\boldsymbol{x}^2(n) \tag{5.13}$$

其中，λ 是平滑常数，通常情况下，$\lambda \in [0.99, 0.999]$。

与 LMS 算法相对比，NLMS 算法的步长参数与输入向量是紧密相关的，其大小由输入向量的平方欧式范数控制，所以该算法实际上采用的是可变步长参数。NLMS 算法在继承了 LMS 算法易于实现的优点的同时，还具有比 LMS 算法更快的收敛速度，正是由于以上所述的优点，NLMS 算法成为了当今实际应用中使用最为广泛的一种自适应算法。

5.3.3　基于比例归一化最小均方算法

回波消除的核心是要得到回波路径的估计值，当回波路径较长时，会影响自适应算法的收敛速度。针对以上问题，我们可以根据回波路径所具有的数据特点将其看作一个稀疏向量。所谓稀疏向量，指的就是向量中的元素只有一小部分是较大数值(称为活跃系数)，其余大部分的元素都为零或接近为零(称为不活跃系数)。因此，在估计回波路径时，若能提高对活跃系数的辨识速度，就能够大大提高算法的收敛速度。

比例归一化最小均方(PNLMS)算法就很好地利用了回波路径的稀疏性特点。与传统的 NLMS 算法相比，PNLMS 算法的优点在于：在每次迭代过程中，如果滤波器系数的数值较大时，则算法采用较大的步长参数；反之，如果滤波器系数为较小数时，则算法采用较小步长。因此，自适应滤波器可以采用 PNLMS 算法使数值大的系数得到较快地调整，从而使算法的收敛速度得到提高。

PNLMS 算法的更新方程为：

$$\hat{\boldsymbol{h}}(n+1) = \hat{\boldsymbol{h}}(n) + \frac{\mu \boldsymbol{G}(n)}{\boldsymbol{x}^{\mathrm{T}}(n)\boldsymbol{G}(n)\boldsymbol{x}(n) + \delta_{\mathrm{PNLMS}}} e(n)\boldsymbol{x}(n) \tag{5.14}$$

式(5.14)中，δ_{PNLMS} 是一个正参数，$\boldsymbol{G}(n)$ 是控制步长参数的对角矩阵，有：

$$\boldsymbol{G}(n) = \mathrm{diag}\{g_0(n),\ g_1(n),\ \cdots,\ g_{L-1}(n)\}$$

$\boldsymbol{G}(n)$ 中的各个元素可以通过以下式(5.15)和式(5.16)计算得到：

$$\gamma_l(n) = \max\{\rho \max[\delta_p,\ |h_0(n)|,\ \cdots,\ |h_{L-1}(n)|],\ h_l(n)\} \quad 0 \leqslant l \leqslant L-1 \tag{5.15}$$

$$g_l(n) = \frac{\gamma_l(n)}{\sum_{i=0}^{L-1} \gamma_i(n)} \quad 0 \leqslant l \leqslant L-1 \tag{5.16}$$

在式(5.15)中，L 是滤波器的阶数，δ_p 和 ρ 都是正值常数(通常取 $\delta_p = 0.01$，$\rho =$

$5/L$)。其中，δ_p 用于调整当自适应过程处于初始阶段时的步长参数，而 ρ 是为了防止发生因滤波器系数之间存在太大差异而导致较小系数停止更新的情况。

与传统的 NLMS 算法相比，通过利用回波路径所具有的稀疏特性，PNLMS 算法能够获得更快的收敛速度。然而，它也存在着一些不足之处，比如：PNLMS 算法收敛之后进入稳态区域的失调量要比 NLMS 算法更大；再者，假若回波路径不是严格的稀疏向量或者说回波路径的稀疏度不够高时，PNLMS 算法的收敛速度甚至会比 NLMS 算法慢很多。

为了克服 PNLMS 算法的以上缺点，近年，人们在 PNLMS 算法的基础上又提出了一些改进算法。其中，美国贝尔实验室的改进的 PNLMS(IPNLMS)算法在回波消除的应用中具有比较突出的性能。

IPNLMS 算法的更新方程为：

$$\hat{\boldsymbol{h}}(n+1)=\hat{\boldsymbol{h}}(n)+\frac{\mu\boldsymbol{K}(n)}{\boldsymbol{x}^{\mathrm{T}}(n)\boldsymbol{K}(n)\boldsymbol{x}(n)+\delta_{\mathrm{IPNLMS}}}e(n)\boldsymbol{x}(n) \tag{5.17}$$

从式(5.17)和式(5.18)可以发现，虽然 IPNLMS 算法和 PNLMS 算法的结构形式非常相似，但两者的对角矩阵的构造方式存在差异。在 IPNLMS 算法中，有：

$$\boldsymbol{K}(n)=\mathrm{diag}\{k_0(n),\ k_1(n),\ \cdots,\ k_{L-1}(n)\} \tag{5.18}$$

式(5.18)中 $\boldsymbol{K}(n)$ 中的各个元素可以按照以下式(5.19)计算得到：

$$k_l(n)=\frac{(1-\alpha)}{2L}+(1+\alpha)\frac{|h_l(n)|}{2\|h(n)\|_1},\quad 0\leqslant l\leqslant L-1 \tag{5.19}$$

其中，α 为一个常数，且 $\alpha\in[-1,1]$；$\|\cdot\|$ 表示 1-范数，且有：$\|h(n)\|_1=\sum_{l=0}^{L-1}|h_l(n)|$。

从式(5.19)中可以看出，当 $\alpha=-1$ 时，IPNLMS 算法便退化成 NLMS 算法；而当 $\alpha\to 1$ 时，IPNLMS 算法的性能表现与 PNLMS 算法是相似的。

IPNLMS 算法在克服 PNLMS 算法的一些缺点的同时，还充分利用了回波路径所具有的稀疏性特点，使算法的性能得到了进一步的提升。当回波路径的稀疏度很高时，IPNLMS 算法的收敛速度并未明显优于 PNLMS 算法，虽然两者的收敛速度相似，但都要远远快于 NLMS 算法；当回波路径介于稀疏向量与色散向量之间时，IPNLMS 算法的收敛速度依然优于 NLMS 算法和 PNLMS 算法。有以上分析可得，IPNLMS 算法对回波路径的稀疏度并不敏感，正是因为如此，IPNLMS 算法同样可以应用于声学回波消除中。

5.4　非高斯噪声条件下的算法

以上介绍的所有自适应滤波算法都是在高斯噪声的条件下进行的，并没有把非高斯噪声的影响考虑进来，因此，在此条件下的自适应算法并不能得到最佳的滤波效果。因为在实际的生活环境中，非线性回波消除等系统的背景噪声并不是一定呈高斯分布的，呈非高斯分布的情况同样是非常普遍的。比如：由于自然因素(如飓风、宇宙电磁波脉冲、雷电、太阳磁暴、天电干扰等)和人为因素(如报警器、电动机、柴油机、发动机、发电机等)的影响，通常会产生呈非高斯分布的噪声，它的最大特点就是脉冲性很强，同时，其分布也要比高斯分布具有更厚重的拖尾，这种噪声就是非高斯噪声。正是因为以上所描述的特点，使得该类噪声对信号的干扰性特别强。

由于非高斯噪声具有较强的脉冲性，严重影响了基于 l_2 范数优化准则的自适应滤波算法的性能，而符号算法则对脉冲噪声具有很好的抑制效果。同时考虑到回波消除系统中回波路径所具有的稀疏特性，本书将比例矩阵的思想和符号算法相结合，提出一种性能更加稳健的修正的改进比例归一化符号算法 MIPNSA。具体分析过程如下：

符号算法 SA 的更新方程如式(5.20)：

$$\hat{\boldsymbol{h}}(n+1)=\hat{\boldsymbol{h}}(n)+\mu\operatorname{sign}[e(n)]x(n) \tag{5.20}$$

其中，$x(n)$ 是系统的输入向量，$\hat{\boldsymbol{h}}(n)$ 是滤波器系数向量，$e(n)$ 是误差信号，μ 是固定的步长参数。

由于符号算法 SA 的收敛速度很慢，将 NLMS 算法的归一化步长取代 SA 的固定步长 μ，从而结合了 NLMS 算法良好的收敛特性和 SA 对非高斯噪声良好的抗干扰能力，可得到归一化符号算法(Normalized SA，NSA)，其更新方程如式(5.21)：

$$\hat{\boldsymbol{h}}(n+1)=\hat{\boldsymbol{h}}(n)+\frac{\mu}{\|x(n)\|_2^2+\varphi}\operatorname{sign}[e(n)]x(n) \tag{5.21}$$

其中，$\dfrac{\mu}{\|x(n)\|_2^2+\varphi}$ 为归一化步长，φ 为一个很小的正参数。

同样，为了进一步改善算法的性能，考虑到回波路径的稀疏特性以及非高斯噪声的干扰，将对稀疏系统具有良好适应能力的 IPNLMS 中的系数比例矩阵融入符号算法 SA 中，具体过程如下：

IPNLMS 算法的迭代更新方程如式(5.22)：

$$\hat{\boldsymbol{h}}(n+1)=\hat{\boldsymbol{h}}(n)+\frac{\mu}{\boldsymbol{x}^{\mathrm{T}}(n)\boldsymbol{G}(n)\boldsymbol{x}(n)+\zeta}\boldsymbol{G}(n)\boldsymbol{x}(n)e(n) \tag{5.22}$$

其中，$\boldsymbol{G}(n)$ 为 IPNLMS 算法中的对角矩阵，ζ 为一个正参数。

将式(5.22)与式(5.20)相结合，可得到改进的比例归一化符号算法(Improved Proportionate NSA，IPNSA)的迭代更新方程如式(5.23)：

$$\hat{\boldsymbol{h}}(n+1)=\hat{\boldsymbol{h}}(n)+\frac{\mu}{\boldsymbol{x}^{\mathrm{T}}(n)\boldsymbol{G}(n)\boldsymbol{x}(n)+\zeta}\boldsymbol{G}(n)\boldsymbol{x}(n)\operatorname{sign}[e(n)] \tag{5.23}$$

其中，ζ 是一个小的正参数。

由式(5.22)可知，IPNLMS 算法的收敛速度会受到比例项权重的影响，即当未知系统是稀疏系统时，值大的滤波器系数应当取较大步长，这样会提高 IPNLMS 算法的收敛速度。虽然相比 NLMS 算法，IPNLMS 算法取得了进一步的改善，但其比例项的权重与系统稀疏度之间的关系尚不清晰，仍然没有明确的措施来决定该参数值。修正的 IPNLMS (MIPNLMS)算法的比例矩阵思想融入到 SA 中，可得到 MIPNSA 的更新方程。具体分析过程如下：

MIPNLMS 算法面对的主要问题是如何将系统稀疏度转化为数值，以便将系统稀疏度与权值的最优值联系起来，进而表明系统稀疏性与比例项权重的最优值之间的关系，而下面式(5.24)则解决了该问题。

$$S(\boldsymbol{h}) = \frac{L}{L - \sqrt{L}}\left(1 - \frac{\| \boldsymbol{h} \|_1}{\sqrt{L}\ \| \boldsymbol{h} \|_2}\right) \tag{5.24}$$

式中，$S(\boldsymbol{h})$ 表示系统脉冲响应即回声路径 $\boldsymbol{h}$ 的稀疏度，数值范围为 $[0,\ 1]$，L 表示 $\boldsymbol{h}$ 的长度，$\| \boldsymbol{h} \|_1$ 和 $\| \boldsymbol{h} \|_2$ 分别表示 $\boldsymbol{h}$ 的 L_1 范数和 L_2 范数，定义分别如下：

$$\| \boldsymbol{h} \|_1 = \sum_{l=1}^{L} |h_l| \quad 和 \quad \| \boldsymbol{h} \|_2 = \sqrt{\sum_{l=1}^{L} h_l^2}$$

$S(\boldsymbol{h})$ 数值的转换可以通过 $\beta = (\alpha + 1)/2$ 得到，其中 α 的转换范围是从 $[-1,\ 1)$ 到 $[0,\ 1)$，具体表示如式(5.25)、式(5.26)：

$$k(l,\ n) = \frac{1 - \beta(n)}{L} + \frac{\beta(n)\,|h(l,\ n)|}{\sum_{i=1}^{L} |h(i,\ n)| + \varepsilon} \tag{5.25}$$

$$\beta(n) = \frac{S^2(\boldsymbol{h}(n))}{S^2(\boldsymbol{h}(n)) + \dfrac{\gamma}{e^2(n) + \delta}} \tag{5.26}$$

其中，γ 和 δ 分别表示正参数。

由式(5.24)、式(5.25)和式(5.26)可以得到该算法中的对角矩阵 $\boldsymbol{K}(n)$，如式(5.27)所示：

$$\boldsymbol{K}(n) = \mathrm{diag}[k(1,\ n),\ k(2,\ n),\ \cdots,\ k(L,\ n)] \tag{5.27}$$

综上可得 MIPNLMS 算法的更新方程为

$$\hat{\boldsymbol{h}}(n+1) = \hat{\boldsymbol{h}}(n) + \frac{\mu}{\boldsymbol{x}^{\mathrm{T}}(n)\boldsymbol{K}(n)\boldsymbol{x}(n) + \zeta}\boldsymbol{K}(n)\boldsymbol{x}(n)e(n) \tag{5.28}$$

将式(5.28)与式(5.20)相结合，可得 MIPNSA 的更新方程如式(5.29)所示：

$$\hat{\boldsymbol{h}}(n+1) = \hat{\boldsymbol{h}}(n) + \frac{\mu}{\boldsymbol{x}^{\mathrm{T}}(n)\boldsymbol{K}(n)\boldsymbol{x}(n) + \zeta}\boldsymbol{K}(n)\boldsymbol{x}(n)\mathrm{sign}[e(n)] \tag{5.29}$$

5.5 基于 MIPNSA 的非线性级联单声道声学回波消除方法

5.5.1 级联方案及算法推导

本书采用如图 5.2 所示的 Hammerstein 模型级联方式，将非线性滤波器和线性滤波器进行级联来实现非线性回波消除，前端的无记忆非线性滤波器用于模拟由放大器与扬声器构成的非线性模型，其后的线性 FIR 滤波器用于模拟线性声学回波路径。

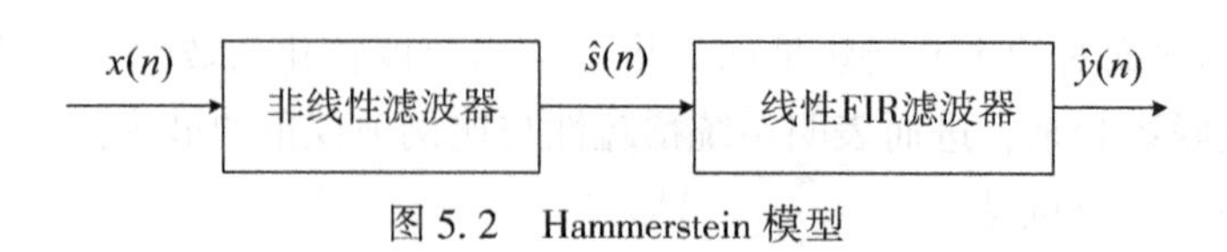

图 5.2　Hammerstein 模型

书中采用的基于 Hammerstein 模型的无记忆非线性回波消除方案如图 5.3 所示，图中 $x(n)$ 为系统的输入信号，$\hat{s}(n)$ 为非线性滤波器的输出，同时也是线性滤波器的输入，$\hat{y}(n)$ 为线性滤波器的输出，$\hat{u}(n)$ 为非线性滤波器的输入，a 为非线性器件参数，h 为线性回波路径，$v(n)$ 为背景噪声，$d(n)$ 为系统的期望信号。具体参数如下所示：

$\boldsymbol{x}(n)=[x(n),\ x(n-1),\ \cdots,\ x(n-L+1)]^{\mathrm{T}}$ 表示系统的输入向量；$\hat{\boldsymbol{a}}(n)=[\hat{a}_1(n),\ \hat{a}_2(n),\ \cdots,\ \hat{a}_Q(n)]^{\mathrm{T}}$ 表示非线性滤波器的系数向量，Q 为非线性滤波器的阶数；$\hat{\boldsymbol{h}}(n)=[\hat{h}_1(n),\ \hat{h}_2(n),\ \cdots,\ \hat{h}_L(n)]^{\mathrm{T}}$ 表示线性滤波器的系数向量。

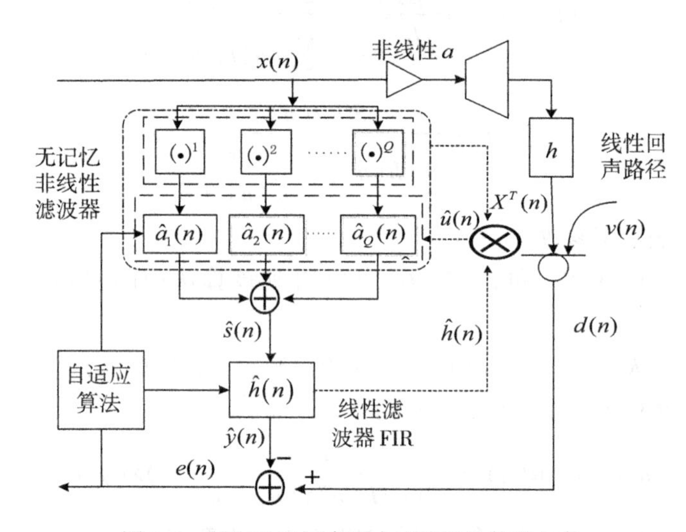

图 5.3　基于无记忆多项式滤波器的级联方案

对于无记忆非线性滤波器，本书采取一种泰勒级数展开的截断模型来描述，如式(5.30)表示：

$$f(\hat{a}(n),\ x(n))=\sum_{q=1}^{Q}\hat{a}_q(n)x^q(n)\tag{5.30}$$

其中，$f(\hat{a}(n),\ x(n))$ 表示非线性器件的非线性变换函数，$a_j(j=1,\ 2,\ \cdots,\ Q)$ 为相应 n 时刻的参数矢量，由实际中的扬声器的非线性特性和放大器的输出功率，该值可相应地确定。

非线性滤波器的输出 $\hat{s}(n)$ 是通过系统输入 $x^i(n)(i=1,\ 2,\ \cdots,\ Q)$ 以及非线性滤波器参数 $\hat{a}(n)$ 的线性组合得到的，而 FIR 滤波器的输出 $\hat{y}(n)$ 通过 $\hat{s}(n)*\hat{h}(n)$ 获得。

由式(5.30)可以推导出 n 时刻对应的非线性滤波器的输出 $\hat{s}(n)$ 即线性滤波器的输入为：

$$\hat{s}(n)=\boldsymbol{x}_Q^{\mathrm{T}}(n)\hat{\boldsymbol{a}}(n) \tag{5.31}$$

其中，

$$\boldsymbol{x}_Q(n)=[x(n),\ x^2(n),\ \cdots,\ x^Q(n)]^{\mathrm{T}}$$

非线性滤波器的输入向量 $\hat{\boldsymbol{u}}(n)$ 由式(5.32)表示：

$$\hat{\boldsymbol{u}}(n)=\boldsymbol{X}^{\mathrm{T}}(n)\hat{\boldsymbol{h}}(n) \tag{5.32}$$

其中，

$$\boldsymbol{X}^{\mathrm{T}}(n)=\begin{bmatrix} x(n) & x(n-1) & \cdots & x(n-L+1) \\ x^2(n) & x^2(n-1) & \cdots & x^2(n-L+1) \\ \vdots & \vdots & \ddots & \vdots \\ x^Q(n) & x^Q(n-1) & \cdots & x^Q(n-L+1) \end{bmatrix}$$

由式(5.31)和式(5.32)可以得到

$$\hat{\boldsymbol{s}}(n)=\boldsymbol{X}(n)\hat{\boldsymbol{a}}(n) \tag{5.33}$$

本节中的两个滤波器均是采用基于 MMSE 准则的 NLMS 算法，来分别求取非线性系数和线性系数的残余误差能量 $e^2(n)$ 的梯度值，进而推导出非线性滤波器系数和线性滤波器系数的更新方程。

非线性残余误差能量 $e^2(n)$ 的梯度值为：

$$\nabla_a(n)=\frac{\partial e^2(n)}{\partial \hat{\boldsymbol{a}}(n)}=-2e(n)\,[f'(\hat{\boldsymbol{a}}^{\mathrm{T}}(n),\ \boldsymbol{x}(n))]^{\mathrm{T}}\hat{\boldsymbol{h}}(n) \tag{5.34}$$

其中，$e(n)=d(n)-\hat{\boldsymbol{a}}^{\mathrm{T}}(n)\hat{\boldsymbol{u}}(n)$

$$\begin{aligned} f'(\hat{\boldsymbol{a}}(n),\ \boldsymbol{x}(n)) &= \frac{\partial f(\hat{\boldsymbol{a}}^{\mathrm{T}}(n),\ \boldsymbol{x}(n))}{\partial\, \hat{\boldsymbol{a}}^{\mathrm{T}}(n)} \\ &= \left[\frac{\partial f(\hat{\boldsymbol{a}}(n),\ x(n))}{\partial \hat{\boldsymbol{a}}(n)},\ \cdots,\ \frac{\partial f(\hat{\boldsymbol{a}}(n),\ x(n-L+1))}{\partial \hat{\boldsymbol{a}}(n)}\right]^{\mathrm{T}} \end{aligned}$$

所以，综合式(5.30)和式(5.32)可得出非线性滤波器系数的级联 NLMS 更新方程如式(5.35)，

$$\begin{aligned} \hat{\boldsymbol{a}}(n+1) &= \hat{\boldsymbol{a}}(n)-\frac{\mu_a}{2}\nabla_a(n) \\ &= \hat{\boldsymbol{a}}(n)+\mu_a\,[f'(\hat{\boldsymbol{a}}^{\mathrm{T}}(n),\ x(n))]^{\mathrm{T}}\hat{\boldsymbol{h}}(n)e(n) \\ &= \hat{\boldsymbol{a}}(n)+\mu_a(n)\hat{\boldsymbol{u}}(n)e(n) \end{aligned} \tag{5.35}$$

其中，归一化步长参数 $\mu_a(n)=\dfrac{\mu_a}{\|\hat{\boldsymbol{u}}(n)\|_2^2+\varphi}$，$\varphi$ 为一个小的正参量，原因是为了避免大的步长参数趋于未知方向。

将归一化步长替代μ_a，式(5.36)可以改写为：

$$\hat{\boldsymbol{a}}(n+1)=\hat{\boldsymbol{a}}(n)+\frac{\mu_a}{\|\hat{\boldsymbol{u}}(n)\|_2^2+\varphi}\hat{\boldsymbol{u}}(n)e(n) \tag{5.36}$$

相似地，由误差信号$e(n)$可求得线性系数残余误差能量$e^2(n)$的梯度值为：

$$\nabla_h(n)=\frac{\partial e^2(n)}{\partial\hat{\boldsymbol{h}}(n)}=-2e(n)\hat{\boldsymbol{s}}(n) \tag{5.37}$$

其中，误差信号$e(n)=d(n)-\hat{\boldsymbol{h}}^{\mathrm{T}}(n)\hat{\boldsymbol{s}}(n)$。

因此，线性滤波器系数的迭代方程可以表示为式(3.9)，

$$\begin{aligned}\hat{\boldsymbol{h}}(n+1)&=\hat{\boldsymbol{h}}(n)-\frac{\mu_h(n)}{2}\nabla_h(n)\\&=\hat{\boldsymbol{h}}(n)+\mu_h(n)\hat{\boldsymbol{s}}(n)e(n)\end{aligned} \tag{5.38}$$

其中，归一化步长参数$\mu_h(n)=\dfrac{\mu_h}{\|\hat{\boldsymbol{s}}(n)\|_2^2}$。

由$\hat{\boldsymbol{a}}^{\mathrm{T}}(n)\hat{\boldsymbol{u}}(n)=\hat{\boldsymbol{h}}^{\mathrm{T}}(n)\boldsymbol{X}(n)\hat{\boldsymbol{a}}(n)=\hat{\boldsymbol{h}}^{\mathrm{T}}(n)\hat{\boldsymbol{s}}(n)$可得，非线性系数和线性系数更新方程中的误差$e(n)$是相等的。且从式(5.32)、式(5.33)、式(5.36)和式(5.38)可以看出，非线性滤波器系数和线性滤波器系数两者的迭代更新并不是独立的，其性能会相互受到彼此的促进或制约。

以上推导过程是在传统的NLMS算法下进行的，这里将本书新算法MIPNSA应用到非线性声学回波消除系统中，即线性滤波器采用MIPNSA，非线性滤波器采用NSA，因此，整个自适应滤波过程可以总结如下：

$$\hat{s}(n)=\boldsymbol{x}_Q^{\mathrm{T}}(n)\hat{\boldsymbol{a}}(n)$$

$$\hat{\boldsymbol{u}}(n)=\boldsymbol{X}^{\mathrm{T}}(n)\hat{\boldsymbol{h}}(n)$$

$$e(n)=d(n)-\hat{\boldsymbol{a}}^{\mathrm{T}}(n)\hat{\boldsymbol{u}}(n)$$

$$\hat{\boldsymbol{a}}(n+1)=\hat{\boldsymbol{a}}(n)+\frac{\mu_a}{\|\hat{\boldsymbol{u}}(n)\|_2^2+\varphi}\hat{\boldsymbol{u}}(n)\operatorname{sign}[e(n)]$$

$$\hat{\boldsymbol{h}}(n+1)=\hat{\boldsymbol{h}}(n)+\frac{\mu_h}{\hat{\boldsymbol{s}}^{\mathrm{T}}(n)\boldsymbol{K}(n)\hat{\boldsymbol{s}}(n)+\zeta}\boldsymbol{K}(n)\hat{\boldsymbol{s}}(n)\operatorname{sign}[e(n)]$$

5.5.2　完美假设下级联滤波器系数的误差收敛性分析

本章节的分析是在假设自适应滤波器对未知系统为完全匹配即完美假设下进行的。在级联滤波器中，首先假设其中一个滤波器系数是完美估计，然后对另外一个滤波器系数误差进行收敛性分析。

(1)线性系数误差的收敛性分析

这里，我们假设非线性滤波器对非线性系统的估计是完美的即$\hat{\boldsymbol{a}}(n)=\boldsymbol{a}$，从而可以推

导出线性系数估计值和实际值的误差收敛式。首先，将线性系数和非线性系数的误差向量展开，如下面所示：

$$\widetilde{\boldsymbol{h}}(n)=\boldsymbol{h}-\hat{\boldsymbol{h}}(n) \tag{5.39}$$

$$\widetilde{\boldsymbol{a}}(n)=\boldsymbol{a}-\hat{\boldsymbol{a}}(n) \tag{5.40}$$

式(5.39)又可以表示为：

$$\begin{aligned}\widetilde{\boldsymbol{h}}(n+1)&=\widetilde{\boldsymbol{h}}(n)-\mu_h\hat{\boldsymbol{s}}(n)[d(n)-\hat{\boldsymbol{h}}^{\mathrm{T}}(n)\hat{\boldsymbol{s}}(n)]\\&=\widetilde{\boldsymbol{h}}(n)-\mu_h\hat{\boldsymbol{s}}(n)[(\hat{\boldsymbol{a}}(n)+\widetilde{\boldsymbol{a}}(n))^{\mathrm{T}}\boldsymbol{X}^{\mathrm{T}}(n)\boldsymbol{h}+v(n)-\hat{\boldsymbol{s}}^{\mathrm{T}}(n)\hat{\boldsymbol{h}}(n)]\\&=\widetilde{\boldsymbol{h}}(n)-\mu_h\hat{\boldsymbol{s}}(n)[\hat{\boldsymbol{s}}^{\mathrm{T}}(n)\widetilde{\boldsymbol{h}}(n)+\boldsymbol{h}^{\mathrm{T}}\boldsymbol{X}(n)\widetilde{\boldsymbol{a}}(n)+v(n)]\\&=[\boldsymbol{I}-\mu_h\hat{\boldsymbol{s}}(n)\,\hat{\boldsymbol{s}}^{\mathrm{T}}(n)]\widetilde{\boldsymbol{h}}(n)-\mu_h\hat{\boldsymbol{s}}(n)\boldsymbol{h}^{\mathrm{T}}\boldsymbol{X}(n)\widetilde{\boldsymbol{a}}(n)-\mu_h\hat{\boldsymbol{s}}(n)v(n)\end{aligned} \tag{5.41}$$

由于假设式(5.40)中 $\widetilde{\boldsymbol{a}}(n)=0$，可得 $\hat{\boldsymbol{s}}(n)=\boldsymbol{X}(n)\hat{\boldsymbol{a}}(n)=\boldsymbol{X}(n)\boldsymbol{a}=\boldsymbol{s}(n)$，因此，式(5.41)可以改写为：

$$\hat{\boldsymbol{h}}(n+1)=[\boldsymbol{I}-\mu_h\boldsymbol{s}(n)\,\boldsymbol{s}^{\mathrm{T}}(n)]\widetilde{\boldsymbol{h}}(n)-\mu_h\boldsymbol{s}(n)v(n) \tag{5.42}$$

然后，我们假设线性系数真实值与估计值之间误差的自相关矩阵为 $\boldsymbol{R}_{\tilde{h}}(n+1)$，具体表示为以下表达式：

$$\begin{aligned}\boldsymbol{R}_{\tilde{h}}(n+1)=&\ E[\widetilde{\boldsymbol{h}}(n+1)\widetilde{h}^{\mathrm{T}}(n+1)]\\=&\ E[\widetilde{\boldsymbol{h}}(n)\,\widetilde{\boldsymbol{h}}^{\mathrm{T}}(n)]-E[\widetilde{\boldsymbol{h}}(n)\,\widetilde{\boldsymbol{h}}^{\mathrm{T}}(n)\mu_h\boldsymbol{s}(n)\,\boldsymbol{s}^{\mathrm{T}}(n)]-E[\mu_h\boldsymbol{s}(n)\,\boldsymbol{s}^{\mathrm{T}}(n)\widetilde{\boldsymbol{h}}(n)\,\widetilde{\boldsymbol{h}}^{\mathrm{T}}(n)]\\&+E[\mu_h^2\boldsymbol{s}(n)\,\boldsymbol{s}^{\mathrm{T}}(n)\widetilde{\boldsymbol{h}}(n)\,\widetilde{\boldsymbol{h}}^{\mathrm{T}}(n)\boldsymbol{s}(n)\,\boldsymbol{s}^{\mathrm{T}}(n)]+E[\mu_h^2v^2(n)\boldsymbol{s}(n)\,s^{\mathrm{T}}(n)]\end{aligned} \tag{5.43}$$

为了分析上的方便，这里假设系统中的近端噪声 $v(n)$ 是零均值且独立的，所以 $[\boldsymbol{I}-\mu_h\boldsymbol{s}(n)\,\boldsymbol{s}^{\mathrm{T}}(n)]\widetilde{\boldsymbol{h}}(n)$ 和 $\mu_h\boldsymbol{s}(n)v(n)$ 这两项便不再存在。

假设线性系数估计值和真实值之间的误差 $\widetilde{\boldsymbol{h}}(n)$、非线性滤波器的输出向量 $\boldsymbol{s}(n)$ 以及输入信号 $\boldsymbol{x}(n)$ 的线性组合都是独立的，因此式(5.43)可以重新写成：

$$\begin{aligned}\boldsymbol{R}_{\tilde{h}}(n+1)=&\boldsymbol{R}_{\tilde{h}}(n)-2\mu_h\boldsymbol{R}_s(n)+\mu_h^2E[\boldsymbol{s}(n)\,\boldsymbol{s}^{\mathrm{T}}(n)\widetilde{\boldsymbol{h}}(n)\,\widetilde{\boldsymbol{h}}^{\mathrm{T}}(n)\boldsymbol{s}(n)\,\boldsymbol{s}^{\mathrm{T}}(n)]\\&+\mu_h^2\sigma_v^2\boldsymbol{R}_s(n)\end{aligned} \tag{5.44}$$

由于 $\widetilde{\boldsymbol{h}}(n)\,\widetilde{\boldsymbol{h}}^{\mathrm{T}}(n)$ 为对称矩阵，且 $\boldsymbol{s}(n)$ 为零均值，式(5.44)中的第三项可以进一步简化，得

$$\boldsymbol{R}_{\tilde{h}}(n+1)=\boldsymbol{R}_{\tilde{h}}(n)-2\frac{\mu_h}{L}\boldsymbol{R}_{\tilde{h}}(n)+\frac{\mu_h^2}{L^2}[2\boldsymbol{R}_{\tilde{h}}(n)+\mathrm{tr}(\boldsymbol{R}_{\tilde{h}}(n))\boldsymbol{I}]+\frac{\mu_h^2}{L^2\sigma_s^2}\sigma_v^2\boldsymbol{I} \quad (5.45)$$

对其取迹可得，

$$\mathrm{tr}[\boldsymbol{R}_{\tilde{h}}(n+1)]=\left[1-\frac{2\mu_h}{L}+(2+L)\frac{\mu_h^2}{L^2}\right]\mathrm{tr}[\boldsymbol{R}_{\tilde{h}}(n)]+\frac{\mu_h^2\sigma_v^2}{L\sigma_s^2} \quad (5.46)$$

通过递归，式(5.46)可以重新表示如下：

$$T_{\tilde{h}}(n)=C_{\tilde{h}}^{n}T_{\tilde{h}}(0)+\frac{K_{\tilde{h}}(1-C_{\tilde{h}}^{n})}{1-C_{\tilde{h}}}\approx\frac{K_{\tilde{h}}}{1-C_{\tilde{h}}}\quad 当\ n\sim\infty\ 时 \quad (5.47)$$

其中，$T_{\tilde{h}}(0)\triangleq\|\boldsymbol{h}\|_2^2$

$$C_{\tilde{h}}\triangleq 1-\frac{2\mu_h}{L}+(2+L)\frac{\mu_h^2}{L^2}$$

$$K_{\tilde{h}}=\frac{\mu_h^2\sigma_v^2}{L\sigma_s^2}$$

在式(5.47)中，$T_{\tilde{h}}(n)$ 表示 $\tilde{\boldsymbol{h}}(n)$ 自相关矩阵的迹，$C_{\tilde{h}}$ 表示线性系数误差方差的收敛速度，由步长参数 μ_h 和线性自适应滤波器长度 L 共同决定，而收敛值由 $C_{\tilde{h}}$ 和 $K_{\tilde{h}}$ 共同决定。除了 μ_h 和 L，本地噪声功率 σ_v^2 和非线性滤波器输出功率 σ_s^2 也是重要参数。在自适应级联滤波器的 n 次迭代中，当假设非线性系数是完美估计时，根据式(5.47)，由实验中的相关数据我们可以计算得到线性系数误差方差的收敛值。

(2)非线性系数误差的收敛性分析

假设线性滤波器系数是完美估计即 $\hat{\boldsymbol{h}}(n)=\boldsymbol{h}(n)$ 时，我们对非线性系数的误差方差进行分析。

已知非线性系数的更新方程为：

$$\hat{\boldsymbol{a}}(n+1)=\hat{\boldsymbol{a}}(n)+\frac{\mu_a}{\|\hat{\boldsymbol{u}}(n)\|_2^2+\varphi}\hat{\boldsymbol{u}}(n)e(n) \quad (5.48)$$

当输入信号 $x(n)$ 趋近于 0 时，$\|\hat{\boldsymbol{s}}(n)\|_2^2$，$\|\hat{\boldsymbol{u}}(n)\|_2^2$ 则变得非常小。在此情况下，为了避免较大的自适应步长趋向于随机方向，将一个小的参数 φ（通常为 1）加入归一化项中。然后，将线性系数的误差向量式(5.10)和非线性系数的误差向量式(5.11)代入到式(5.48)中，表示如下：

$$\begin{aligned}\tilde{\boldsymbol{a}}(n+1)&=\tilde{\boldsymbol{a}}(n)-\mu_a\hat{\boldsymbol{u}}(n)[(\hat{\boldsymbol{h}}(n)+\hat{\boldsymbol{h}}^{\mathrm{T}}(n))^{\mathrm{T}}\boldsymbol{X}(n)\boldsymbol{a}+v(n)-\hat{\boldsymbol{u}}^{\mathrm{T}}(n)\hat{\boldsymbol{a}}(n)]\\&=\hat{\boldsymbol{a}}(n)-\mu_a\hat{\boldsymbol{u}}(n)[\hat{\boldsymbol{u}}^{\mathrm{T}}(n)\tilde{\boldsymbol{a}}(n)+\boldsymbol{a}^{\mathrm{T}}\boldsymbol{X}^{\mathrm{T}}(n)\tilde{\boldsymbol{h}}(n)+v(n)]\\&=[\boldsymbol{I}-\mu_a\hat{\boldsymbol{u}}(n)\hat{\boldsymbol{u}}^{\mathrm{T}}(n)]\tilde{\boldsymbol{a}}(n)-\mu_a\hat{\boldsymbol{u}}(n)\boldsymbol{a}^{\mathrm{T}}\boldsymbol{X}^{\mathrm{T}}(n)\tilde{\boldsymbol{h}}(n)-\mu_a\hat{\boldsymbol{u}}(n)v(n)\end{aligned} \quad (5.49)$$

式(5.49)表示的是线性系数未达到完美估计时的非线性系数误差的迭代过程，而本章节是在假设线性系数为完美估计下进行的，因此，该式中的第二项可以被删掉，且非线性滤波器的输入向量 $\hat{\boldsymbol{u}}(n)$ 是由 $\hat{\boldsymbol{h}}$ 和输入矩阵 $\boldsymbol{X}(n)$ 得到，我们可以将式(5.49)重新写成：

$$\tilde{\boldsymbol{a}}(n+1)=[\boldsymbol{I}-\mu_a\hat{\boldsymbol{u}}(n)\hat{\boldsymbol{u}}^{\mathrm{T}}(n)]\tilde{\boldsymbol{a}}(n)-\mu_a\hat{\boldsymbol{u}}(n)v(n) \tag{5.50}$$

将式(5.50)代入 $n+1$ 时刻对应的非线性系数误差的相关矩阵 $\boldsymbol{R}_{\tilde{a}}(n+1)$ 中，其可以被写成，

$$\begin{aligned}\boldsymbol{R}_{\tilde{a}}(n+1)= &\ E[\tilde{\boldsymbol{a}}(n+1)\tilde{\boldsymbol{a}}^{\mathrm{T}}(n+1)]\\ =&\ E[\tilde{\boldsymbol{a}}(n)\tilde{\boldsymbol{a}}^{\mathrm{T}}(n)]-E[\tilde{\boldsymbol{a}}(n)\tilde{\boldsymbol{a}}^{\mathrm{T}}(n)\mu_a\hat{\boldsymbol{u}}(n)\hat{\boldsymbol{u}}^{\mathrm{T}}(n)]\\ &-E[\mu_a\hat{\boldsymbol{u}}(n)\hat{\boldsymbol{u}}^{\mathrm{T}}(n)\tilde{\boldsymbol{a}}(n)\tilde{\boldsymbol{a}}^{\mathrm{T}}(n)]+E[\mu_a^2\hat{\boldsymbol{u}}(n)\hat{\boldsymbol{u}}^{\mathrm{T}}(n)\tilde{\boldsymbol{a}}(n)\tilde{\boldsymbol{a}}^{\mathrm{T}}(n)\hat{\boldsymbol{u}}(n)\hat{\boldsymbol{u}}^{\mathrm{T}}(n)]\\ &+E[\mu_a^2v^2(n)\hat{\boldsymbol{u}}(n)\hat{\boldsymbol{u}}^{\mathrm{T}}(n)]\end{aligned} \tag{5.51}$$

为了简便，同样假设当地噪声 $v(n)$ 为零均值并独立的，所以，$[\boldsymbol{I}-\mu_a\hat{\boldsymbol{u}}(n)\hat{\boldsymbol{u}}^{\mathrm{T}}(n)]\tilde{\boldsymbol{a}}(n)$ 和 $\mu_a\hat{\boldsymbol{u}}(n)v(n)$ 的交叉乘积项不存在，因此，在假设 $\tilde{\boldsymbol{a}}(n)$ 和 $\hat{\boldsymbol{u}}(n)$ 相互独立的前提下，式(5.51)可以进一步简化为：

$$\begin{aligned}\boldsymbol{R}_{\tilde{a}}(n+1)=&\ \boldsymbol{R}_{\tilde{a}}(n)-2\mu_a\boldsymbol{R}_{\hat{u}}(n)\boldsymbol{R}_{\tilde{a}}(n)+\mu_a^2E[\hat{\boldsymbol{u}}(n)\hat{\boldsymbol{u}}^{\mathrm{T}}(n)\tilde{\boldsymbol{a}}(n)\tilde{\boldsymbol{a}}^{\mathrm{T}}(n)\hat{\boldsymbol{u}}(n)\hat{\boldsymbol{u}}^{\mathrm{T}}(n)]\\ &+\mu_a^2\sigma_v^2\boldsymbol{R}_{\hat{u}}(n)\end{aligned} \tag{5.52}$$

由于 $\hat{\boldsymbol{s}}(n)$ 和 $\hat{\boldsymbol{u}}(n)$ 具有不同的数据特点，我们无法通过恒定值与单位矩阵的形式将 $R_{\hat{u}}(n)$ 近似化，所以，式(5.52)的第三项不能被简化。因而，对式(5.52)的两边进行取迹，并假设 $R_{\tilde{a}}(n)$ 是对角矩阵，我们可以得到，

$$\begin{aligned}\mathrm{tr}[\boldsymbol{R}_{\tilde{a}}(n+1)]=&\left(1-2\mu_a\frac{\mathrm{tr}[\boldsymbol{R}_{\hat{u}}]}{Q}+\mu_a^2\frac{E\{\mathrm{tr}[\hat{\boldsymbol{u}}^{\mathrm{T}}(n)\hat{\boldsymbol{u}}(n)\hat{\boldsymbol{u}}(n)\hat{\boldsymbol{u}}^{\mathrm{T}}(n)]\}}{Q}\right)\mathrm{tr}[\boldsymbol{R}_{\tilde{a}}(n)]\\ &+\mu_a^2\sigma_v^2\mathrm{tr}[\boldsymbol{R}_{\hat{u}}(n)]\end{aligned} \tag{5.53}$$

将归一化步长加入式(5.53)中，可以重新写成：

$$\begin{aligned}\mathrm{tr}[R_{\tilde{a}}(n+1)]=&\left(1-\frac{E[\|\hat{\boldsymbol{u}}(n)\|_2^2]}{E[\|\hat{\boldsymbol{u}}(n)\|_2^2]+\varphi}\frac{2\mu_a}{Q}+\frac{E[\|\hat{\boldsymbol{u}}(n)\|_2^4]}{E[\|\hat{\boldsymbol{u}}(n)\|_2^2]^2+2\varphi E[\|\hat{\boldsymbol{u}}(n)\|_2^2]+\varphi^2}\frac{\mu_a^2}{Q}\right)\mathrm{tr}[\boldsymbol{R}_{\tilde{a}}(n)]\\ &+\frac{\mu_a^2\sigma_v^2}{E[\|\hat{\boldsymbol{u}}(n)\|_2^2]}\end{aligned} \tag{5.54}$$

其中，φ 是一个小的正参数，假设其满足 $\varphi\ll E[\|\hat{\boldsymbol{u}}(n)\|_2^2]$ 且 $E[\|\hat{\boldsymbol{u}}(n)\|_2^2]>1$ 的条件，式(5.54)可以近似为：

$$\mathrm{tr}[\boldsymbol{R}_{\tilde{a}}(n+1)]=\left(1-\frac{2\mu_a}{Q}+\frac{E[\|\hat{\boldsymbol{u}}(n)\|_2^4]}{E[\|\hat{\boldsymbol{u}}(n)\|_2^2]^2}\frac{\mu_a^2}{Q}\right)\mathrm{tr}[\boldsymbol{R}_{\tilde{a}}(n)]+\frac{\mu_a^2\sigma_v^2}{E[\|\hat{\boldsymbol{u}}(n)\|_2^2]} \tag{5.55}$$

其中，$E[\|\hat{\boldsymbol{u}}(n)\|_2^2]$ 和 $E[\|\hat{\boldsymbol{u}}(n)\|_2^4]$ 是由线性系数向量 $\hat{\boldsymbol{h}}(n)$ 和输入向量 $\boldsymbol{x}(n)$ 共同决定的。

然后，我们定义 $P_{\hat{u}_2}$ 和 $P_{\hat{u}_4}$ 来表示 $E[\ \|\hat{\boldsymbol{u}}(n)\|_2^2]$ 和 $E[\ \|\hat{\boldsymbol{u}}(n)\|_2^4]$，最后，通过迭代可以得到非线性系数误差方差的表达式：

$$T_{\tilde{a}}(n) = C_{\tilde{a}}^n T_{\tilde{a}}(0) + \frac{K_{\tilde{a}} \times (1 - C_{\tilde{a}}^n)}{1 - C_{\tilde{a}}} \approx \frac{K_{\tilde{a}}}{1 - C_{\tilde{a}}} \quad \text{当} n \sim \infty \text{时} \tag{5.56}$$

其中，$C_{\tilde{a}} = 1 - 2\frac{\mu_a}{Q} + \frac{\mu_a^2}{P_{\hat{u}_2}^2}\frac{P_{\hat{u}_4}}{Q}$

$$K_{\tilde{a}} = \frac{\mu_a^2 \sigma_v^2}{P_{\hat{u}_2}}$$

$$P_{\hat{u}_2} \triangleq E[\ \|\hat{\boldsymbol{u}}(n)\|_2^2]$$

$$P_{\hat{u}_4} \triangleq E[\ \|\hat{\boldsymbol{u}}(n)\|_2^4]$$

式(5.56)中，$T_{\tilde{a}}(n)$ 表示 $\tilde{\boldsymbol{a}}(n)$ 自相关矩阵的迹，$C_{\tilde{a}}$ 表述非线性系数误差方差的收敛速度，其收敛值由 $C_{\tilde{a}}$ 和 $K_{\tilde{a}}$ 共同决定。非线性系数的误差方差稍为复杂，首先得知道 $P_{\hat{u}_2}$ 和 $P_{\hat{u}_4}$ 两个参数，才能获得第 n 次迭代时的非线性系数的误差方差。所以，在假设线性系数是完美估计的前提下，式(5.56)就是非线性系数误差方差的收敛公式。

5.5.3　不完美假设下级联滤波器系数的误差收敛性分析

其实，在真实的非线性 AEC 环境中，非线性滤波器与线性滤波器之间是相互影响的。由级联式非线性回波消除模型可知，在整个滤波过程中，非线性系数首先进行更新，然后，在一次迭代的最后时刻紧接着更新线性系数，可以把这种更新方式称为级联式更新。本节不假设滤波器对未知系统是完全匹配的，而是考虑到两种滤波器系数的迭代更新对彼此所产生的影响，在此条件下(不完美估计)分别对线性滤波器系数和非线性滤波器系数的误差方差进行分析。为了分析上的便利，这里假设非线性响应和线性声学回波响应都是时不变的。

1. 线性系数误差的收敛性分析

已知式(5.12)为线性系数误差的更新方程，其中 $\tilde{\boldsymbol{h}}(n) = \boldsymbol{h} - \hat{\boldsymbol{h}}(n)$，如下表示：

$$\tilde{\boldsymbol{h}}(n+1) = [I - \mu_h \hat{\boldsymbol{s}}(n)\hat{\boldsymbol{s}}^{\mathrm{T}}(n)]\tilde{\boldsymbol{h}}(n) - \mu_h \hat{\boldsymbol{s}}(n)\boldsymbol{h}^{\mathrm{T}}\boldsymbol{X}(n)\tilde{\boldsymbol{a}}(n) - \mu_h \hat{\boldsymbol{s}}(n)v(n) \tag{5.57}$$

式(5.57)中有两点需要指出，第三项是由非线性系数的估计误差 $\tilde{\boldsymbol{a}}(n)$ 所得，且非线性滤波器的输出 $\hat{\boldsymbol{s}}(n)$ 与非线性系数的估计误差也有关联，即

$$\hat{\boldsymbol{s}}(n) = \boldsymbol{X}(n)\hat{\boldsymbol{a}}(n) = \boldsymbol{X}(n)[\boldsymbol{a} - \tilde{\boldsymbol{a}}(n)] \tag{5.58}$$

根据非线性系数估计误差的直接或间接影响，可以将线性系数估计误差的相关矩阵划分为两个部分，将其重写为：

$$\boldsymbol{R}_{\tilde{h}}(n+1) = E\{\tilde{\boldsymbol{h}}(n+1)\tilde{\boldsymbol{h}}^{\mathrm{T}}(n+1)\}$$

$$= E\{[(\boldsymbol{I} - \mu_h\hat{\boldsymbol{s}}(n)\hat{\boldsymbol{s}}^{\mathrm{T}}(n))\widetilde{\boldsymbol{h}}(n) - \mu_h\hat{\boldsymbol{s}}(n)\boldsymbol{h}^{\mathrm{T}}\boldsymbol{X}(n)\widetilde{\boldsymbol{a}}(n) - \mu_h\hat{\boldsymbol{s}}(n)v(n)]$$

$$\times [\widetilde{\boldsymbol{h}}^{\mathrm{T}}(n)(\boldsymbol{I} - \mu_h\hat{\boldsymbol{s}}(n)\hat{\boldsymbol{s}}^{\mathrm{T}}(n)) - \mu_h\widetilde{\boldsymbol{a}}^{\mathrm{T}}(n)\boldsymbol{X}^{\mathrm{T}}(n)\boldsymbol{h}\hat{\boldsymbol{s}}^{\mathrm{T}}(n) - \mu_h\hat{\boldsymbol{s}}^{\mathrm{T}}(n)v(n)]\}$$

$$= \boldsymbol{R}_{\tilde{h}}(n+1)\big|_{\text{indirect}} + \boldsymbol{R}_{\tilde{h}}(n+1)\big|_{\text{direct}} \tag{5.59}$$

式(5.59)中的非线性系数的估计是不完美的，也就是说非线性滤波器的输出 $\hat{\boldsymbol{s}}(n)$ 是变化的，该项可以表示为

$$\boldsymbol{R}_{\tilde{h}}(n+1)\big|_{\text{indirect}} = \boldsymbol{R}_{\tilde{h}}(n) - 2\frac{\mu_h}{L}\boldsymbol{R}_{\tilde{h}}(n) + \frac{\mu_h^2}{L^2}[2\boldsymbol{R}_{\tilde{h}}(n) + \mathrm{tr}(\boldsymbol{R}_{\tilde{h}}(n))\boldsymbol{I}] + \frac{\mu_h^2}{L^2\sigma_{\hat{s}}^2(n)}\sigma_v^2\boldsymbol{I} \tag{5.60}$$

其中，估计的非线性滤波器的输出方差 $\sigma_{\hat{s}}^2$ 可以被重写为：

$$\begin{aligned}\sigma_{\hat{s}}^2(n) = &\boldsymbol{a}_1^2\overline{\boldsymbol{X}^2} + (\boldsymbol{a}_2^2 + 2\boldsymbol{a}_1\boldsymbol{a}_3)\overline{\boldsymbol{X}^4} + \boldsymbol{a}_3^2\overline{\boldsymbol{X}^6} + E[\widetilde{\boldsymbol{a}}_1^2(n)]\overline{\boldsymbol{X}^2}\\ &+ E[\widetilde{\boldsymbol{a}}_2^2(n)]\overline{\boldsymbol{X}^4} + E[\widetilde{\boldsymbol{a}}_3^2(n)]\overline{\boldsymbol{X}^6}\end{aligned} \tag{5.61}$$

$\sigma_{\hat{s}}^2$ 是由输入信号在不同时刻所对应的阶数、完美的非线性系数估计误差以及不完美的非线性系数估计误差共同决定。我们判定不同阶数的非线性系数的估计误差具有相同的误差方差，且误差方差等于非线性相关矩阵的平均功率。当 $Q = 3$ 时，式(5.61)可以近似写成：

$$\begin{aligned}\sigma_{\hat{s}}^2(n) &\approx \boldsymbol{a}_1^2\overline{\boldsymbol{X}^2} + (\boldsymbol{a}_2^2 + 2\boldsymbol{a}_1\boldsymbol{a}_3)\overline{\boldsymbol{X}^4} + \boldsymbol{a}_3^2\overline{\boldsymbol{X}^6} + \frac{\mathrm{tr}[\boldsymbol{R}_{\tilde{a}}(n)]}{Q}(\overline{\boldsymbol{X}^2} + \overline{\boldsymbol{X}^4} + \overline{\boldsymbol{X}^6})\\ &= \boldsymbol{a}_1^2\sigma_x^2 + 3(\boldsymbol{a}_2^2 + 2\boldsymbol{a}_1\boldsymbol{a}_3)\sigma_x^4 + 15\boldsymbol{a}_3^2\sigma_x^6 + \frac{\mathrm{tr}[\boldsymbol{R}_{\tilde{a}}(n)]}{Q}(\sigma_x^2 + 3\sigma_x^4 + 15\sigma_x^6)\end{aligned} \tag{5.62}$$

接着，分析式(5.60)中的第二项，

$$\begin{aligned}\boldsymbol{R}_{\tilde{h}}(n+1)\big|_{\text{direct}} = &-\mu_h\{E[\widetilde{\boldsymbol{h}}(n)\widetilde{\boldsymbol{a}}^{\mathrm{T}}(n)\boldsymbol{X}^{\mathrm{T}}(n)\boldsymbol{h}\hat{\boldsymbol{s}}(n)] + E[\hat{\boldsymbol{s}}(n)\boldsymbol{h}^{\mathrm{T}}\boldsymbol{X}(n)\widetilde{\boldsymbol{a}}(n)\widetilde{\boldsymbol{h}}^{\mathrm{T}}(n)]\}\\ &+ \mu_h^2\{E[\hat{\boldsymbol{s}}(n)\hat{\boldsymbol{s}}^{\mathrm{T}}(n)\widetilde{\boldsymbol{h}}(n)\widetilde{\boldsymbol{a}}^{\mathrm{T}}(n)\boldsymbol{X}^{\mathrm{T}}(n)\boldsymbol{h}\hat{\boldsymbol{s}}^{\mathrm{T}}(n)] + E[\hat{\boldsymbol{s}}(n)\boldsymbol{h}^{\mathrm{T}}\boldsymbol{X}(n)\widetilde{\boldsymbol{a}}(n)\boldsymbol{h}^{\mathrm{T}}\hat{\boldsymbol{s}}(n)\hat{\boldsymbol{s}}^{\mathrm{T}}(n)]\\ &+ E[\hat{\boldsymbol{s}}(n)\boldsymbol{h}^{\mathrm{T}}\boldsymbol{X}(n)\widetilde{\boldsymbol{a}}(n)\widetilde{\boldsymbol{a}}^{\mathrm{T}}(n)\boldsymbol{X}^{\mathrm{T}}(n)\boldsymbol{h}\hat{\boldsymbol{s}}^{\mathrm{T}}(n)] + E[\hat{\boldsymbol{s}}(n)v(n)\widetilde{\boldsymbol{a}}^{\mathrm{T}}(n)\boldsymbol{X}^{\mathrm{T}}(n)\boldsymbol{h}\hat{\boldsymbol{s}}^{\mathrm{T}}(n)]\\ &+ E[\hat{\boldsymbol{s}}(n)\boldsymbol{h}^{\mathrm{T}}\boldsymbol{X}(n)\widetilde{\boldsymbol{a}}(n)\hat{\boldsymbol{s}}^{\mathrm{T}}(n)v(n)]\}\end{aligned} \tag{5.63}$$

由于假设非线性系数的估计误差和线性系数的估计误差的期望值均为零，以及当地噪声的均值也为零，在此条件下，式(5.63)中只保留了第五项，因此式(5.63)可以重新表示为：

$$\boldsymbol{R}_{\tilde{h}}(n+1)\big|_{\text{direct}} = \mu_h^2E[\hat{\boldsymbol{s}}(n)\boldsymbol{h}^{\mathrm{T}}\boldsymbol{X}(n)\widetilde{\boldsymbol{a}}(n)\widetilde{\boldsymbol{a}}^{\mathrm{T}}(n)\boldsymbol{X}^{\mathrm{T}}(n)\boldsymbol{h}\hat{\boldsymbol{s}}^{\mathrm{T}}(n)] \tag{5.64}$$

将式(3.30)和非线性滤波器的输入 $\hat{\boldsymbol{u}}(n)$ 代入式(3.36)中，其可以被重写为：

$$\mu_h^2E[\hat{\boldsymbol{s}}(n)\hat{\boldsymbol{u}}(n)\widetilde{\boldsymbol{a}}(n)\widetilde{\boldsymbol{a}}^{\mathrm{T}}(n)\hat{\boldsymbol{u}}(n)\hat{\boldsymbol{s}}^{\mathrm{T}}(n)] = \mu_h^2\{E[\boldsymbol{s}(n)\hat{\boldsymbol{u}}^{\mathrm{T}}(n)\widetilde{\boldsymbol{a}}(n)\widetilde{\boldsymbol{a}}^{\mathrm{T}}(n)\hat{\boldsymbol{u}}(n)\boldsymbol{s}^{\mathrm{T}}(n)]$$

$$+E[\boldsymbol{X}(n)\tilde{\boldsymbol{a}}(n)\hat{\boldsymbol{u}}^{\mathrm{T}}(n)\tilde{\boldsymbol{a}}(n)\tilde{\boldsymbol{a}}^{\mathrm{T}}(n)\hat{\boldsymbol{u}}(n)\boldsymbol{s}^{\mathrm{T}}(n)]+E[\boldsymbol{s}(n)\hat{\boldsymbol{u}}^{\mathrm{T}}(n)\tilde{\boldsymbol{a}}(n)\tilde{\boldsymbol{a}}^{\mathrm{T}}(n)\hat{\boldsymbol{u}}(n)\tilde{\boldsymbol{a}}^{\mathrm{T}}(n)\boldsymbol{X}^{\mathrm{T}}(n)]$$

$$+E[\boldsymbol{X}(n)\tilde{\boldsymbol{a}}(n)\hat{\boldsymbol{u}}^{\mathrm{T}}(n)\tilde{\boldsymbol{a}}(n)\tilde{\boldsymbol{a}}^{\mathrm{T}}(n)\hat{\boldsymbol{u}}(n)\tilde{\boldsymbol{a}}^{\mathrm{T}}(n)\boldsymbol{X}^{\mathrm{T}}(n)]\}\tag{5.65}$$

因为 $E[\tilde{\boldsymbol{a}}(n)]=0$，所以，式(5.58)中的第二项为零。同时第四项被假定值非常小，因此，式(5.58)可以近似为以下表达式：

$$\boldsymbol{R}_{\tilde{h}}(n+1)\big|_{\text{direct}}=\mu_h^2E[\boldsymbol{s}(n)\hat{\boldsymbol{u}}^{\mathrm{T}}(n)\tilde{\boldsymbol{a}}(n)\tilde{\boldsymbol{a}}^{\mathrm{T}}(n)\hat{\boldsymbol{u}}(n)\boldsymbol{s}^{\mathrm{T}}(n)]\tag{5.66}$$

综合以上分析，式(5.58)可以重写表示为：

$$\begin{aligned}\boldsymbol{R}_{\tilde{h}}(n+1)&=\boldsymbol{R}_{\tilde{h}}(n+1)\big|_{\text{indirect}}+\boldsymbol{R}_{\tilde{h}}(n+1)\big|_{\text{direct}}\\&=\boldsymbol{R}_{\tilde{h}}(n)-2\frac{\mu_h}{L}\boldsymbol{R}_{\tilde{h}}(n)+\frac{\mu_h^2}{L^2}[2\boldsymbol{R}_{\tilde{h}}(n)+\mathrm{tr}(\boldsymbol{R}_{\tilde{h}}(n))I]+\frac{\mu_h^2}{L^2\sigma_{\hat{s}}^2(n)}\sigma_v^2I\\&\quad+\mu_h^2E[\hat{\boldsymbol{s}}(n)\boldsymbol{h}^{\mathrm{T}}\boldsymbol{X}(n)\tilde{\boldsymbol{a}}(n)\tilde{\boldsymbol{a}}^{\mathrm{T}}(n)\boldsymbol{X}^{\mathrm{T}}(n)\boldsymbol{h}\hat{\boldsymbol{s}}^{\mathrm{T}}(n)]\end{aligned}\tag{5.67}$$

接下来，对式(5.67)进行求迹，

$$\begin{aligned}&\mathrm{tr}[\boldsymbol{R}_{\tilde{h}}(n+1)]\\&=\left[1-2\frac{\mu_h}{L}+\frac{\mu_h^2}{L^2}(2+L)\right]\mathrm{tr}[\boldsymbol{R}_{\tilde{h}}(n)]+\frac{\mu_h^2}{L^2\sigma_{\hat{s}}^4}\frac{E[\|\boldsymbol{s}(n)\|_2^2\|\hat{\boldsymbol{u}}(n)\|_2^2]}{Q}\mathrm{tr}[\boldsymbol{R}_{\tilde{a}}(n)]+\frac{\mu_h^2\sigma_v^2}{L\sigma_{\hat{s}}^2}\\&\approx\left[1-2\frac{\mu_h}{L}+\frac{\mu_h^2}{L^2}(2+L)\right]\mathrm{tr}[\boldsymbol{R}_{\tilde{h}}(n)]+\frac{\mu_h^2}{L\sigma_{\hat{s}}^4}\frac{\|\boldsymbol{h}\|_2^2P_{nl}}{Q}\mathrm{tr}[\boldsymbol{R}_{\tilde{a}}(n)]+\frac{\mu_h^2\sigma_v^2}{L\sigma_{\hat{s}}^2}\end{aligned}\tag{5.68}$$

当 $Q=3$ 时，

$$\begin{aligned}P_{nl}=&\boldsymbol{a}_1^2\overline{X^4}+(\boldsymbol{a}_1^2+\boldsymbol{a}_2^2+2\boldsymbol{a}_1\boldsymbol{a}_3)\overline{X^6}+(\boldsymbol{a}_1^2+\boldsymbol{a}_2^2+\boldsymbol{a}_3^2+2\boldsymbol{a}_1\boldsymbol{a}_3)\overline{X^8}\\&+(\boldsymbol{a}_3^2+\boldsymbol{a}_2^2+2\boldsymbol{a}_1\boldsymbol{a}_3)\overline{X^{10}}+\boldsymbol{a}_3^2\overline{X^{12}}\end{aligned}\tag{5.69}$$

由式(5.68)可以发现线性系数的误差方差的性能表现不仅取决于线性系数的误差方差，还取决于非线性系数的误差方差(即 $\mathrm{tr}[\boldsymbol{R}_{\tilde{a}}(n)]$ 和 $\sigma_{\hat{s}}^2$)。由于线性系数误差方差和非线性系数误差方差的相互影响会导致整个收敛性能处于不规则状态，因此，实验时并不是完全取决于该分析方程中的所有迭代，而是采取第 n 个非线性系数失调的仿真值来计算第 $n+1$ 个线性系数的失调值，进而结合3.2.1节推导出的线性系数误差方差的收敛公式，由实验数据可得到不完美假设下线性系数误差方差最后的收敛值。

2. 非线性系数误差的收敛性分析

相似地，考虑到线性系数不是完美估计的情况即 $\tilde{\boldsymbol{h}}(n)=\boldsymbol{h}-\hat{\boldsymbol{h}}(n)$，我们从下式入手：

$$\tilde{\boldsymbol{a}}(n+1)=[\boldsymbol{I}-\mu_a\hat{\boldsymbol{u}}(n)\hat{\boldsymbol{u}}^{\mathrm{T}}(n)]\tilde{\boldsymbol{a}}(n)-\mu_a\hat{\boldsymbol{u}}(n)\boldsymbol{a}^{\mathrm{T}}\boldsymbol{X}^{\mathrm{T}}(n)\tilde{\boldsymbol{h}}(n)-\mu_a\hat{\boldsymbol{u}}(n)v(n)\tag{5.70}$$

线性系数误差的影响由式(5.70)的 $\tilde{\boldsymbol{h}}(n)$ 和 $\hat{\boldsymbol{u}}(n)$ 引入，为了方便，依然将非线性系

数的估计误差的相关矩阵分为两个部分：线性滤波器的输出方差 $\|\hat{\boldsymbol{u}}(n)\|_2^2$ 是一个随机变量；另一个部分则仍然是受到线性系数的估计误差直接影响的集合。因此，非线性系数的估计误差的相关矩阵可以重新表示为：

$$\begin{aligned}\boldsymbol{R}_{\tilde{a}}(n+1) &= E\{\tilde{\boldsymbol{a}}(n+1)\boldsymbol{a}^{\mathrm{T}}(n+1)\} \\ &= E\{[(\boldsymbol{I}-\mu_a\hat{\boldsymbol{u}}(n)\hat{\boldsymbol{u}}^{\mathrm{T}}(n))\tilde{\boldsymbol{a}}(n)-\mu_a\hat{\boldsymbol{u}}(n)\boldsymbol{a}^{\mathrm{T}}\boldsymbol{X}^{\mathrm{T}}(n)\tilde{\boldsymbol{h}}-\mu_a\hat{\boldsymbol{u}}(n)v(n)] \\ &\quad\times[\tilde{\boldsymbol{a}}^{\mathrm{T}}(n)(\boldsymbol{I}-\mu_a\hat{\boldsymbol{u}}(n)\hat{\boldsymbol{u}}^{\mathrm{T}}(n))-\mu_a\tilde{\boldsymbol{h}}^{\mathrm{T}}\boldsymbol{X}(n)\boldsymbol{a}\hat{\boldsymbol{u}}^{\mathrm{T}}(n)-\mu_a\hat{\boldsymbol{u}}^{\mathrm{T}}(n)v(n)]\} \\ &= \boldsymbol{R}_{\tilde{a}}(n+1)|_{\mathrm{indirect}}+\boldsymbol{R}_{\tilde{a}}(n+1)|_{\mathrm{direct}}\end{aligned} \tag{5.71}$$

式(5.71)中的第一项表示如下：

$$\begin{aligned}\boldsymbol{R}_{\tilde{a}}(n+1)|_{\mathrm{indirect}} &= \boldsymbol{R}_{\tilde{a}}(n)-2\mu_a\boldsymbol{R}_{\hat{u}}(n)\boldsymbol{R}_{\tilde{a}}(n)+\mu_a^2\sigma_v^2\boldsymbol{R}_{\hat{u}}(n) \\ &\quad+\mu_a^2E[\hat{\boldsymbol{u}}(n)\hat{\boldsymbol{u}}^{\mathrm{T}}(n)\tilde{\boldsymbol{a}}(n)\tilde{\boldsymbol{a}}^{\mathrm{T}}(n)\hat{\boldsymbol{u}}(n)\hat{\boldsymbol{u}}^{\mathrm{T}}(n)]\end{aligned} \tag{5.72}$$

非线性滤波器的输入向量 $\hat{\boldsymbol{u}}(n)$ 的相关矩阵会受到线性系数的误差向量 $\tilde{\boldsymbol{h}}(n)$ 的影响，同样需要在每一次迭代中进行更新。

式(5.73)中的第二项是式(5.71)中第三项和其他项的乘积，可以重新表示为：

$$\begin{aligned}\boldsymbol{R}_{\tilde{a}}(n+1)|_{\mathrm{direct}} &= -\mu_a(n)\{E[\tilde{\boldsymbol{a}}(n)\tilde{\boldsymbol{h}}^{\mathrm{T}}(n)\boldsymbol{X}^{\mathrm{T}}(n)\boldsymbol{a}\hat{\boldsymbol{u}}^{\mathrm{T}}(n)]+E[\hat{\boldsymbol{u}}(n)\boldsymbol{a}^{\mathrm{T}}\boldsymbol{X}^{\mathrm{T}}(n)\tilde{\boldsymbol{h}}(n)\tilde{\boldsymbol{a}}^{\mathrm{T}}(n)]\} \\ &+\mu_a^2\{E[\hat{\boldsymbol{u}}(n)\hat{\boldsymbol{u}}^{\mathrm{T}}(n)\tilde{\boldsymbol{a}}(n)\tilde{\boldsymbol{h}}^{\mathrm{T}}(n)\boldsymbol{X}(n)\boldsymbol{a}\hat{\boldsymbol{u}}^{\mathrm{T}}(n)]+E[\hat{\boldsymbol{u}}(n)\boldsymbol{a}^{\mathrm{T}}\boldsymbol{X}^{\mathrm{T}}(n)\tilde{\boldsymbol{h}}(n)\tilde{\boldsymbol{a}}^{\mathrm{T}}(n)\hat{\boldsymbol{u}}(n)\hat{\boldsymbol{u}}^{\mathrm{T}}(n)] \\ &+E[\hat{\boldsymbol{u}}(n)\boldsymbol{a}^{\mathrm{T}}\boldsymbol{X}^{\mathrm{T}}(n)\tilde{\boldsymbol{h}}(n)\tilde{\boldsymbol{h}}^{\mathrm{T}}(n)\boldsymbol{X}(n)\boldsymbol{a}\hat{\boldsymbol{u}}^{\mathrm{T}}(n)]+E[\hat{\boldsymbol{u}}(n)v(n)\tilde{\boldsymbol{h}}^{\mathrm{T}}(n)\boldsymbol{X}(n)\boldsymbol{a}\hat{\boldsymbol{u}}^{\mathrm{T}}(n)] \\ &+E[\hat{\boldsymbol{u}}(n)\boldsymbol{a}^{\mathrm{T}}\boldsymbol{X}^{\mathrm{T}}(n)\tilde{\boldsymbol{h}}(n)\hat{\boldsymbol{u}}^{\mathrm{T}}(n)v(n)]\}\end{aligned} \tag{5.73}$$

由于假设 $E[\tilde{\boldsymbol{h}}(n)]=0$、$E[\tilde{\boldsymbol{a}}(n)]=0$ 以及本地噪声均值为零，因此式(5.73)可以重整为以下表达式：

$$\boldsymbol{R}_{\tilde{a}}(n+1)|_{\mathrm{direct}}=\mu_a^2E[\hat{\boldsymbol{u}}(n)\boldsymbol{a}^{\mathrm{T}}\boldsymbol{X}^{\mathrm{T}}(n)\tilde{\boldsymbol{h}}(n)\tilde{\boldsymbol{h}}^{\mathrm{T}}(n)\boldsymbol{X}(n)\boldsymbol{a}\hat{\boldsymbol{u}}^{\mathrm{T}}(n)] \tag{5.74}$$

将非线性滤波器的输入 $\hat{\boldsymbol{u}}(n)$ 的定义代入到式(5.74)中，从而可以延伸为以下表达式：

$$\begin{aligned}\mu_a^2E[\hat{\boldsymbol{u}}(n)\boldsymbol{a}^{\mathrm{T}}\boldsymbol{X}^{\mathrm{T}}(n)\tilde{\boldsymbol{h}}(n)\tilde{\boldsymbol{h}}^{\mathrm{T}}(n)\boldsymbol{X}(n)\boldsymbol{a}\hat{\boldsymbol{u}}^{\mathrm{T}}(n)] &= \mu_a^2\{E[\boldsymbol{u}(n)\boldsymbol{a}^{\mathrm{T}}\boldsymbol{X}^{\mathrm{T}}(n)\tilde{\boldsymbol{h}}(n)\tilde{\boldsymbol{h}}^{\mathrm{T}}(n)\boldsymbol{X}(n)\boldsymbol{a}\boldsymbol{u}^{\mathrm{T}}(n)] \\ &+E[\boldsymbol{X}^{\mathrm{T}}(n)\tilde{\boldsymbol{h}}(n)\boldsymbol{s}^{\mathrm{T}}(n)\tilde{\boldsymbol{h}}(n)\tilde{\boldsymbol{h}}^{\mathrm{T}}(n)\boldsymbol{s}(n)\boldsymbol{u}^{\mathrm{T}}(n)]+E[\boldsymbol{u}(n)\boldsymbol{s}^{\mathrm{T}}(n)\tilde{\boldsymbol{h}}(n)\tilde{\boldsymbol{h}}^{\mathrm{T}}(n)\boldsymbol{s}(n)\tilde{\boldsymbol{h}}^{\mathrm{T}}(n)\boldsymbol{X}(n)] \\ &+E[\boldsymbol{X}^{\mathrm{T}}(n)\tilde{\boldsymbol{h}}(n)\boldsymbol{s}^{\mathrm{T}}(n)\tilde{\boldsymbol{h}}(n)\tilde{\boldsymbol{h}}^{\mathrm{T}}(n)\boldsymbol{s}(n)\tilde{\boldsymbol{h}}^{\mathrm{T}}(n)\boldsymbol{X}(n)]\}\end{aligned} \tag{5.75}$$

由于线性系数的估计误差的均值为零，因此式(5.75)中的第二项和第三项几乎等于零，并且，与第一项相比而言，第四项的值非常小，可以被忽略不计，所以式(5.75)可以被进一步简化为：

$$\boldsymbol{R}_{\tilde{a}}(n+1)\big|_{\text{direct}} \approx \mu_a^2 E[\boldsymbol{u}(n)\boldsymbol{a}^{\mathrm{T}}\boldsymbol{X}^{\mathrm{T}}(n)\widetilde{\boldsymbol{h}}(n)\widetilde{\boldsymbol{h}}^{\mathrm{T}}(n)\boldsymbol{X}(n)\boldsymbol{a}\boldsymbol{u}^{\mathrm{T}}(n)] \tag{5.76}$$

因此，式(5.71)可以被重新整理为：

$$\begin{aligned}\boldsymbol{R}_{\tilde{a}}(n+1) &= \boldsymbol{R}_{\tilde{a}}(n+1)\big|_{\text{indirect}} + \boldsymbol{R}_{\tilde{a}}(n+1)\big|_{\text{direct}} \\ &= \boldsymbol{R}_{\tilde{a}}(n) - 2\mu_a(n)\boldsymbol{R}_{\hat{u}}(n)\boldsymbol{R}_{\tilde{a}}(n) + \mu_a^2 E[\hat{\boldsymbol{u}}(n)\hat{\boldsymbol{u}}^{\mathrm{T}}(n)\widetilde{\boldsymbol{a}}(n)\widetilde{\boldsymbol{a}}^{\mathrm{T}}(n)\hat{\boldsymbol{u}}(n)\hat{\boldsymbol{u}}^{\mathrm{T}}(n)] \\ &\quad + \mu_a^2\sigma_v^2\boldsymbol{R}_{\hat{u}}(n) + \mu_a^2 E[\boldsymbol{u}(n)\boldsymbol{a}^{\mathrm{T}}\boldsymbol{X}^{\mathrm{T}}(n)\widetilde{\boldsymbol{h}}(n)\widetilde{\boldsymbol{h}}^{\mathrm{T}}(n)1(n)\boldsymbol{a}\boldsymbol{u}^{\mathrm{T}}(n)]\end{aligned} \tag{5.77}$$

接下来，对式(5.77)求迹，具体表示如下：

$$\begin{aligned}\operatorname{tr}[\boldsymbol{R}_{\tilde{a}}(n+1)] &\approx \left[1 - 2\frac{\mu_a}{Q} + \frac{\mu_a^2}{Q}\frac{E\{\|\hat{\boldsymbol{u}}(n)\|_2^4\}}{E\{\|\hat{\boldsymbol{u}}(n)\|_2^2\}^2}\right]\operatorname{tr}[\boldsymbol{R}_{\tilde{a}}(n)] \\ &\quad + \frac{\mu_a^2\sigma_v^2}{E\{\|\hat{\boldsymbol{u}}(n)\|_2^2\}} + \frac{\operatorname{tr}[\boldsymbol{R}_{\tilde{h}}(n)]\operatorname{tr}\{E[\|\boldsymbol{u}(n)\|_2^2\boldsymbol{s}(n)\boldsymbol{s}^{\mathrm{T}}(n)]\}}{L} \\ &= \left[1 - 2\frac{\mu_a}{Q} + \frac{\mu_a^2}{Q}\frac{E\{\|\hat{\boldsymbol{u}}(n)\|_2^4\}}{E\{\|\hat{\boldsymbol{u}}(n)\|_2^2\}^2}\right]\operatorname{tr}[\boldsymbol{R}_{\tilde{a}}(n)] + \frac{\mu_a^2\sigma_v^2}{E\{\|\hat{\boldsymbol{u}}(n)\|_2^2\}} \\ &\quad + \|\boldsymbol{h}\|_2^2 P_{nl}\operatorname{tr}[\boldsymbol{R}_{\tilde{h}}(n)]\end{aligned} \tag{5.78}$$

当非线性滤波器阶数取 $Q=3$ 时，有

$$\begin{aligned}P_{nl} = &\boldsymbol{a}_1^2\overline{\boldsymbol{X}^4} + (\boldsymbol{a}_1^2 + \boldsymbol{a}_2^2 + 2\boldsymbol{a}_1\boldsymbol{a}_3)\overline{\boldsymbol{X}^6} + (\boldsymbol{a}_1^2 + \boldsymbol{a}_2^2 + \boldsymbol{a}_3^2 + 2\boldsymbol{a}_1\boldsymbol{a}_3)\overline{\boldsymbol{X}^8} \\ &+ (\boldsymbol{a}_3^2 + \boldsymbol{a}_2^2 + 2\boldsymbol{a}_1\boldsymbol{a}_3)\overline{\boldsymbol{X}^8} + \boldsymbol{a}_3^2\overline{\boldsymbol{X}^{12}}\end{aligned} \tag{5.79}$$

当前非线性系数的误差方差与上一次迭代中的自身系数和线性系数的误差方差都有关。因此，实验时并不是完全取决于该分析方程中的所有迭代，而是采取第 n 个线性系数失调的仿真值来计算第 $n+1$ 个非线性系数的失调，前文的非线性系数误差方差的收敛公式，由实验数据可得到不完美假设下非线性系数误差方差最后的收敛值。

5.6 传统双声道声学回波消除方法

5.6.1 传统双声道声学回波消除模型

图 5.4 为应用于通信会议系统的双声道回波消除原理图。在远端房间内，$s(n)$ 表示的是整个系统的信源，然后，两个麦克风分别对该信源进行采样可得到信号 $x_1(n)$ 和 $x_2(n)$，信源与两个麦克风之间的冲击响应分别为 g_1 和 g_2。信号 $x_1(n)$ 和 $x_2(n)$ 分别被近端房间的两个扬声器接收，经过回波路径 h_1 和 h_2 被两个麦克风拾取，从而得到期望信号即回波信号 $d(n)$，为了能够更简单地理解，图中只画出了一条声学回波的产生路径。如果对回波信号不做任何处理，则其将会被送回远端房间，这样就会严重降低通话质量。通常情况下，声学回波消除器可以采用有限长脉冲响应(FIR)滤波器来模拟真实的回波路径，从而产生一个真实回波的估计值 $\hat{y}(n)$。图中采用两个自适应滤波器来模拟近端房间

的两路信道。将 $x_1(n)$ 和 $x_2(n)$ 作为自适应滤波器的两路输入，经过 FIR 滤波器产生模拟真实回波估计信号 $\hat{y}(n)$，然后，从真实回波信号 $d(n)$ 中将其减去方可得到误差信号 $e(n)$，误差信号越小则表示回波消除的效果越好。

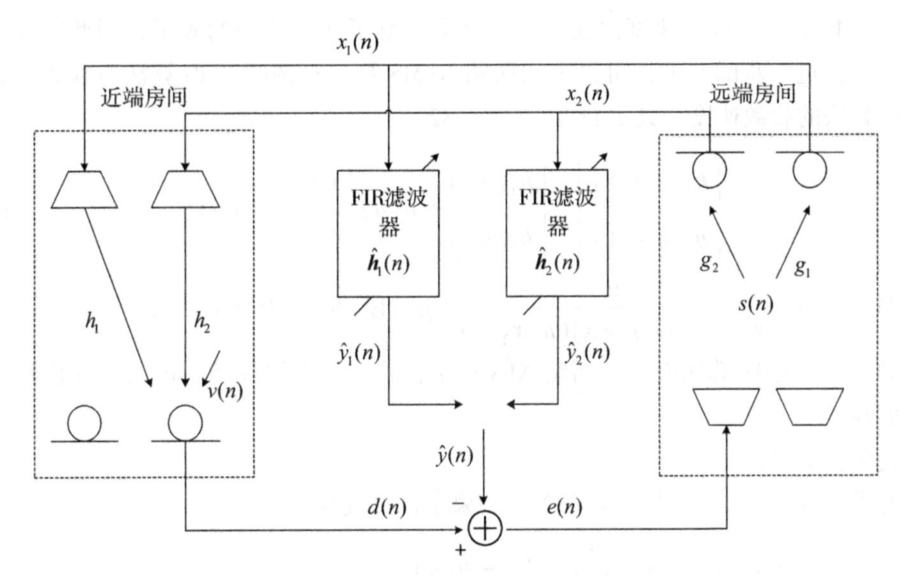

图 5.4 传统双声道声学回波消除结构

传统的双声道回波消除过程可以总结如下：

$$\hat{y}_1(n) = \boldsymbol{x}_1^{\mathrm{T}}(n)\boldsymbol{h}_1(n)$$

$$\hat{y}_2(n) = \boldsymbol{x}_2^{\mathrm{T}}(n)\boldsymbol{h}_2(n)$$

$$\hat{y}(n) = \hat{y}_1(n) + \hat{y}_2(n)$$

$$e(n) = d(n) - \hat{y}(n)$$

其中，期望信号 $d(n)$ 可以通过两路输入信号分别与两条回波路径进行卷积，然后将其卷积之和与本地噪声 $v(n)$ 相加得到。$\hat{y}_1(n)$ 是输入信号 $x_1(n)$ 作为输入时所对应的滤波器的输出，$\hat{y}_2(n)$ 是输入信号 $x_2(n)$ 作为输入时所对应的滤波器的输出，$\hat{y}(n)$ 是两个滤波器的输出之和，$e(n)$ 是误差信号。

1. 传统双声道声学回波消除算法

1）两路 LMS 算法

两路 LMS 算法是由一路 LMS 算法扩展而来。误差信号为

$$e(n) = d(n) - \sum_{i=1}^{2} \boldsymbol{x}_i(n)\,\hat{\boldsymbol{h}}_i(n) \tag{5.80}$$

两路 LMS 算法的更新方程为

$$\begin{bmatrix}\hat{\boldsymbol{h}}_1(n+1)\\ \hat{\boldsymbol{h}}_2(n+1)\end{bmatrix}=\begin{bmatrix}\hat{\boldsymbol{h}}_1(n)\\ \hat{\boldsymbol{h}}_2(n)\end{bmatrix}+u\begin{bmatrix}\boldsymbol{x}_1(n)\\ \boldsymbol{x}_2(n)\end{bmatrix}e(n) \tag{5.81}$$

其中，μ 为步长参数。

两路 LMS 算法的收敛速度比较慢，这严重影响了回声消除的效果，因此需要对两路 LMS 算法提出进一步的改进，可以采用两路 NLMS 算法将两路 LMS 算法替换掉，这样就可以加快算法的收敛速度，其更新方程如(5.82)

$$\begin{bmatrix}\hat{\boldsymbol{h}}_1(n+1)\\ \hat{\boldsymbol{h}}_2(n+1)\end{bmatrix}=\begin{bmatrix}\hat{\boldsymbol{h}}_1(n)\\ \hat{\boldsymbol{h}}_2(n)\end{bmatrix}+u(n)\begin{bmatrix}\boldsymbol{x}_1(n)\\ \boldsymbol{x}_2(n)\end{bmatrix}e(n) \tag{5.82}$$

其中，$\mu(n)=\dfrac{\mu}{\boldsymbol{x}_1^{\mathrm{T}}(n)\boldsymbol{x}_1(n)+\boldsymbol{x}_2^{\mathrm{T}}(n)\boldsymbol{x}_2(n)}$，$\mu$ 的范围是 $(0<\mu<2)$。

相对于两路 LMS 算法而言，两路 NLMS 算法的性能更加优越，即收敛速度更快及去噪性能更好。

2)仿射投影算法

仿射投影 AP 算法可以从求解一个有约束条件的优化问题导出：

$$\begin{cases}\Delta\hat{\boldsymbol{h}}(n+1)=\hat{\boldsymbol{h}}(n+1)-\hat{\boldsymbol{h}}(n)\\ d(n-k)=\hat{\boldsymbol{h}}^{\mathrm{T}}(n+1)x(n-k)\end{cases}\quad k=0,\ 1,\ \cdots,\ N-1 \tag{5.83}$$

要求满足以上条件的 $\hat{\boldsymbol{h}}(n+1)$ 使得 $\|\Delta\hat{\boldsymbol{h}}(n+1)\|_2^2$ 最小，最小均方误差函数得：

$$J(n)=\|\Delta\hat{\boldsymbol{h}}(n+1)\|_2^2+\sum_{k=0}^{N-1}\lambda_k\left(d(n-k)-\hat{\boldsymbol{h}}^{\mathrm{T}}(n+1)x(n-k)\right) \tag{5.84}$$

其中，λ_k 为 Lagrange 乘子。

对式(5.84)进行求导，并令导数为零，得

$$\hat{\boldsymbol{h}}(n+1)=\hat{\boldsymbol{h}}(n)+\mu\boldsymbol{X}(n)\left(\boldsymbol{X}^{\mathrm{T}}(n)\boldsymbol{X}(n)+\delta I\right)^{-1}e(n) \tag{5.85}$$

其中，μ 为步长控制因子，$0<\mu<2$，δ 为一个值很小的正常量。另外，$\boldsymbol{X}(n)=[\boldsymbol{x}(n),\ \boldsymbol{x}(n-1),\ \cdots,\ \boldsymbol{x}(n-N+1)]$，原因是为了避免矩阵求逆可将其正交化。

2. 存在的问题及解决方法

当发送房间为线性时不变系统时，$\boldsymbol{x}_1^{\mathrm{T}}(n)*\boldsymbol{g}_{2,M}=\boldsymbol{x}_2^{\mathrm{T}}(n)*\boldsymbol{g}_{1,M}$，其中误差信号可以表示为 $e(n)=d(n)-\hat{y}(n)=d(n)-\hat{\boldsymbol{h}}_{l2,2L}^{\mathrm{T}}(n)\cdot\boldsymbol{x}_{l2,2M}$。其中，$\hat{\boldsymbol{h}}_{l2,2L}(n)=[\hat{\boldsymbol{h}}_{1,L}^{\mathrm{T}}(n)\,|\,\hat{\boldsymbol{h}}_{2,L}^{\mathrm{T}}(n)]^{\mathrm{T}}$，$\boldsymbol{x}_{l2,2M}(n)=[\boldsymbol{x}_{1,M}^{\mathrm{T}}(n)\,|\,\boldsymbol{x}_{2,M}^{\mathrm{T}}(n)]^{\mathrm{T}}$，$L$ 为脉冲响应 $\boldsymbol{h}$ 的参数个数，M 为脉冲响应 $\boldsymbol{g}$ 的参数个数。代价函数为

$$\begin{aligned}J(n)&=E[e^2(n)]\\&=E[d^2(n)+\hat{\boldsymbol{h}}_{l2,2L}^{\mathrm{T}}(n)x_{l2,2M}(n)x_{l2,2M}^{\mathrm{T}}(n)\hat{\boldsymbol{h}}_{l2,2L}(n)-2d(n)x_{l2,2M}^{\mathrm{T}}(n)\hat{\boldsymbol{h}}_{l2,2L}(n)]\end{aligned}$$

$$= E[d^2(n)] + \hat{\boldsymbol{h}}_{l2,\ 2L}^{\mathrm{T}}(n) R_{xx} \hat{\boldsymbol{h}}_{l2,\ 2L}(n) - 2p_{dx} \hat{\boldsymbol{h}}_{l2,\ 2L}(n) \tag{5.86}$$

其中，$R_{xx} = \boldsymbol{x}_{l2,\ 2L}(n)\boldsymbol{x}_{l2,\ 2L}^{\mathrm{T}}(n) = \begin{bmatrix} R_{x_1x_1} & R_{x_1x_2} \\ R_{x_2x_1} & R_{x_2x_2} \end{bmatrix}$，$p_{dx} = d(n)\boldsymbol{x}_{l2,\ 2L}^{\mathrm{T}}(n)$。

对式(5.86)进行求导，并令导数等于0可得，

$$R_{xx}(n)\begin{bmatrix} \hat{\boldsymbol{h}}_{1,\ L}(n) \\ \hat{\boldsymbol{h}}_{2,\ L}(n) \end{bmatrix} = p_{dx} \tag{5.87}$$

1)解的唯一性问题

在分析解的唯一性问题时，主要是判断方程是否有解，而方程是否有解则依赖于L与M的大小关系，具体分析如下：

如果$L \geqslant M$：

令$\boldsymbol{u}_{2L,\ 1} = [g_{1,\ M},\ 0,\ \cdots,\ 0,\ -g_{2,\ M},\ 0,\ \cdots,\ 0]^{\mathrm{T}}$包含$2(L-M)$个0元素，得$R_{xx}\boldsymbol{u}_{2L,\ 1} = 0_{2L,\ 1}$，所以$R_{xx}$不可逆，式(5.87)没有唯一解。$\hat{\boldsymbol{h}}_i(i=1,\ 2)$无法收敛到真实的$\boldsymbol{h}_i(i=1,\ 2)$。

2)如果$L < M$

由于实际中发送房间是无限冲击响应，因此该假设和实际情况是相符的。由式(5.80)得

$$\boldsymbol{x}_{1,\ L}^{\mathrm{T}} \cdot g_{2,\ L} + q_1(n-L) = \boldsymbol{x}_{2,\ L}^{\mathrm{T}} \cdot g_{1,\ L} + q_2(n-L) \tag{5.88}$$

其中，$q_1(n-L) = \sum_{i=L}^{M-1} \boldsymbol{x}_1(n-i)g_{2,\ i}$，$q_2(n-L) = \sum_{i=L}^{M-1} \boldsymbol{x}_2(n-i)g_{1,\ i}$，所以$R_{xx}$为病态可逆矩阵(双声道输入信号$\boldsymbol{x}_1(n)$，$\boldsymbol{x}_2(n)$为强相干性)。式(5.82)存在唯一解，此外包含随机噪声的两路输入信号$\boldsymbol{x}_1(n)$和$\boldsymbol{x}_2(n)$也会令矩阵R_{xx}可逆，$\hat{\boldsymbol{h}}_i(i=1,\ 2)$可能收敛到真实的$\boldsymbol{h}_i(i=1,\ 2)$。实际上，由于双声道系统中的输入信号具有较强的相关性，由此会使矩阵R_{xx}的条件数变差，其特征值的发散程度也随之增大，从而导致应用在实际系统中的自适应滤波算法的收敛速度明显降低。

3)解的失调问题

自适应滤波器的估计值$\hat{\boldsymbol{h}}_{l2,\ 2L}(n) = [\hat{\boldsymbol{h}}_{1,\ L}^{\mathrm{T}}(n) \mid \hat{\boldsymbol{h}}_{2,\ L}^{\mathrm{T}}(n)]^{\mathrm{T}}$与真实回声路径的截断冲击响应$\boldsymbol{h}_{l2,\ 2N}(n) = [\boldsymbol{h}_{1,\ N}^{\mathrm{T}}(n) \mid \boldsymbol{h}_{2,\ N}^{\mathrm{T}}]^{\mathrm{T}}$的逼近程度被定义为失调[52]，如以下表达式：

$$\varepsilon = \frac{\| \boldsymbol{h}_{l2,\ 2N} - \hat{\boldsymbol{h}}_{l2,\ 2L} \|}{\| \boldsymbol{h}_{l2,\ 2N} \|} \tag{5.89}$$

误差信号的频域表示如下：

$$E(\omega) = (H(\omega) - W(\omega)) \cdot G(\omega) \cdot S(\omega) \tag{5.90}$$

式(5.90)中$E(\omega)$、$W(\omega)$、$G(\omega)$和$S(\omega)$分别表示$e(n)$、h、$\hat{\boldsymbol{h}}(n)$、g与$S(n)$相对应的傅里叶变换。

令式(5.90)等于零，可得 $(H(\omega)-W(\omega))\cdot G(\omega)=0$，由此式无法推出 $H(\omega)=W(\omega)$，所以当系统实现了很好的回波消除效果时，$W(\omega)$ 不一定收敛于 $H(\omega)$。然而，当此情况发生时，若 $G(\omega)$ 发生变化(比如说：发送房间里的一个说话者停止发言，而此时另一个说话者又开始发言)，这将会严重降低回声消除器的性能。

针对失调问题，我们可以将输入信号进行部分或全部去相关，通过该方法来改善失调问题。比如：在语音输入信号的基础上叠加自身非线性，这是一种国内外公认的比较有效的预处理方法，其函数表达式为式(5.91)

$$x_i'(n)=x_i(n)+af[x_i(n)],\ i=1,\ 2 \tag{5.91}$$

其中，$f(x)$ 为非线性变换函数，包括半波整流，均值函数，平方函数等；a 为控制叠加非线性变换的比例因子。

4)非线性问题

与单声道声学回波消除系统一样，传统的双声道声学回波消除系统依旧假设回波路径是线性的，采用线性滤波器进行建模。然而该系统中同样会由于小型低价的声学器件而产生非线性声学回波，会对通话质量造成干扰。随着通信行业的飞速进步，非线性回波问题日益显著，因此，为了保障良好的通话质量，将非线性回波考虑进来则非常有必要。针对非线性问题，可以采用多项式滤波器对非线性系统进行建模，从而达到消除非线性回波的目的。

5.6.2　基于级联方案的非线性双声道声学回波消除

图5.5中的大多数参数和传统双声道声学回波消除模型中的相同，值得特别指出的是，这里的回波路径不再是完全线性的，整个回波路径是一个由非线性响应和线性回波路径脉冲响应构成的非线性信道。在非线性双声道的声学回波消除系统中采用两个自适应级联滤波器来分别模拟近端房间的两路非线性信道，具体为：非线性滤波器系数向量 $\hat{\boldsymbol{a}}_1(n)$ 对非线性响应 $\boldsymbol{a}_1$ 进行估计，而非线性滤波器系数向量 $\hat{\boldsymbol{a}}_2(n)$ 对非线性响应 $\boldsymbol{a}_2$ 进行估计；相似的，线性滤波器系数向量 $\hat{\boldsymbol{h}}_1(n)$ 和线性滤波器系数向量 $\hat{\boldsymbol{h}}_2(n)$ 分别对线性声学路径 $\boldsymbol{h}_1$ 和线性声学路径 $\boldsymbol{h}_2$ 进行估计。因此，将 $x_1(n)$ 和 $x_2(n)$ 作为自适应滤波器的两路输入信号，进而产生模拟真实回波的估计信号 $\hat{y}(n)$ 即两个级联滤波器的总输出，然后，从真实的回波信号 $d(n)$ 中减去模拟真实回波的估计信号 $\hat{y}(n)$ 得到误差信号 $e(n)$（也叫残留回波)，误差信号越小则表示回波消除的效果越好。

对输入信号进行叠加自身的非线性变换可以良好的处理双声道系统中的失调问题，而在文中的非线性双声道回波消除系统中，非线性滤波器也可以被理解为一种对输入信号进行的非线性变换形式，因此，在文中所给的非线性双声道回波消除的过程中，本身就已经在某种程度上缓解了失调问题。因此，可以直接采用两路自适应滤波算法，其由一路自适应滤波算法扩展而来。具体过程如下：

由图5.5可知，回波消除系统中总的回波信号为 $e(n)=d(n)-\sum_{i=1}^{2}\hat{y}_i(n)$。这里，同

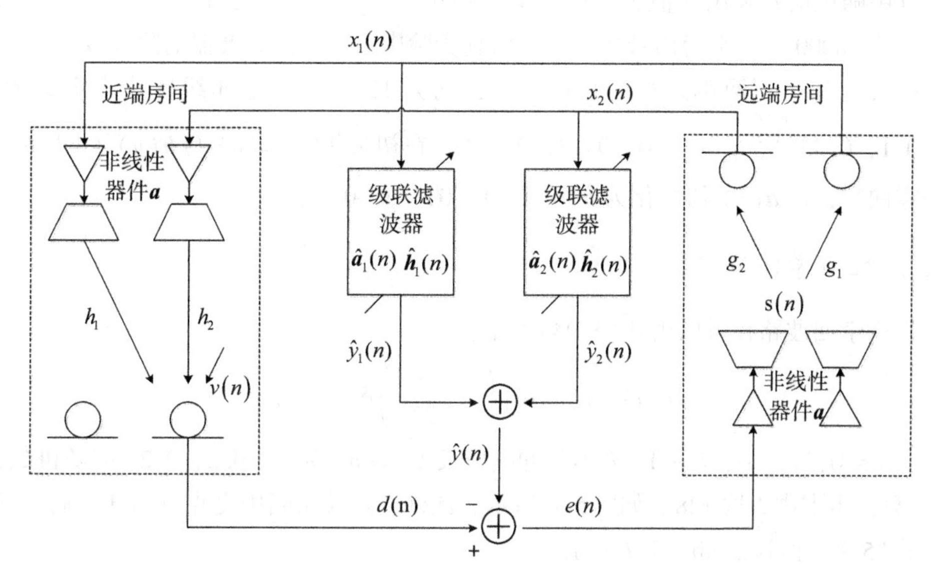

图 5.5 非线性双声道声学回波消除结构

样考虑到两条回波路径所具有的稀疏特性以及现实生活中广泛存在的非高斯噪声的影响，因此，线性自适应滤波器则采用本书提出的修正的改进比例归一化符号算法 MIPNSA，非线性自适应滤波器采用两路归一化符号算法 NSA。其中，两路非线性滤波器系数的更新方程可以表示如式(5.92)，两路线性滤波器即 FIR 滤波器系数的更新方程可以表示为式(5.93)。

$$\begin{bmatrix}\hat{\boldsymbol{a}}_1(n+1)\\ \hat{\boldsymbol{a}}_2(n+1)\end{bmatrix}=\begin{bmatrix}\hat{\boldsymbol{a}}_1(n)\\ \hat{\boldsymbol{a}}_2(n)\end{bmatrix}+\mu_{ai}(n)\begin{bmatrix}\hat{\boldsymbol{u}}_1(n)\\ \hat{\boldsymbol{u}}_2(n)\end{bmatrix}\operatorname{sign}[e(n)] \tag{5.92}$$

其中，归一化步长参数为$\mu_{a_i}(n)=\dfrac{\mu_a}{\|\hat{\boldsymbol{u}}_i(n)\|+\varphi}$，$i=1,2$，$\varphi$ 为一个正参数。

$$\begin{bmatrix}\hat{\boldsymbol{h}}_1(n+1)\\ \hat{\boldsymbol{h}}_2(n+1)\end{bmatrix}=\begin{bmatrix}\hat{\boldsymbol{h}}_1(n)\\ \hat{\boldsymbol{h}}_2(n)\end{bmatrix}+\mu_{h_i}(n)\boldsymbol{K}(n)x(n)\operatorname{sign}[e(n)] \tag{5.93}$$

其中，归一化步长参数为$\mu_{h_i}(n)=\dfrac{\mu_h}{\boldsymbol{x}_i^{\mathrm{T}}(n)\boldsymbol{K}(n)x_i^{\mathrm{T}}(n)+\zeta}$，$i=1,2$，$\zeta$ 为一个正参数。

综上所述，在非线性双声道声学回波消除系统中，非线性滤波器和线性滤波器分别采用两路 NSA 算法和两路 MIPNSA 算法，从而实现在不同环境噪声背景下的回波消除。

5.6.3 仿真实验

实验中，分别采用两种形式的输入信号进行 MATLAB 仿真，即随机信号和真实语音信号，其中随机信号采用均值为零的高斯白噪声，真实语音信号采用采样频率为 8KHz，样本长度为 20000 的非平稳语音信号。在仿真实验中，非线性滤波器的阶数取 $Q=3$，FIR 滤波器的长度和声学回声路径的长度一致，均为 128。无记忆非线性响应定义为 $\boldsymbol{a}_1=[1.0,\ 0.1,\ 0.33]^{\mathrm{T}}$、$\boldsymbol{a}_2=[1.0,\ 0.12,\ 0.3]^{\mathrm{T}}$。在初始化时，$\hat{\boldsymbol{a}}(n)$ 与 $\hat{\boldsymbol{h}}(n)$ 不同，$\hat{\boldsymbol{h}}(n)$ 初始化为零向量，而 $\hat{\boldsymbol{a}}(n)$ 初始化为 $\hat{\boldsymbol{a}}(0)=[1,\ 0,\ \cdots,\ 0]^{\mathrm{T}}$。

1. 线性声学回波路径

线性声学回波路径可以由式(5.94)产生：

$$h(n)=r(n)\exp\left(-\frac{n+1}{32}\right)\delta(i-n) \tag{5.94}$$

其中，$n,\ i=0,\ 1,\ \cdots,\ L-1$，$L$ 为脉冲响应长度，$r(n)$ 为 $[-0.2,\ 0.2]$ 的随机数，δ 为 Dirac 函数，本书中 L 取 128。如图 5.6 所示。此外，远端房间中麦克风的脉冲响应同样可以通过式(5.94)得到，如图 5.7 所示。

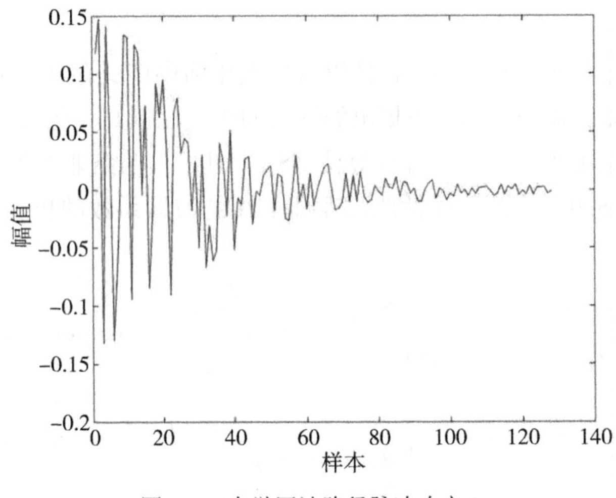

图 5.6　声学回波路径脉冲响应 $\boldsymbol{h}$

由图 5.1 可以看出，声学回波路径具有稀疏性的特点，其中只有少部分的系数具有较大数值，而大部分系数的数值很小，几乎等于零。

2. 背景噪声

如图 5.8 所示的是不同特征指数下 α -稳定分布的时域图，当 $\alpha=2.0$ 时，该分布为高斯分布。文中采取 $\alpha=1.5$ 时的稳定分布噪声作为非高斯干扰噪声，选取 $\alpha=2.0$ 时的稳定分布噪声作为高斯干扰噪声，在不同噪声环境下将各个算法的性能进行比较。

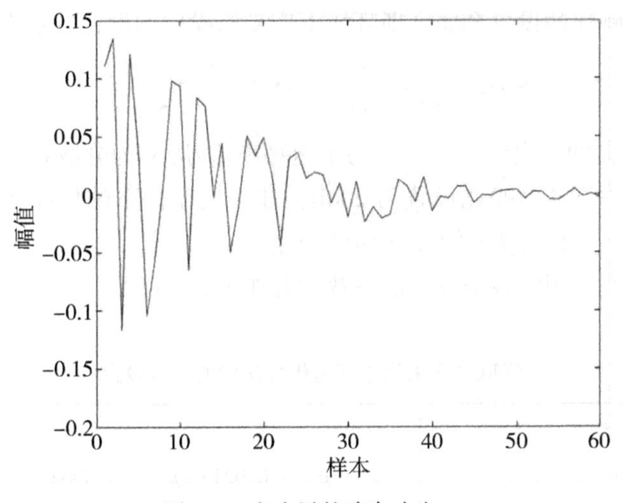

图 5.7 麦克风的冲击响应 g

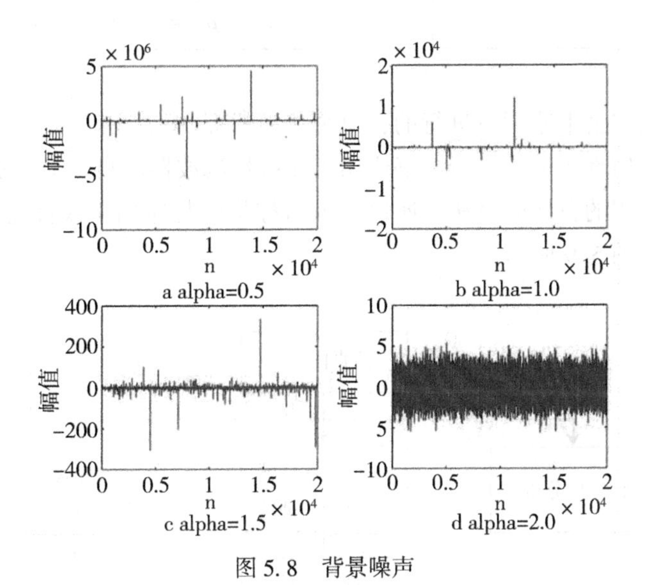

图 5.8 背景噪声

实验是使算法处于等效步长的条件下进行的，且以权误差向量范数(Weight Error Vector Norm，WEVN)的收敛曲线来评价实验结果的好坏，WEVN 的值越小则说明自适应滤波器越逼近于所跟踪的未知系统。

非线性系数的权误差向量范数 WEVN_a 和线性系数的权误差向量范数 WEVN_h 表达式分别如下：

$$\mathrm{WEVN}_a(\mathrm{dB}) = 10 \times \lg_{10} \frac{\| \boldsymbol{a} - \hat{\boldsymbol{a}}(n) \|_2^2}{\| \boldsymbol{a} \|_2^2} \quad \mathrm{WEVN}_h(\mathrm{dB}) = 10 \times \lg_{10} \frac{\| \boldsymbol{h} - \hat{\boldsymbol{h}}(n) \|_2^2}{\| \boldsymbol{h} \|_2^2} \tag{5.95}$$

高斯环境下信噪比的设置和非高斯环境下广义信噪比的设置分别为：

$$\mathrm{SNR}=\frac{E[y^2(n)]}{E[v^2(n)]},\ \mathrm{SNR}=\frac{E[y^2(n)]}{\gamma} \tag{5.96}$$

其中，$y(n)$ 为滤波器的输出信号，$v(n)$ 为本地噪声信号，γ 为分散系数。

这里，高斯条件下的信噪比设置为 20dB，非高斯条件下的信噪比同样设置为 20dB，且非高斯噪声取 $\alpha=1.5$ 条件下的 α -稳定分布噪声。

实验中级联方案采用的各类算法的参数设置如表 5.1 所示。

表 5.1　**级联方案采用不同迭代算法时的参数设置**

算　法	参　　数
NSA	$\mu_h=0.0215$，$\mu_a=0.0004$，$P=3$，$\varphi=1$
IPNSA	$\mu_h=0.0369$，$\mu_a=0.00147$，$\varphi=1$，$\zeta=0.01$
MIPNSA	$\mu_h=0.05$，$\mu_a=0.0025$，$\varphi=1$，$\zeta=0.01$

本书实验都是在公平原则下进行的，每个仿真都是 50 次独立实验的平均结果。在以下各类算法的对比仿真图中，由于本书应用于非线性滤波器的自适应算法保持不变，只改变线性滤波器所采用的自适应算法，所以图示名称指的是应用于线性滤波器的各种算法。本节的仿真内容如图 5.9 所示。

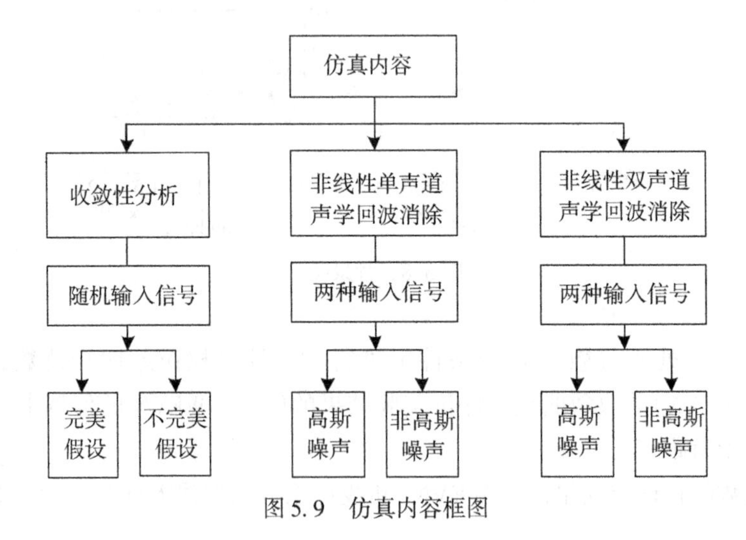

图 5.9　仿真内容框图

这里采用级联 NLMS 算法。系统的输入信号采用均值为零的高斯白噪声，背景噪声采用 20dB 的高斯噪声，线性步长参数 $\mu_h=0.005$，非线性步长参数 $\mu_a=0.001$。在完美假设下，首先假设非线性系数是完美和固定的即 $\hat{\boldsymbol{a}}(n)=\boldsymbol{a}$，然后将线性系数的收敛性进行仿真，线性系数向量的理论误差值最终收敛为约0.0015，如图5.10(a)所示；类似，假设线性系数是完美和固定的即$\hat{\boldsymbol{h}}(n)=\boldsymbol{h}$，然后将非线性系数的收敛性进行仿真，并与理论值进行对比，非线性系数向量的理论误差值最终收敛为1.2035e-04，如图5.10(b)所示。在不完美假设下，书中已经推导级联滤波器系数误差的收敛分析方程。但是，由于这两个收敛方程的相互影响会导致收敛性能处于不规则状态，因此，在实验时，并不是完全取决于两个分析方程的所有迭代，而是取第n个非线性(线性)系数失调的仿真值作为可以计算第$n+1$个线性(非线性)系数失调的理论参数，收敛结果如图5.11所示，这也正是其理论曲线产生略微波动的原因。

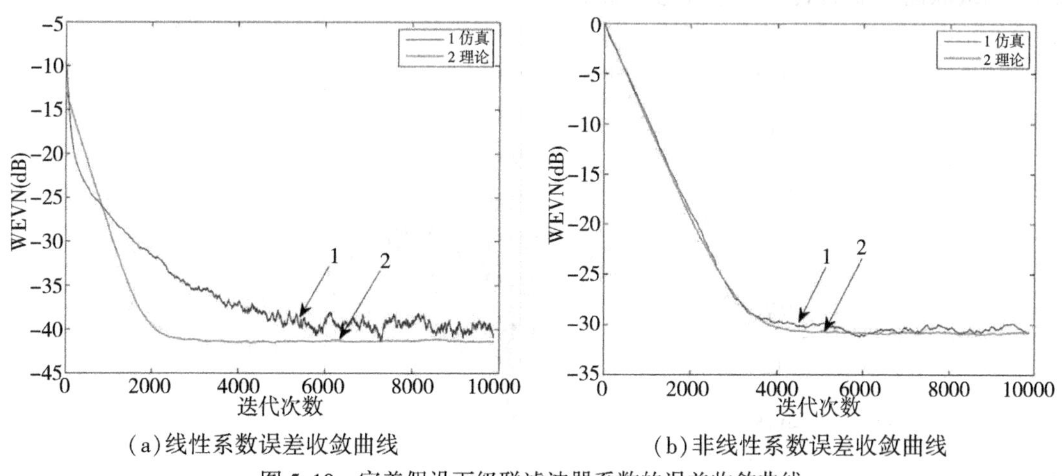

(a)线性系数误差收敛曲线 (b)非线性系数误差收敛曲线

图5.10 完美假设下级联滤波器系数的误差收敛曲线

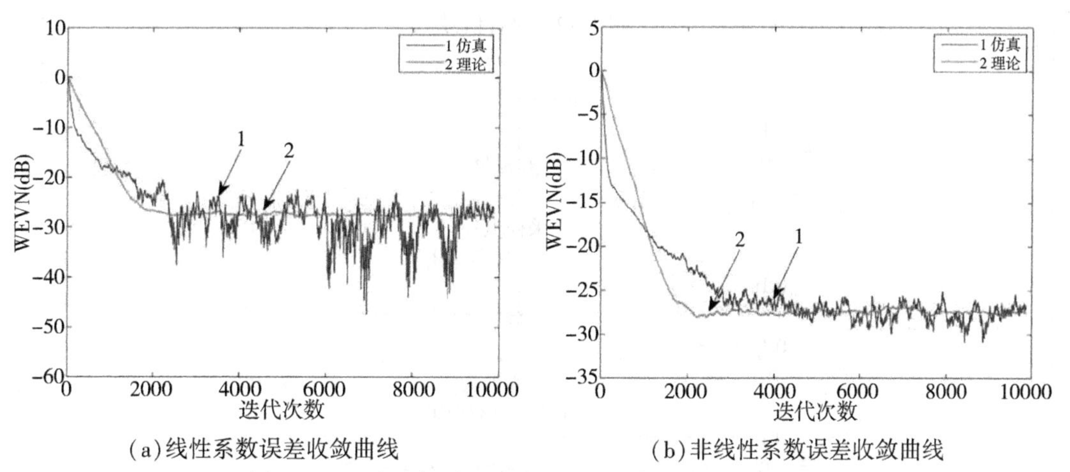

(a)线性系数误差收敛曲线 (b)非线性系数误差收敛曲线

图5.11 不完美假设下级联滤波器系数的误差收敛曲线

从图5.10和图5.11可以得出，在完美假设下，线性系数误差的理论收敛曲线和仿真收敛曲线几乎达到一致，验证了其理论分析的正确性。虽然非线性系数误差的理论收敛曲线和仿真收敛曲线存在一定误差，但在进入稳态域后两者误差保持在 2～3dB，可以说明理论分析的合理性。在不完美假设下，虽然由于线性系数和非线性系数之间的相互影响，使其失调和稳态误差均有所上升，但是，同样可以看出线性系数误差和非线性系数误差的收敛性分析是合理的。

1. 采用本书级联滤波器和线性滤波器的回波消除效果对比

1) 两种方法的回波消除效果对比

这里采用真实的语音信号作为系统的远端输入信号，其采样频率为 8kHz，样本长度为 20000，如图 5. 12 所示。此外，线性滤波器采用 FIR 滤波器，将其回波消除效果与采用本书级联滤波器的效果进行对比，如图 5. 13 所示。

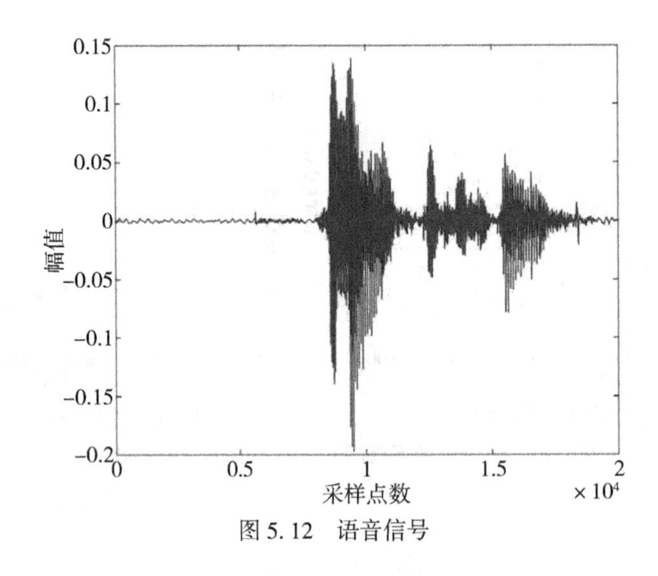

图 5. 12　语音信号

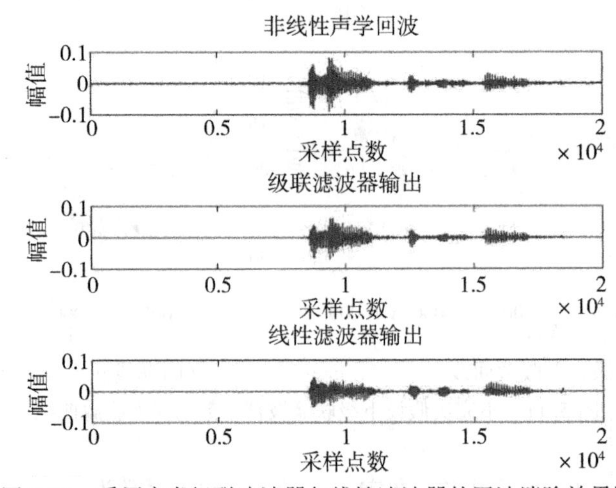

图 5. 13　采用本书级联滤波器与线性滤波器的回波消除效果图

2)本书级联滤波器和 Volterra 滤波器的复杂度对比

在表 5.2 中，Q 为无记忆多项式滤波器的阶数，L 为 FIR 滤波器的长度，N 为二阶 Volterra 滤波器的线性项长度，则非线性项长度为 $N(N+1)/2$，类似可推算出三阶 Volterra 滤波器的总长度为 $M = N + N(N+1)/2 + N(N+1)(N+2)/6$。

表 5.2　两种非线性滤波器的计算复杂度

滤波器	加法	乘法
二阶 Volterra 滤波器	$N(N+1)/2-1$	$N+N(N+1)/2$
本书级联滤波器	$QL-2$	$QL+2Q$

由图 5.13 可以看出，与线性滤波器相比，级联滤波器的输出与非线性声学回波更加逼近，这说明了非线性回波的存在会限制线性滤波器的性能，而本书采用的非线性滤波方法可以更加有效地消除回波。同时，由表 5.2 可以看出，与 Volterra 滤波器相比，本书采用的级联滤波器的计算复杂度明显要小很多，该优点有利于其在工程应用的实现。

2. 随机信号输入时各算法在不同噪声条件下的性能对比

1)高斯噪声条件下各算法的性能比较

图 5.14 表示在高斯噪声条件下，线性系数和非线性系数采用以下两种方法的 WEVN 收敛曲线，各算法参数设置如表 5.1 所示。

①非线性滤波器采用 NSA 算法，线性滤波器同样采用 NSA 算法，即图中 1 号线；

②非线性滤波器采用 NSA 算法，线性滤波器采用本书提出的 MIPNSA 算法，即图中 2 号线。

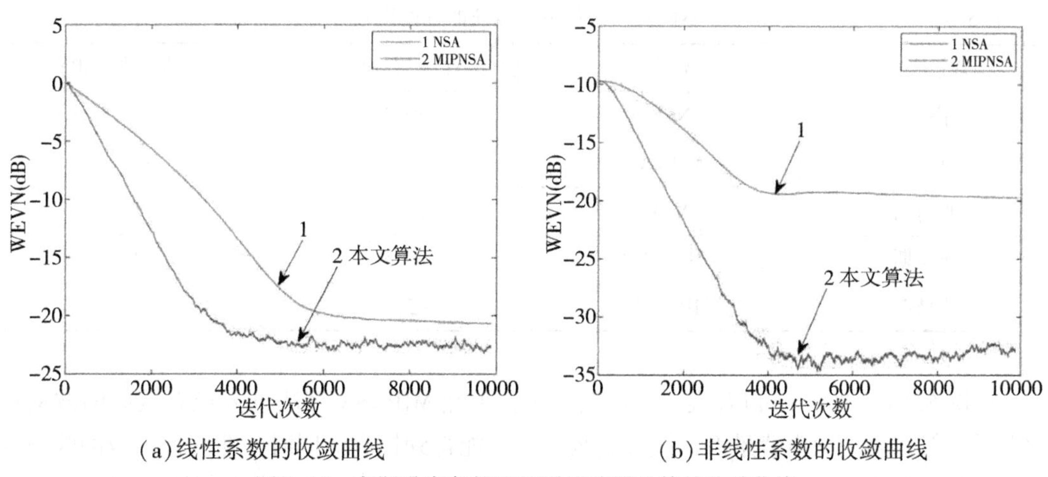

(a)线性系数的收敛曲线　　(b)非线性系数的收敛曲线

图 5.14　高斯噪声条件下级联滤波器系数的收敛曲线

2)非高斯噪声条件下各算法的性能比较

图 5.15 表示在非高斯噪声条件下，线性系数和非线性系数采用以下四种方法的 WEVN 收敛曲线，各算法参数设置如表 5.1 所示。

①非线性滤波器采用 NLMS 算法，线性滤波器同样采用 NLMS 算法，即图中 1 号线；

②非线性滤波器采用 NSA，线性滤波器同样采用 NSA，即图中 2 号线；

③非线性滤波器采用 NSA，线性滤波器采用 IPNSA，即图中 3 号线；

④非线性滤波器采用 NSA，线性滤波器采用本书提出的新算法 MIPNSA，即图中 4 号线。

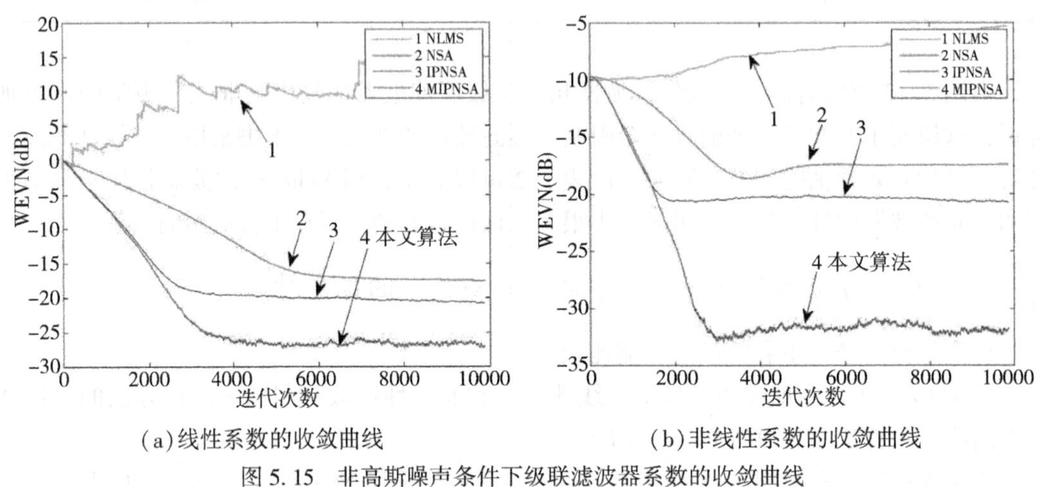

(a)线性系数的收敛曲线　　(b)非线性系数的收敛曲线

图 5.15　非高斯噪声条件下级联滤波器系数的收敛曲线

图 5.14 和图 5.15 中各算法的性能对比结果可以参照表 5.3。

表 5.3　**不同噪声条件下各算法的性能比较**

背景噪声	算法	线性系数(dB)	非线性系数(dB)
高斯	NSA	−20.5	−20
高斯	MIPSA	−23	−33
非高斯	NSA	−17.5	−17.5
非高斯	IPNSA	−20.5	−21
非高斯	MIPNSA	−27	−32

由图 5.14、图 5.15 以及表 5.3 可以看出，虽然 MIPNSA 算法进入稳态域后的波动略微上浮，但在高斯噪声背景下，线性系数收敛性能得到提高的同时，非线性系数的收敛性能也得到了改善，且算法 MIPNSA 在收敛速度和稳态误差方面要优于传统算法 NSA。另外，在非高斯噪声背景下，传统的 NLMS 算法失效，同时，与 NSA、IPNSA 相比，本书的

MIPNSA 算法性能最佳，其稳态误差相比它们有了明显的改进。

3)各算法的计算复杂度对比

各算法的计算复杂度对比如表 5.4 所示(Q 表示非线性滤波器长度, L 表示线性滤波器长度)。

表 5.4　**各算法的计算复杂度**

算法	加法	乘法	除法
NSA	$Q+L+6$	$Q+L+6$	2
IPNSA	$Q+3L+5$	$Q+5L+5$	3
MIPNSA	$Q+3L+5$	$Q+6L+5$	3

由表 5.4 可得本书改进的新算法 MIPNSA，虽然计算复杂度略微高于传统的算法，但是从图 5.14、图 5.15 中可以看出，其收敛速度和稳态性能都要优于传统的算法。

3. 语音信号输入时各算法在不同噪声条件下的性能对比

1)高斯噪声条件下各算法的性能比较

图 5.16 表示语音信号作为系统输入时，在高斯噪声条件下各类算法的性能比较。

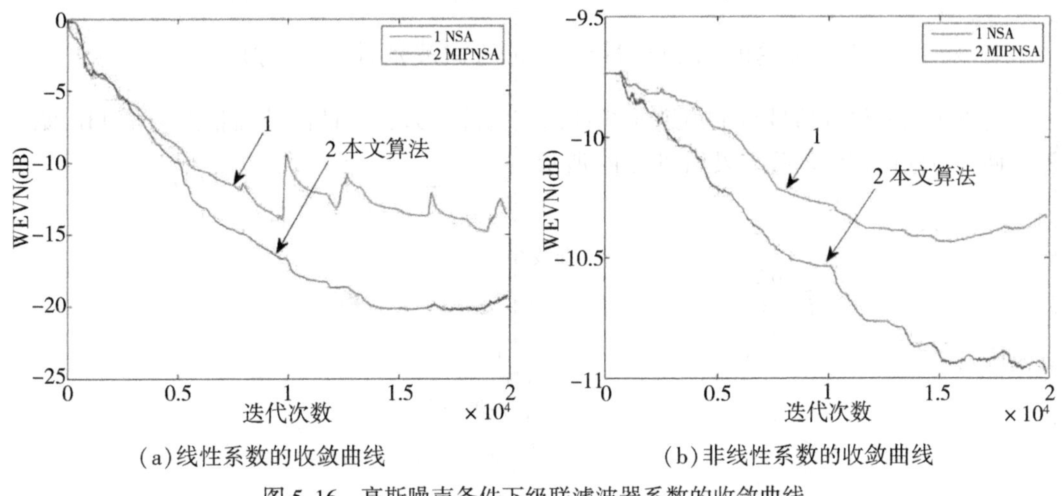

(a)线性系数的收敛曲线　　(b)非线性系数的收敛曲线

图 5.16　高斯噪声条件下级联滤波器系数的收敛曲线

2)非高斯噪声条件下各算法的性能比较

图 5.17 表示语音信号作为系统输入时，在非高斯噪声条件下各类算法的性能比较。

由图 5.16、图 5.17 可以看到，不管是在高斯噪声环境下，还是在非高斯噪声环境下，当输入信号为语音信号时，线性滤波器系数和非线性滤波器系数的收敛曲线能够真实的反映出本书提出的级联方案以及新算法 MIPNSA 的效果。虽然语音信号的非平稳特性会导致算法的收敛性能有所降低，但是仿真结果仍然能够验证本书方案的可行性以及本书算法明显优于其他算法的有效性。

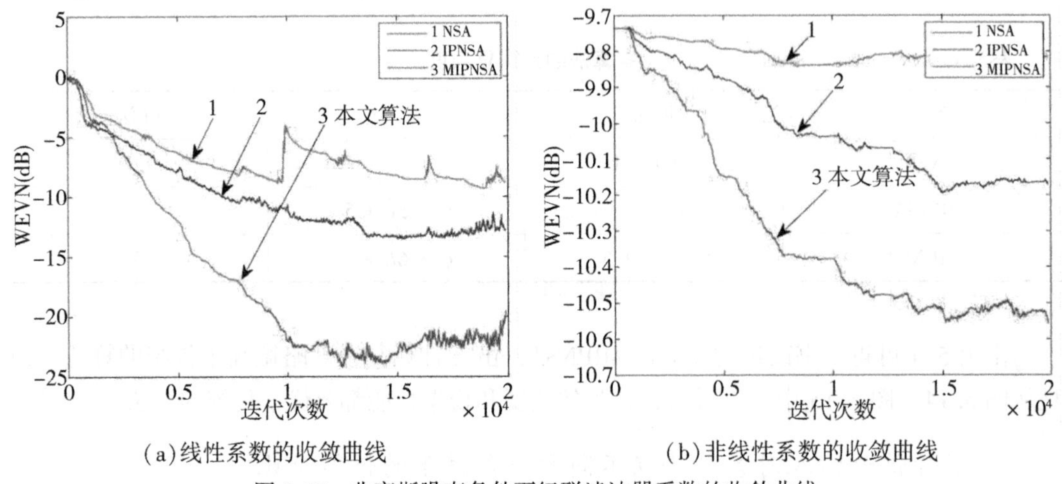

(a)线性系数的收敛曲线　　(b)非线性系数的收敛曲线

图 5.17　非高斯噪声条件下级联滤波器系数的收敛曲线

由于线性回波路径 $\boldsymbol{h}_1$ 和 $\boldsymbol{h}_2$，非线性参数 $\boldsymbol{a}_1$ 和 $\boldsymbol{a}_2$ 几乎相同，为了简便，这里在线性滤波器系数和非线性滤波器系数中分别选取 $\hat{\boldsymbol{h}}_1$ 和 $\hat{\boldsymbol{a}}_1$ 为例进行仿真分析。

4. 采用本书级联滤波器和线性滤波器的回波消除效果对比

这里采用的语音信号与单声道非线性回波消除一致，线性滤波器依然采用 FIR 滤波器，两种方法的回波消除效果如图 5.18 所示。

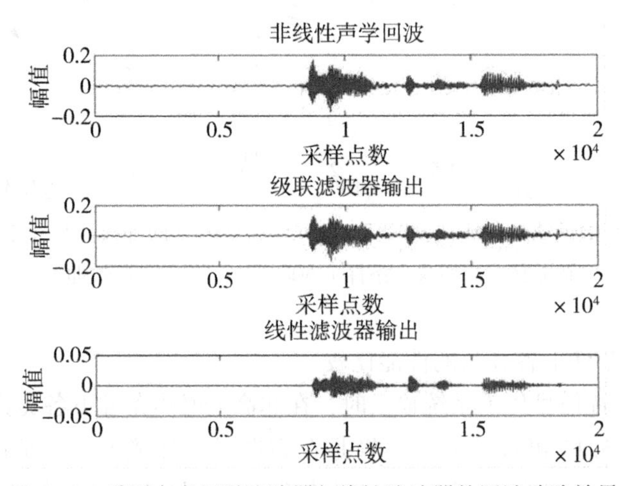

图 5.18　采用本书级联滤波器与线性滤波器的回波消除效果

由图 5.18 可以看出，在双声道声学回波消除中，非线性回波对线性滤波器性能的干扰更严重，大大影响了回波消除效果，而采用本书级联滤波器则明显提高了回波消除的效果，从而能够保证优良的通话质量。

5. 随机信号输入时各算法在不同噪声条件下的性能对比

图 5.19、图 5.20 为随机信号作为系统输入时，在不同噪声条件下各类算法的性能对比。

1)高斯噪声条件下各算法的性能比较

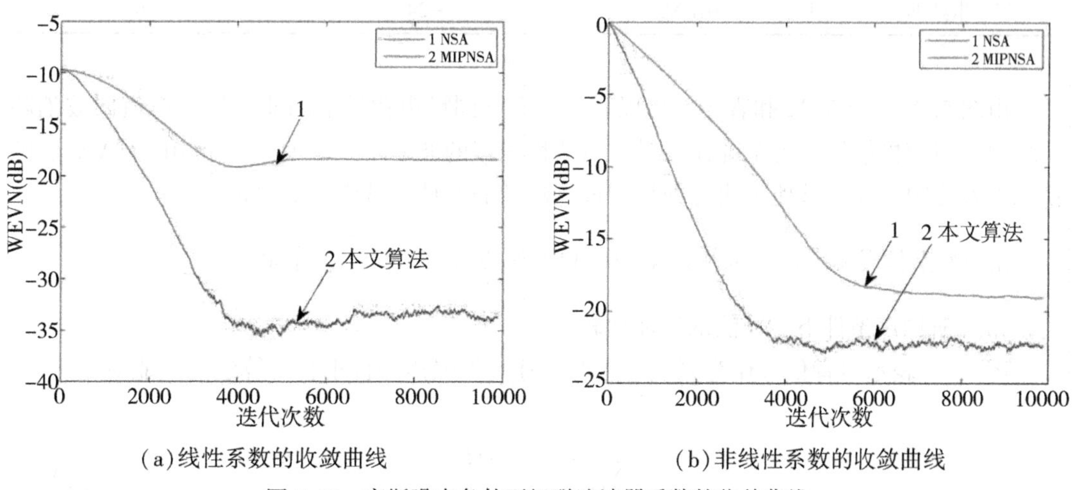

(a)线性系数的收敛曲线　　(b)非线性系数的收敛曲线

图 5.19　高斯噪声条件下级联滤波器系数的收敛曲线

2)非高斯噪声条件下各算法的性能比较

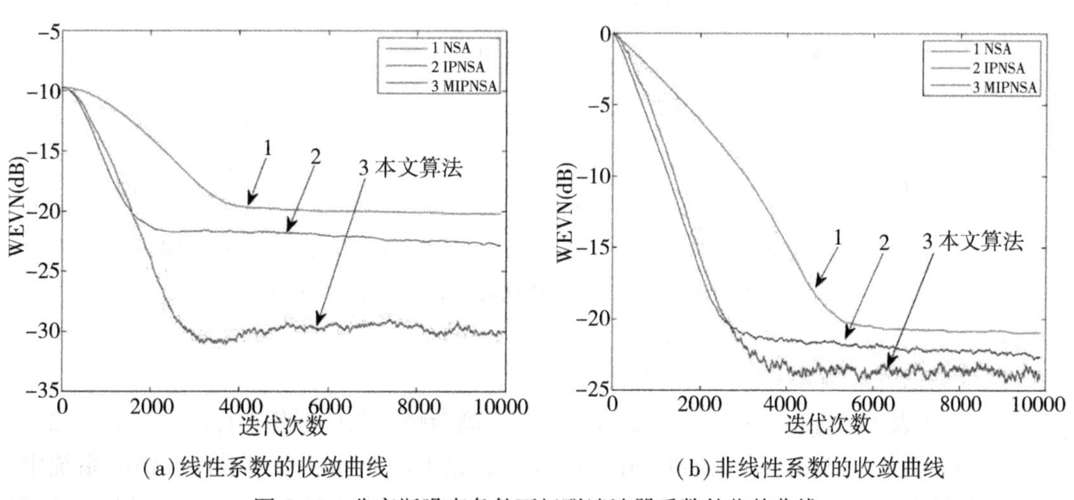

(a)线性系数的收敛曲线　　(b)非线性系数的收敛曲线

图 5.20　非高斯噪声条件下级联滤波器系数的收敛曲线

图 5. 21 和图 5. 22 中各算法的性能对比结果可以参照表 5. 5。

表 5. 5　**不同噪声条件下各算法的性能比较**

背景噪声	算法	线性系数(dB)	非线性系数(dB)
高斯	NSA	−18	−18
高斯	MIPSA	−23	−34
非高斯	NSA	−21	−20. 5
非高斯	IPNSA	−23	−23. 5
非高斯	MIPNSA	−24	−30

由图 5. 21、图 5. 22 和表 5. 5 可以看出，在不同噪声背景下的非线性双声道回波消除系统中，当随机信号作为系统输入时，虽然稳态域的波动略微偏大，但是 MIPNSA 算法的稳态误差要明显优于其他算法，即采用该算法的非线性回波消除效果最佳。

6. 语音信号输入时各算法在不同噪声条件下的性能对比

1) 高斯噪声条件下各算法的性能比较

图 5. 21 表示语音信号作为系统输入时，在高斯噪声条件下各类算法的性能对比。

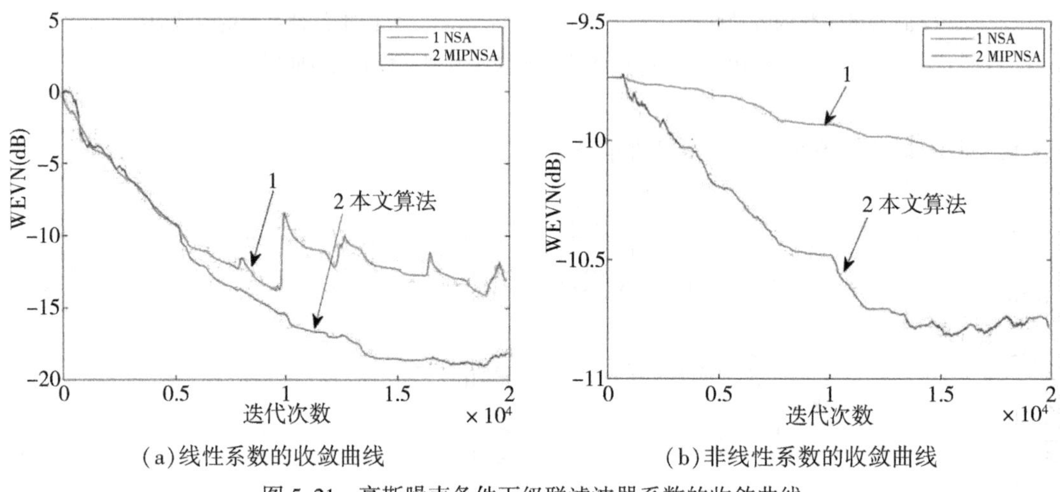

(a) 线性系数的收敛曲线　　(b) 非线性系数的收敛曲线

图 5. 21　高斯噪声条件下级联滤波器系数的收敛曲线

2) 非高斯噪声条件下各算法的性能比较

图 5. 22 表示语音信号作为系统输入时，在非高斯噪声条件下各类算法的性能对比。

由图 5. 21、图 5. 22 可以看到，在不同噪声背景下的非线性双声道回波消除系统中，当语音信号作为系统输入时，虽然由于语音的不平稳性导致各个算法的性能受到了一定限制，但是仍然可以看出 MIPNSA 算法的性能比其他算法要好。

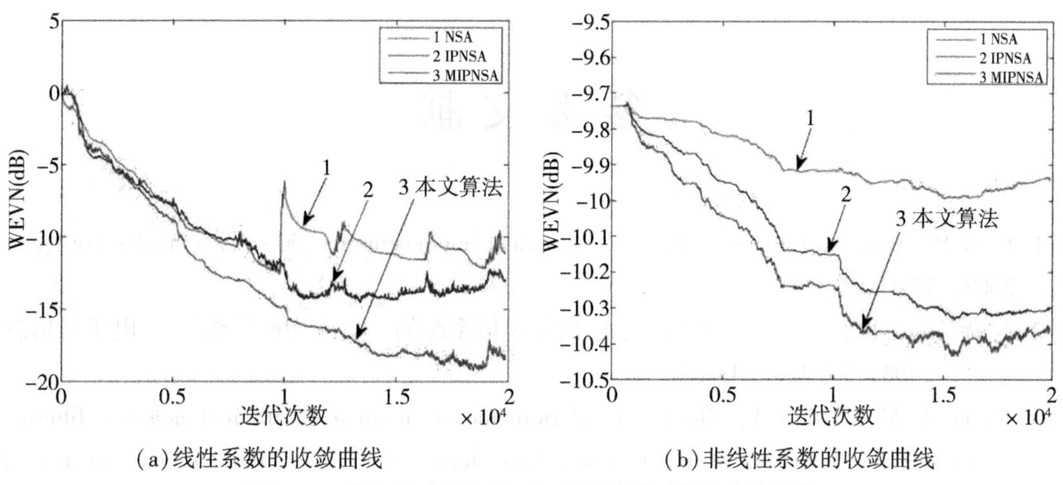

(a)线性系数的收敛曲线　　(b)非线性系数的收敛曲线

图 5.22　非高斯噪声条件下级联滤波器系数的收敛曲线

参考文献

[1]Diniz P. Adaption filter algorithms and practical implementation[M]. New York: Springer, 2008: 77-126.

[2]赵亮，朱维庆，朱敏．一种用于水声相干通信系统的自适应均衡算法[J]．电子与信息学报，2008，30(3)：648-651.

[3]Potdar R M, Mishra A, Sharma V. Performance evaluation of different adaptive filtering algorithms for reduction of heart sound from lung sound [J]. International Journal of Engineering and Advanced Technology, 2012, 1(3): 61-67.

[4]Haykin S. 自适应滤波器原理(第四版)[M]．北京：电子工业出版社，2003.

[5]Diniz P S R. 自适应滤波算法与实现(第二版)[M]．北京：电子工业出版社，2004.

[6]Li C G, Song K, Yang L. Low computational complexity design over sparse channel estimator in underwater acoustic OFDM communication system[J]. IET Communications, 2017, 11(7): 1143-1151.

[7]Lian L, Liu A, Lau V. Weighted lasso for sparse recovery with statistical prior support information[J]. IEEE Transactions on Signal Processing, 2018, 66(6): 1607-1618.

[8]Li H, Zhang Q, Cui A. Minimization of fraction function penalty in compressed sensing[J]. IEEE Transactions on Neural Networks and Learning Systems, 2020, 31(5): 1626-1637.

[9]Scarlett J, Evans J S, Dey S. Compressed sensing with prior information: information theoretic limits and practical decoders[J]. IEEE Transactions on Signal Processing, 2013, 61(2): 427-439.

[10]Rani M, Dhok S B, Deshmukh, R B. A systematic review of compressive sensing: concepts, implementations and applications [J]. IEEE Access, 2018, 99 (6): 4875-4894.

[11]Werner S, De Campos M L R, Diniz P S R. Partial-update NLMS algorithms with data-selective updating[J]. IEEE Transactions on Signal Processing, 2004, 52(4): 938-949.

[12]Godavarti M, Hero A O I. Partial update LMS algorithm[J]. IEEE Transactions on Signal Processing, 2005, 53(7): 2382-2399.

[13]Gu Y T, Tang K, Cui H J. LMS algorithm with gradient descent filter length[J]. IEEE Signal Processing Letters, 2004, 11(3): 305-307.

[14]Contan C, Kirei B S, Topa M D. Error-dependent step-size control of adaptive normalized

least mean square filters used for nonlinear acoustic echo cancellation[J]. Signal, Image and Video Processing, 2015, 10(3): 511-518.

[15]Mahbub U, Fattah S A. A single-channel acoustic echo cancellation scheme using gradient-based adaptive filtering[J]. Circuits, Systems, and Signal Processing, 2014, 33(5): 1541-1572.

[16]杨凌，赵膑，陈亮．基于回声状态网络的卫星信道在线盲均衡算法[J]. 电子与信息学报，2019，41(10)：2334-2341.

[17]Givens M. Enhanced-convergence normalized LMS algorithm[J]. IEEE Signal Processing Magazine, 2009, 26 (3): 81-95.

[18]Sayed A H. Fundamentals of adaptive filtering [M]. New York: Wiley, 2003.

[19]Duttweiler D L. Proportionate normalized least-mean-squares adaption in echo cancellers [J]. IEEE Trans. Speech Audio Processing, 2000, 8(5): 508-518.

[20]Su G L, Jin J, Gu Y T. Performance analysis of l_0 norm constraint least mean square algorithm[J]. IEEE Transactions on Signal Processing, 2012, 60(5): 2223-2235.

[21]刘遵雄，秦宾，王树成．加权 l_p 范数 LMS 算法的稀疏系统辨识[J]. 计算机工程与应用，2013，49(13)：194-197.

[22]刘建成，全厚德，赵宏志．基于迭代变步长 LMS 的数字域自干扰对消[J]. 电子学报，2016，44(7)：1530-1538.

[23]Jin D, Chen J, Richard C. Model-driven online parameter adjustment for zero-attracting LMS[J]. Signal Processing, 2018, 152: 373-383.

[24]Jin D, Chen J, Richard C. Adaptive parameters adjustment for group reweighted zero-attracting lms[C]. 2018 IEEE International Conference on Acoustics, Speech and Signal Processing (ICASSP). IEEE, 2018.

[25]李立立．基于范数约束的鲁棒自适应滤波算法研究[D]. 沈阳：沈阳工业大学，2021.

[26]舒继武，李国东，余华山．分布式算法[M]. 北京：机械工业出版社，2004.

[27]Li Y, Jiang Z, Shi W, Han X, et al. Blocked maximum correntropy criterion algorithm for cluster-sparse system identifications[J]. IEEE Transactions on Circuits and Systems, 2019, 66(11): 1915-1919.

[28]Li Y, Wang Y, Sun L. A flexible sparse set-membership NLMS algorithm for multi-path and acoustic echo channel estimations[J]. Applied Acoustics, 2019, 148: 390-398.

[29]Lin S, Miao F, Zhang J, et al. ATPC: adaptive transmission power control for wireless sensor networks[J]. Acm Transactions on Sensor Networks, 2016, 12(1): 1-31.

[30]Ma W, Chen B, Qu H, et al. Sparse least mean p-power algorithms for channel estimation in the presence of impulsive noise [J]. Signal, Image and Video Processing volume, 2015, 10(3): 503-510.

[31] Li Y, Wang Y, Yang R, et al. A soft parameter function penalized normalized maximum correntropy criterion algorithm for sparse system identification[J]. Entropy, 2017, 19(1): 45-50.

[32] 马兵. 基于可变核宽的鲁棒分布式自适应滤波算法研究[D]. 沈阳: 沈阳工业大学, 2020.

[33] Wilson A M, Panigrahi T, Dubey A. Robust distributed lorentzian adaptive filter with diffusion strategy in impulsive noise environment[J]. Digital Signal Processing, 2020, 96: 366-369.

[34] 马济通, 邱天爽. 脉冲噪声下基于 Renyi 熵的分数低阶双模盲均衡算法[J]. 电子与信息学报, 2018, 40(02): 378-385.

[35] Han S, Rao S, Erdogmus D, et al. A minimum-error entropy criterion with self-adjusting step-size (MEE-SAS)[J]. Signal Processing, 2007, 87(11): 2733-2745.

[36] 侯威翰. 基于最小误差熵的仿射投影自适应滤波算法研究[D]. 沈阳: 沈阳工业大学, 2019.

[37] Chen F, Li X Y, et al. Diffusion generalized maximum correntropy criterion algorithm for distributed estimation over multitask network[J]. Digital Signal Processing, 2018, 81(13): 16-25.

[38] Ni J G. Diffusion sign subband adaptive filtering algorithm for distributed estimation[J]. IEEE Signal Process Letter, 2015, 22(11): 2029-2033.

[39] Abadi M S E, Ahmadi M J, Shafiee M S. Diffusion improved multiband-structured subband adaptive filter algorithms with dynamic selection of regressors and subbands overdistributed networks[J]. International Journal of Senso Networks, 2019, 31(4): 253-264.

[40] Wen P W, Zhang J S. Widely linear complex-value diffusion subband adaptive filter algorithm[J]. IEEE Transactions on Signal and Information Processing over Networks, 2019, 5(2): 248-257.

[41] 李晶晶. 分布式子带自适应滤波算法研究[D]. 沈阳: 沈阳工业大学, 2020.

[42] 关思秀. 子带自适应滤波算法及其应用研究[D]. 沈阳: 沈阳工业大学, 2019.

[43] Comminiello D, Scarpiniti M, Azpicueta-Ruiz L A, et al. Combined nonlinear filtering architectures involving sparse functional link adaptive filters[J]. Signal Processing, 2017, 135: 168-178.

[44] 蔡宇, 洪缨, 原建平等. 语音系统中的子带自适应回声消除技术[J]. 仪器仪表学报, 2013, 34(7): 1448-1453.

[45] Chien Y R, Jin L Y. Convex combined adaptive filtering algorithm for acoustic echo cancellation in hostile environments[J]. IEEE Access, 2018(99): 1.

[46] 杨鹤飞, 郑成诗, 李晓东. 基于谱优势与非线性变换混合的立体声声学回声消除方

法[J]. 电子与信息学报, 2015, 37(2): 373-379.
[47] Liu J, Liu Q, Grant S L, et al. The block-sparse proportionate second-order volterra filtering algorithms for nonlinear echo cancellation[C]// IEEE International Workshop on Acoustic Signal Enhancement. IEEE, 2016: 1-5.
[48] Hassani M, Karami M R. Noise estimation in electroencephalogram signal by using Volterra series coefficients[J]. 2015, 5(3): 192-200.
[49] 杨瑞丽. 非线性声学回波消除方法研究[D]. 沈阳: 沈阳工业大学, 2018.
[50] Tedjani A, Benallal A. Performance study of three different sparse adaptive filtering algorithms for echo cancellation in long acoustic impulse responses[C]// International Conference on Electrical Engineering-Boumerdes, 2017: 1-7.
[51] Azpicueta-Ruiz L A, Zeller M, Figueiras-Vidal A R, et al. Adaptive combination of Volterra kernels and its application to nonlinear acoustic echo cancellation[J]. IEEE Transactions on Audio Speech & Language Processing, 2011, 19(1): 97-110.